范例导航系列丛书

Flash CC 中文版动画设计与制作
(微课版)

文杰书院　编著

清华大学出版社

北京

内 容 简 介

本书以通俗易懂的语言、精挑细选的实用技巧、翔实生动的操作案例，全面介绍了 Flash CC 中文版基础知识以及应用案例，主要内容包括 Flash 动画制作基础，Flash CC 中文版基本操作，Flash CC 文件编辑，使用 Flash CC 绘制图形，创建与编辑文本对象，操作与编辑对象，元件、实例和库，应用图片、声音和视频，时间轴和帧，Flash 基本动画制作，图层与高级动画制作，组件与命令，滤镜与混合模式的应用，认识 ActionScript 编程环境，ActionScript 3.0 基本语法和测试与发布动画等。

本书面向学习 Flash 动画与制作的初、中级读者，适合无基础又想快速掌握 Adobe Flash CC 的读者，可作为 Flash CC 自学人员的参考用书，还可以作为大中专院校或者企业的培训教材，同时对 Flash 高级用户也有很好的参考价值。

图书在版编目(CIP)数据

Flash CC 中文版动画设计与制作：微课版/文杰书院编著. —北京：清华大学出版社，2019
(范例导航系列丛书)
ISBN 978-7-302-53103-6

Ⅰ. ①F… Ⅱ. ①文… Ⅲ. ①动画制作软件 Ⅳ. ①TP391.414

中国版本图书馆 CIP 数据核字(2019)第 101116 号

责任编辑：魏　莹
封面设计：杨玉兰
责任校对：王明明
责任印制：丛怀宇

出版发行：清华大学出版社
　　　　　网　　址：http://www.tup.com.cn, http://www.wqbook.com
　　　　　地　　址：北京清华大学学研大厦 A 座　　　　邮　编：100084
　　　　　社 总 机：010-62770175　　　　　　　　　　邮　购：010-62786544
　　　　　投稿与读者服务：010-62776969, c-service@tup.tsinghua.edu.cn
　　　　　质量反馈：010-62772015, zhiliang@tup.tsinghua.edu.cn
印 装 者：三河市铭诚印务有限公司
经　　销：全国新华书店
开　　本：185mm×260mm　　印　张：28.5　　　字　数：690 千字
版　　次：2019 年 7 月第 1 版　　　　　　　印　次：2019 年 7 月第 1 次印刷
定　　价：69.00 元

产品编号：081007-01

致 读 者

"范例导航系列丛书"将成为您"快速掌握电脑技能，灵活运用职场工作"的全新学习工具和业务宝典，通过"图书+在线多媒体视频教程+网上技术指导"等多种方式与渠道，为您奉上丰盛的学习与进阶的盛宴。

"范例导航系列丛书"涵盖了电脑基础与办公、图形图像处理、计算机辅助设计等多个领域，本系列丛书汲取目前市面中同类图书作品的成功经验，针对读者最常见的需求进行精心设计，从而让内容更丰富，讲解更清晰，覆盖面更广，是读者首选的电脑入门与应用类学习与参考用书。

热切希望通过我们的努力不断满足读者的需求，不断提高我们的图书编写与技术服务水平，进而达到与读者共同学习，共同提高的目的。

一、轻松易懂的学习模式

我们秉承"打造最优秀的图书、制作最优秀的电脑学习视频、提供最完善的学习与工作指导"的原则，在本系列图书编写过程中，聘请电脑操作与教学经验丰富的老师和来自工作一线的技术骨干倾力合作，为您系统化地学习和掌握相关知识与技术奠定扎实的基础。

1. 快速入门、学以致用

本套图书特别注重读者学习习惯和实践工作应用，针对图书的内容与知识点，设计了更加贴近读者学习的教学模式，采用"**基础知识学习+范例应用与上机指导+课后练习与上机操作**"的教学模式，帮助读者从**初步了解**到**掌握**再到**实践应用**，循序渐进地成为电脑应用高手与行业精英。

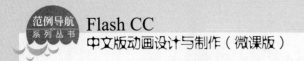

2. 版式清晰，条理分明

为便于读者学习和阅读本书，我们聘请专业的图书排版与设计师，根据读者的阅读习惯，精心设计了赏心悦目的版式，全书图案精美、布局美观，读者可以轻松完成整个学习过程，进而在愉快的阅读氛围中，快速学习、逐步提高。

3. 结合实践，注重职业化应用

本套图书在内容安排方面，尽量摒弃枯燥无味的基础理论，精选了更适合实际生活与工作的知识点，每个知识点均采用"基础知识+范例应用"的模式编写，其中"基础知识"的操作部分偏重在知识学习与灵活运用，"范例应用与上机指导"主要讲解该知识点在实际工作和生活中的综合应用。除此之外，每一章的最后都安排了"课后练习与上机操作"，帮助读者综合应用本章的知识进行自我练习。

二、言简意赅的教学体例

本套图书在编写过程中，注重内容起点低、操作上手快、讲解言简意赅，读者不需要复杂的思考，即可快速掌握所学的知识与内容。同时针对知识点及各个知识板块的衔接，科学地划分章节，知识点分布由浅入深，符合读者循序渐进与逐步提高的学习习惯，从而使学习达到事半功倍的效果。

- **本章要点**：在每章的章首页，我们以言简意赅的语言，清晰地表述了本章即将介绍的知识点，读者可以有目的地学习与掌握相关知识。
- **操作步骤**：对于需要实践操作的内容，全部采用分步骤、分要点的讲解方式，图文并茂，使读者不但可以动手操作，还可以在大量的实践案例练习中，不断提高操作技能和经验。
- **知识精讲**：对于软件功能和实际操作应用比较复杂的知识，或者难于理解的内容，进行更为详尽的讲解，帮助您拓展、提高与掌握更多的技巧。
- **范例应用与上机操作**：读者通过阅读和学习此部分内容，可以边动手操作，边阅读书中所介绍的实例，一步一步地快速掌握和巩固所学知识。
- **课后练习与上机操作**：通过此栏目内容，不但可以温习所学知识，还可以通过练习，达到巩固基础、提高操作能力的目的。

三、精心制作的在线视频教程

本套丛书配套在线多媒体视频教学课程，旨在帮助读者完成"从入门到提高，从实践操作到职业化应用"的一站式学习与辅导过程。读者在阅读本书的过程中，可以使用手机

网络浏览器或者微信等工具，扫描每节标题左侧的二维码，即可在打开的视频界面中实时在线观看视频教程，或者将视频课程下载到手机中，也可以将视频课程发送到自己的电子邮箱随时离线学习。

下载资源（安卓手机下载）

推送到您的邮箱（PC端下载）

读者反馈

四、图书产品与读者对象

"范例导航系列丛书"涵盖电脑应用各个领域，为读者提供了全面的学习与交流平台，适合电脑的初、中级读者，以及对电脑有一定基础、需要进一步学习电脑办公技能的电脑爱好者与工作人员，也可作为大中专院校、各类电脑培训班的教材。本套丛书具体书目如下。

- Office 2010 电脑办公基础与应用(Windows 7+Office 2010 版)
- Dreamweaver CS6 网页设计与制作
- AutoCAD 2014 中文版基础与应用
- Excel 2010 电子表格入门与应用
- Flash CS6 中文版动画设计与制作
- CorelDRAW X6 中文版平面设计与制作
- Excel 2010 公式·函数·图表与数据分析
- Illustrator CS6 中文版平面设计与制作
- UG NX 8.5 中文版入门与应用
- After Effects CS6 基础入门与应用
- Office 2016 电脑办公基础与应用(Windows 7+Office2016 版)(微课版)
- Dreamweaver CC 中文版网页设计与制作(微课版)

致读者

III

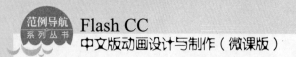

■ Flash CC 中文版动画设计与制作(微课版)

五、全程学习与工作指导

为了帮助您顺利学习、高效就业，如果您在学习与工作中遇到疑难问题，欢迎来信与我们及时交流与沟通，我们将全程免费答疑。希望我们的工作能够让您更加满意，希望我们的指导能够为您带来更大的收获，希望我们可以成为志同道合的朋友！

最后，感谢您对本系列图书的支持，我们将再接再厉，努力为读者奉献更加优秀的图书。衷心地祝愿您能早日成为电脑高手！

编 者

前　　言

Flash CC 是一款动画创作与应用程序开发于一身的创作软件，其为创建数字动画、交互式 Web 站点、桌面应用程序以及手机应用程序开发提供了功能全面的创作和编辑环境，包含丰富的视频、声音、图形和动画设计与制作功能，为了帮助读者快速地了解和应用 Flash CC 中文版，我们编写了本书。

一、购买本书能学到什么？

本书采用由浅入深的方式讲解，通过大量的实例介绍了 Flash 的使用方法和技巧，为读者快速学习提供了一个全新的学习和实践操作平台，无论从基础知识安排还是实践应用能力的训练，都充分地考虑了用户的需求，快速达到理论知识与应用能力的同步提高。本书结构清晰、内容丰富，主要内容包括以下五个方面。

1. 基础知识与入门

第 1～3 章，介绍了 Flash CC 动画制作基础，Flash CC 中文版基本操作、Flash CC 文件编辑方面的具体知识与操作案例。

2. 对象的操作

第 4～8 章，介绍了使用 Flash CC 绘制图形、创建与编辑文本对象、操作与编辑对象、实例和库、使用外部图片、声音和视频的具体操作知识。

3. 动画设计

第 9～11 章，讲解了使用时间轴和帧、设计 Flash 基本动画和使用图层与高级动画的设计技巧。

4. 脚本编程与动画设计

第 12～15 章，分别讲解了组件与命令、滤镜与混合模式的应用，同时还介绍了使用 ActionScript 基本语法设计动画等方面的知识、案例与技巧。

5. 发布与测试

第 16 章介绍了 Flash 动画的测试与发布方法，主要学习了 Flash 动画的测试、优化影片、发布 Flash 动画和导出 Flash 动画等方面的知识。

二、如何获取本书的学习资源？

为帮助读者高效、快捷地学习本书知识点，我们不但为读者准备了与本书知识点有关的配套素材文件，而且还设计并制作了精品视频教学课程，同时还为教师准备了 PPT 课件资源。购买本书的读者，可以通过以下途径获取相关的配套学习资源。

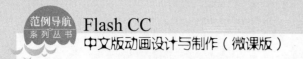
1. 登录官方网站直接下载

读者可以使用电脑网络浏览器，打开并访问网址 http://www.tsinghua.edu.cn，在打开的官方网站页面中，搜索本书书名并打开本书专属服务网页页面，免费下载本书配套素材、PPT 课件资源和免费赠送的学习资料。

2. 扫描书中二维码获取在线视频课程

读者在学习本书过程中，可以使用手机浏览器、QQ 或者微信的扫一扫功能，扫描本书标题左下角的二维码，在打开的视频播放页面中可以在线观看视频课程，也可以下载并保存到手机中离线观看。

本书由文杰书院组织编写，参与本书编写工作的有李军、袁帅、文雪、李强、高桂华、蔺丹、张艳玲、李统财、安国英、贾亚军、蔺影、李伟、冯臣、宋艳辉等。

我们真切希望读者在阅读本书之后，可以开阔视野，增长实践操作技能，并从中学习和总结操作的经验和规律，达到灵活运用的水平。鉴于编者水平有限，书中纰漏和考虑不周之处在所难免，热忱欢迎读者予以批评、指正，以便我们日后能为您编写更好的图书。

编　者

目　　录

第 1 章　Flash 动画制作基础........................1

　1.1　Flash 动画概述.......................................2
　　1.1.1　Flash 动画的特点.............................2
　　1.1.2　Flash 动画与传统动画的比较....3
　　1.1.3　位图图像和矢量图的区别.........4
　1.2　Flash 的应用领域................................5
　　1.2.1　网站片头和网站广告.................5
　　1.2.2　Flash 导航和 Flash 动态网站......6
　　1.2.3　Flash MV 和二维动画.................6
　　1.2.4　电子贺卡...7
　　1.2.5　制作互动游戏.................................7
　　1.2.6　制作 Flash 短片.............................8
　　1.2.7　多媒体教学课件.............................8
　1.3　Flash 的基本术语................................9
　　1.3.1　帧、关键帧和空白关键帧.........9
　　1.3.2　帧频...11
　　1.3.3　场景...11
　1.4　Flash 的其他相关术语......................11
　　1.4.1　Adobe AIR.....................................11
　　1.4.2　Android..12
　　1.4.3　iOS...12
　　1.4.4　Flash Lite.......................................12
　　1.4.5　ActionScript....................................12
　1.5　Flash 的文件格式..............................12
　　1.5.1　FLA 和 SWF....................................13
　　1.5.2　未压缩文档 XFL............................13
　　1.5.3　GIF 和 JPG.....................................13
　　1.5.4　PSD 和 PNG...................................13
　1.6　范例应用与上机操作.........................13
　　1.6.1　Flash 的基本工作流程...............14
　　1.6.2　Flash 帮助资源...........................15
　　1.6.3　设置 Flash CC 参数...................16
　1.7　课后练习与上机操作.........................17
　　1.7.1　课后练习.......................................17
　　1.7.2　上机操作.......................................18

第 2 章　Flash CC 中文版基本操作..........19

　2.1　Flash CC 的工作界面........................20
　　2.1.1　Flash CC 工作界面的组成........20
　　2.1.2　菜单栏...20
　　2.1.3　舞台...21
　　2.1.4　文档窗口.......................................21
　　2.1.5　时间轴...22
　　2.1.6　编辑栏...22
　　2.1.7　工具箱...22
　　2.1.8　【属性】面板和其他面板........22
　2.2　设置工作区...23
　　2.2.1　使用预设工作区...........................23
　　2.2.2　创建自定义工作区.......................24
　　2.2.3　删除、重置和恢复工作区........25
　　2.2.4　自定义快捷键...............................25
　2.3　舞台...26
　　2.3.1　缩放舞台.......................................26
　　2.3.2　移动舞台及定位到舞台中心......28
　　2.3.3　全屏模式编辑...............................29
　2.4　辅助工具...30
　　2.4.1　使用标尺.......................................30
　　2.4.2　使用参考线...................................31
　　2.4.3　使用网格.......................................32
　2.5　使用贴紧...33
　　2.5.1　贴紧对齐.......................................33
　　2.5.2　贴紧至网格...................................33
　　2.5.3　贴紧至辅助线...............................34
　　2.5.4　贴紧至像素...................................34
　　2.5.5　贴紧至对象...................................35
　2.6　范例应用与上机操作.........................36
　　2.6.1　使用动画预设...............................36
　　2.6.2　预览模式——高速显示...........36
　　2.6.3　预览模式——消除锯齿...........37
　2.7　课后练习与上机操作.........................38

2.7.1 课后练习 38

2.7.2 上机操作 39

第 3 章　Flash CC 文件编辑 41

3.1 新建 Flash 文件 42

3.1.1 新建空白 Flash 文件 42

3.1.2 新建 Flash 模板文件 43

3.1.3 设置 Flash 文档属性 48

3.1.4 修改 Flash 文档属性 49

3.2 打开/关闭 Flash 文件 50

3.2.1 打开 Flash 文件 51

3.2.2 关闭 Flash 文件 51

3.3 保存 Flash 文件 53

3.3.1 直接保存 Flash 文件 53

3.3.2 另存为 Flash 文件 53

3.3.3 另存为 Flash 模板文件 54

3.4 导入文件 55

3.4.1 打开外部库 55

3.4.2 导入到舞台 56

3.4.3 导入到库 57

3.4.4 导入视频 58

3.5 导出文档 60

3.5.1 导出图像 60

3.5.2 导出影片 61

3.5.3 导出视频 62

3.6 从错误中恢复 62

3.6.1 撤消命令 62

3.6.2 重做命令 64

3.6.3 重复命令 64

3.6.4 使用【还原】命令还原文档 65

3.7 范例应用与上机操作 65

3.7.1 通过模板创建雨中情景

动画 65

3.7.2 使用【在 Bridge 中浏览】

命令打开文件 66

3.7.3 测试文档 67

3.8 课后练习与上机操作 68

3.8.1 课后练习 68

3.8.2 上机操作 68

第 4 章　使用 Flash CC 绘制图形 69

4.1 图像基础知识 70

4.1.1 像素和分辨率 70

4.1.2 路径 70

4.1.3 方向线和方向点 71

4.2 绘图工具面板 71

4.3 选取工具 72

4.3.1 选择工具 72

4.3.2 套索工具 73

4.3.3 部分选取工具 73

4.3.4 3D 旋转工具 74

4.3.5 3D 平移工具 75

4.4 基本绘图工具 76

4.4.1 线条工具 76

4.4.2 铅笔工具 76

4.4.3 椭圆工具与基本椭圆工具 77

4.4.4 矩形工具和基本矩形工具 77

4.4.5 多角星形工具 78

4.4.6 钢笔工具 79

4.4.7 画笔工具 79

4.4.8 橡皮擦工具 80

4.5 填充图形颜色 80

4.5.1 笔触颜色和填充颜色 80

4.5.2 填充纯色 81

4.5.3 填充渐变颜色 82

4.5.4 位图填充 83

4.5.5 墨水瓶工具 84

4.5.6 颜料桶工具 84

4.5.7 滴管工具 85

4.6 辅助绘图工具 86

4.6.1 手形工具 86

4.6.2 缩放工具 86

4.6.3 【对齐】面板 87

4.6.4 任意变形工具 88

4.6.5 渐变变形工具 88

4.7 范例应用与上机操作 89

4.7.1 使用线条工具绘制绳子 89

4.7.2 绘制五角星 90

4.7.3 绘制盆景花朵 92

4.8 课后练习与上机操作...........................95
 4.8.1 课后练习............................95
 4.8.2 上机操作............................96

第 5 章　创建与编辑文本对象.................97

5.1 使用文本工具..............................98
 5.1.1 文本字段的类型....................98
 5.1.2 静态文本..........................98
 5.1.3 动态文本..........................99
 5.1.4 段落文本..........................99
 5.1.5 输入文本.........................100
5.2 设置文本属性.............................101
 5.2.1 设置字符属性.....................101
 5.2.2 设置段落属性.....................102
 5.2.3 设置文本框的位置和大小.....102
5.3 编辑处理文本.............................103
 5.3.1 选择和移动文本..................103
 5.3.2 文本变形.........................104
 5.3.3 为文本设置超链接...............104
 5.3.4 嵌入文本.........................105
 5.3.5 分离文本.........................105
 5.3.6 消除锯齿.........................106
5.4 范例应用与上机操作......................108
 5.4.1 创建滚动文本....................108
 5.4.2 制作空心文本....................110
 5.4.3 制作霓虹灯文本.................112
 5.4.4 制作渐变水晶字体..............113
5.5 课后练习与上机操作......................116
 5.5.1 课后练习.........................116
 5.5.2 上机操作.........................118

第 6 章　操作与编辑对象....................119

6.1 选择对象.................................120
 6.1.1 使用选择工具....................120
 6.1.2 执行命令选择对象...............120
 6.1.3 使用部分选取工具...............121
 6.1.4 使用套索工具....................122
6.2 对象的基本操作..........................122
 6.2.1 移动对象.........................122

6.2.2 复制对象.........................124
6.2.3 删除对象.........................125
6.3 预览对象.................................126
 6.3.1 以轮廓预览图形对象............126
 6.3.2 高速显示图形对象...............126
 6.3.3 消除动画对象锯齿..............127
 6.3.4 消除文字锯齿....................127
 6.3.5 显示整个图形对象...............128
6.4 变形对象.................................128
 6.4.1 什么是变形点....................128
 6.4.2 自由变形对象....................129
 6.4.3 缩放对象.........................129
 6.4.4 封套对象.........................130
 6.4.5 扭曲对象.........................131
 6.4.6 翻转对象.........................132
 6.4.7 缩放和旋转对象.................133
6.5 合并对象.................................134
 6.5.1 联合对象.........................134
 6.5.2 裁切对象.........................134
 6.5.3 交集对象.........................135
 6.5.4 打孔对象.........................136
6.6 编组、排列与分离........................137
 6.6.1 编组对象.........................138
 6.6.2 分离对象.........................138
 6.6.3 对齐对象.........................139
 6.6.4 层叠对象.........................140
6.7 使用辅助工具.............................141
 6.7.1 使用标尺参考线.................141
 6.7.2 设置参考线.......................141
 6.7.3 使用网格.........................142
6.8 范例应用与上机操作......................143
 6.8.1 绘制蘑菇.........................143
 6.8.2 使用【变形】面板制作
   花朵........................145
 6.8.3 绘制南瓜灯.......................148
6.9 课后练习与上机操作......................150
 6.9.1 课后练习.........................150
 6.9.2 上机操作.........................151

第7章　元件、实例和库.................153

7.1　元件与实例.................154

7.1.1　什么是元件.................154

7.1.2　元件的类型.................154

7.1.3　元件与实例的区别.................154

7.2　创建 Flash 元件.................155

7.2.1　创建图形元件.................155

7.2.2　创建影片剪辑元件.................156

7.2.3　创建按钮元件.................158

7.2.4　将现有对象转换为元件.................159

7.2.5　将动画转换为影片剪辑
　　　元件.................160

7.3　编辑元件.................161

7.3.1　在当前位置编辑元件.................161

7.3.2　在新窗口中编辑元件.................162

7.3.3　在元件的编辑模式下编辑
　　　元件.................162

7.4　使用元件实例.................163

7.4.1　创建元件的新实例.................163

7.4.2　删除实例.................164

7.4.3　隐藏实例.................164

7.4.4　更改实例的类型.................165

7.4.5　改变实例的颜色和透明度.....166

7.4.6　设置图形实例的循环.................166

7.4.7　分离元件实例.................167

7.4.8　替换实例.................167

7.4.9　调用其他影片中的元件.................168

7.5　库的管理.................169

7.5.1　认识【库】面板.................170

7.5.2　导入对象到库.................170

7.5.3　调用库文件.................171

7.5.4　使用组件库.................172

7.5.5　共享库资源.................173

7.6　范例应用与上机操作.................175

7.6.1　制作菜单按钮.................175

7.6.2　复制实例.................179

7.6.3　交换多个元件.................180

7.7　课后练习与上机操作.................181

7.7.1　课后练习.................181

7.7.2　上机操作.................182

第8章　应用图片、声音和视频.............183

8.1　导入图片.................184

8.1.1　常见的图像文件格式.................184

8.1.2　导入图片到舞台.................185

8.1.3　导入图片到库.................186

8.1.4　将位图应用为填充.................186

8.2　位图的处理.................187

8.2.1　将位图转换为矢量图.................188

8.2.2　位图属性设置.................189

8.3　了解声音.................190

8.3.1　声音的格式.................190

8.3.2　采样率.................190

8.3.3　声道.................191

8.4　在 Flash 中使用声音.................192

8.4.1　在 Flash 库中导入声音.................192

8.4.2　为按钮添加声音.................193

8.4.3　为影片添加与删除声音.................194

8.5　在 Flash 中编辑声音.................195

8.5.1　设置声音的属性.................195

8.5.2　设置声音的重复次数.................196

8.5.3　声音与动画同步.................196

8.5.4　声音编辑器.................197

8.5.5　为声音添加效果.................198

8.6　声音的导出与控制.................199

8.6.1　压缩声音导出.................199

8.6.2　使用代码片断控制声音.........200

8.6.3　使用代码片断停止声音.........202

8.7　应用外部视频.................203

8.7.1　Flash CC 支持的视频类型.....203

8.7.2　视频导入向导.................203

8.7.3　导入渐进式下载视频.............204

8.7.4　嵌入视频.................206

8.7.5　更改视频剪辑属性.................207

8.8　范例应用与上机操作.................208

8.8.1　更换视频.................208

8.8.2　绘制声音播放按钮.................209

8.8.3　制作音乐播放器.................211

8.9 课后练习与上机操作 219
　　8.9.1 课后练习 219
　　8.9.2 上机操作 220

第9章 时间轴和帧 221

9.1 【时间轴】面板 222
　　9.1.1 【时间轴】面板的构成 222
　　9.1.2 在时间轴中标识不同类型的
　　　　　动画 223
9.2 帧 224
　　9.2.1 帧、关键帧和空白关键帧 224
　　9.2.2 帧的频率 226
　　9.2.3 修改帧的频率 226
9.3 帧的基本操作 227
　　9.3.1 选择帧和帧列 227
　　9.3.2 插入帧 228
　　9.3.3 删除和清除帧 230
　　9.3.4 复制、粘贴与移动单帧 231
9.4 转换帧 233
　　9.4.1 将帧转换为关键帧 233
　　9.4.2 将帧转换为空白关键帧 233
9.5 动画播放控制 234
　　9.5.1 播放动画 234
　　9.5.2 转到第一帧 234
　　9.5.3 转到结尾 235
　　9.5.4 前进一帧 235
　　9.5.5 后退一帧 236
　　9.5.6 循环播放动画 236
9.6 绘图纸外观 237
　　9.6.1 使用绘图纸外观 237
　　9.6.2 使用绘图纸外观轮廓 238
　　9.6.3 修改绘图纸标记 238
9.7 范例应用与上机操作 239
　　9.7.1 制作反转动画 239
　　9.7.2 制作小球弹起动画 241
　　9.7.3 制作变换形状动画 243
9.8 课后练习与上机操作 245
　　9.8.1 课后练习 245
　　9.8.2 上机操作 246

第10章 Flash 基本动画制作 247

10.1 逐帧动画 248
　　10.1.1 逐帧动画的基本原理 248
　　10.1.2 制作逐帧动画 248
10.2 形状补间动画 250
　　10.2.1 形状补间动画原理 250
　　10.2.2 制作形状补间动画 251
　　10.2.3 使用形状提示 252
10.3 传统补间动画 252
　　10.3.1 了解传统补间动画 253
　　10.3.2 创建传统补间动画 253
　　10.3.3 编辑和修改传统补间动画 254
　　10.3.4 沿路径创建传统补间动画 256
　　10.3.5 自定义缓入/缓出 259
　　10.3.6 粘贴传统补间动画属性 260
10.4 补间动画 262
　　10.4.1 了解补间动画 262
　　10.4.2 补间动画和传统补间动画
　　　　　　之间的差异 263
　　10.4.3 创建补间动画 263
　　10.4.4 编辑补间动画路径 265
　　10.4.5 编辑补间动画范围 267
10.5 动画预设 269
　　10.5.1 了解动画预设 269
　　10.5.2 应用和编辑动画预设 269
　　10.5.3 自定义动画预设 270
10.6 范例应用与上机操作 271
　　10.6.1 合并动画 271
　　10.6.2 制作时钟摆动动画 273
　　10.6.3 制作摆动的小球 275
10.7 课后练习与上机操作 277
　　10.7.1 课后练习 277
　　10.7.2 上机操作 278

第11章 图层与高级动画制作 279

11.1 什么是图层 280
　　11.1.1 图层的概念与类型 280
　　11.1.2 图层的显示状态 281
11.2 图层的基本操作 283

目录

11.2.1　新建与选择图层 283
11.2.2　新建图层文件夹 285
11.2.3　调整图层排列顺序 285
11.2.4　重命名图层 286
11.3　编辑图层 286
11.3.1　复制图层 286
11.3.2　删除图层和图层文件夹 287
11.3.3　修改图层轮廓颜色 288
11.4　引导层动画 289
11.4.1　创建普通引导层 289
11.4.2　添加运动引导层 289
11.4.3　创建沿直线运动的动画 290
11.4.4　创建沿轨道运动的动画 292
11.5　场景动画 294
11.5.1　【场景】面板 294
11.5.2　添加与删除场景 295
11.5.3　调整场景顺序 296
11.5.4　查看特定场景 296
11.5.5　制作多场景动画 297
11.6　遮罩动画 299
11.6.1　了解遮罩及遮罩动画的
　　　　原理 299
11.6.2　创建遮罩层动画 299
11.6.3　断开图层和遮罩层的链接 301
11.7　3D 动画 302
11.7.1　关于 Flash 中的 3D 图形 302
11.7.2　创建 3D 平移动画 302
11.7.3　创建 3D 旋转动画 304
11.7.4　全局转换与局部转换 307
11.7.5　调整透视角度和消失点 307
11.8　范例应用与上机操作 308
11.8.1　制作雪花飘落动画 308
11.8.2　制作小鸟飞翔动画 310
11.8.3　制作热气球飞行平移动画 311
11.8.4　制作飞机在蓝天中飞行的
　　　　动画 315
11.8.5　制作电影透视文字 319
11.9　课后练习与上机操作 325
11.9.1　课后练习 325

11.9.2　上机操作 326
第 12 章　组件与命令 327
12.1　组件的基本操作 328
12.1.1　组件概述与类型 328
12.1.2　组件的预览与查看 328
12.1.3　向 Flash 中添加组件 329
12.2　使用常见的组件 329
12.2.1　按钮组件 Button 330
12.2.2　单选按钮组件
　　　　RadioButton 330
12.2.3　复选框组件 CheckBox 331
12.2.4　文本域组件 TextArea 331
12.2.5　下拉列表组件 ComboBox 332
12.3　添加常用组件 333
12.3.1　添加 Scrollpane 组件 333
12.3.2　添加 Label 组件 334
12.3.3　添加 List 组件 334
12.4　命令 335
12.4.1　创建命令 335
12.4.2　自定义命令 336
12.4.3　运行命令 337
12.4.4　重命名命令 338
12.4.5　删除命令 339
12.4.6　获得更多命令 339
12.4.7　不能在命令中使用的步骤 340
12.5　范例应用与上机操作 340
12.5.1　制作登录界面 340
12.5.2　添加下拉列表内容 341
12.6　课后练习与上机操作 342
12.6.1　课后练习 342
12.6.2　上机操作 343
第 13 章　滤镜与混合模式的应用 345
13.1　滤镜 346
13.1.1　滤镜的概述 346
13.1.2　滤镜和 Flash Player 的
　　　　性能 346
13.1.3　添加滤镜 347
13.1.4　预设滤镜库 347

13.2 应用滤镜 349
　13.2.1 【投影】滤镜效果 349
　13.2.2 【模糊】滤镜效果 350
　13.2.3 【斜角】滤镜效果 351
　13.2.4 【渐变发光】滤镜效果 352
　13.2.5 【发光】滤镜效果 352
　13.2.6 【调整颜色】滤镜效果 353
13.3 混合模式 355
　13.3.1 关于混合模式 355
　13.3.2 混合模式应用案例 356
13.4 范例应用与上机操作 358
　13.4.1 制作发光的星星效果 358
　13.4.2 应用【渐变斜角】滤镜
　　　　 效果 360
　13.4.3 应用滤镜效果制作动画 ... 361
13.5 课后练习与上机操作 363
　13.5.1 课后练习 363
　13.5.2 上机操作 364

第 14 章　认识 ActionScript 编程环境 365

14.1 什么是 ActionScript 366
　14.1.1 ActionScript 简介 366
　14.1.2 ActionScript 的相关术语 ... 367
14.2 ActionScript 的工作环境 367
　14.2.1 认识【动作】面板 367
　14.2.2 使用【动作】面板添加
　　　　 脚本 368
14.3 【代码片断】面板 370
　14.3.1 认识【代码片断】面板 370
　14.3.2 添加代码片断 370
　14.3.3 使用代码片断加载外部
　　　　 文件 371
　14.3.4 使用代码片断控制时间轴 373
14.4 范例应用与上机操作 374
　14.4.1 为影片剪辑添加动作 374
　14.4.2 使用代码制作旋转效果 376
　14.4.3 为动画添加链接 378
14.5 课后练习与上机操作 379
　14.5.1 课后练习 379

14.5.2 上机操作 380

第 15 章　ActionScript 3.0 基本语法 381

15.1 ActionScript 语法 382
　15.1.1 点语法 382
　15.1.2 花括号 382
　15.1.3 圆括号 382
　15.1.4 程序注释 383
　15.1.5 分号 383
　15.1.6 字母的大小写 384
　15.1.7 空白和多行书写 384
15.2 ActionScript 的数据类型 384
　15.2.1 Boolean 数据类型 384
　15.2.2 Null 数据类型 385
　15.2.3 String 数据类型 385
　15.2.4 MovieClip 数据类型 385
　15.2.5 int、Number 数据类型 385
　15.2.6 void 数据类型 385
　15.2.7 Object 数据类型 386
15.3 变量与常量 386
　15.3.1 变量的类型 386
　15.3.2 定义和命名变量 386
　15.3.3 为变量赋值 387
　15.3.4 常量 388
15.4 表达式和运算符 389
　15.4.1 表达式 389
　15.4.2 算术运算符 389
　15.4.3 字符串运算符 390
　15.4.4 比较运算符和逻辑运算符 391
　15.4.5 位运算符 391
　15.4.6 赋值运算符 392
　15.4.7 运算符的使用规则 392
15.5 函数和类 393
　15.5.1 全局函数和自定义函数 393
　15.5.2 使用预定义全局函数 394
　15.5.3 使用自定义函数 395
　15.5.4 创建类的实例 397
　15.5.5 使用类的实例 397
15.6 范例应用与上机操作 398

15.6.1　制作按钮隐藏动画 398

15.6.2　制作鼠标指针经过动画 400

15.6.3　显示影片剪辑的按钮指针 401

15.7　课后练习与上机操作 402

15.7.1　课后练习 402

15.7.2　上机操作 403

第 16 章　测试与发布动画 405

16.1　优化 Flash 影片 406

16.1.1　优化图像文件 406

16.1.2　优化矢量图形 406

16.2　Flash 动画的测试 407

16.2.1　测试影片 407

16.2.2　测试场景 408

16.3　发布 Flash 动画 408

16.3.1　发布设置 408

16.3.2　发布预览 410

16.3.3　发布 Flash 动画 410

16.4　导出动画 411

16.4.1　导出图像文件 411

16.4.2　导出影片文件 412

16.5　范例应用与上机操作 413

16.5.1　输出 GIF 动画 413

16.5.2　发布 PNG 图像 414

16.6　课后练习与上机操作 415

16.6.1　课后练习 415

16.6.2　上机操作 416

课后练习答案 417

第**1**章

Flash 动画制作基础

本章主要介绍了 Flash 动画制作基础方面的知识与技巧，同时还讲解了 Flash 的应用领域、基本术语以及文件格式等，通过本章的学习，读者可以掌握 Flash 动画制作方面的基础知识，为深入学习 Flash CC 中文版知识奠定基础。

 本 章 要 点

1. Flash 动画概述

2. Flash 的应用领域

3. Flash 的基本术语

4. Flash 的其他相关术语

5. Flash 的文件格式

Section

1.1 Flash 动画概述

手机扫描下方二维码，观看本节视频课程

　　Flash 是一种二维矢量动画软件，通常包括用于设计和编辑的 Flash 文档，以及用于播放 Flash 文档的 Flash Player。Flash 凭借其文件小、动画清晰和运行流畅等特点，在多个领域中都得到了广泛的应用。

1.1.1　Flash 动画的特点

　　Flash 以其强大的功能，易于上手的特性，得到了广大用户的认可，作为一款动画制作软件，Flash 与其他动画软件有很多相似的地方，但也有很多自身的特点，正是这些特点成就了 Flash 在网络动画领域的王者地位。

1.　文件占用空间小，传输速度快

　　Flash 动画的图形系统是基于矢量技术的，因此下载一个 Flash 动画文件的速度很快。矢量技术只需存储少量数据就可以描述一个相对复杂的对象，与以往采用的位图相比数据量大大下降了，只有原先的几千分之一。因此，Flash 动画比较适合在互联网中使用，它有效地解决了多媒体与大数据量之间的矛盾。

2.　强大的交互功能

　　在 Flash 中，高级交互事件的行为控制使 Flash 动画的播放更加精确并容易控制。设计者可以在动画中加入滚动条、复选框、下拉菜单和拖动物体等各种交互组件。Flash 动画甚至可以与 Java 或其他类型的程序融合在一起，在不同的操作平台和浏览器中播放。Flash 还支持表单交互，使得包含 Flash 动画表单的网页可应用于流行的电子商务领域。

3.　矢量绘图，可无限放大

　　矢量图形的特点，使得 Flash 做到了真正的无极限放大，放大几倍、几百倍都一样清晰，无论用户的浏览器使用多大的窗口，都不会降低画面质量。

　　一般的网页动画图像是基于像素的位图图像，这种图像由大量的像素点构成，比较逼真，但灵活性较差，并且在对图像进行放大时，点与点之间距离的增加会使图像的品质有较大幅度的降低，产生锯齿状的像素块。而 Flash 最重要的特点便是能用矢量绘图，只需要少量的矢量数据就可以很好地描述一个复杂的对象。由于位图图像是由像素组成的，因此其体积非常大；而矢量图像由线条和线条所封闭的填充区域组成，体积非常小。此外，Flash 动画采用了"流式"播放技术，在观看动画时可以不必等到动画文件全部下载到本地后才

能观看，而可以边观看边下载，从而减少了等待的时间。

4. 动画输出格式多样

　　随着 Flash 应用领域的逐渐扩大，Flash 动画影片已经不局限于在网络中传播和播放了，使用 Flash 制作的广告和动画片等已经开始进军电视市场，并受到广泛的欢迎。然而 Flash 的动画播放文件是 SWF 格式，需要在电脑上用特有的播放器播放，不适合在电视中播放。利用"导出影片"功能可以将制作完成的动画影片导出为常见的视频文件，如图 1-1 所示。

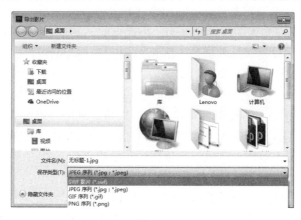

图 1-1

5. 界面友好，易于上手

　　Flash 不但功能强大，界面布局也很合理，使得初学者可以在很短的时间内就熟悉它的工作环境。同时软件附带详细的帮助文件和教程，并有示例文件供用户研究学习，非常实用。Flash 将矢量图形与位图、声音和脚本控制巧妙结合，能够创作出效果绚丽多彩的动画作品。

6. 可扩展性强

　　通过第三方开发的 Flash 插件程序，可以方便地实现一些以往需要非常烦琐的操作才能实现的动态效果，大大提高了 Flash 影片制作的工作效率。

1.1.2　Flash 动画与传统动画的比较

　　随着数字媒体的发展，动画的形式也在发生着变化，传统的动画渐渐地被 Flash 动画所取代。不管是传统的动画还是 Flash 动画，在自己所属的时代里面，意义非凡，都具有自身的优势。下面将分别详细介绍传统动画和 Flash 动画的优势表现。

1. 传统动画的优势

　　表现力较强，在电视教材动画的制作中，常用于表现一些柔软、动作复杂，又无规律，形态发生变化的物体动态。经过长时间的完善，传统动画已形成了一套完整的体系，包括

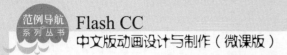

制作流程、分工、市场运作，甚至电视播出的动画系列片长度和集数都已经规范。此外，还可以完成一些复杂的高难度动画效果，几乎人们可以想象到的它都可以完成。美术效果也是如此，传统动画可以制作多样的美术风格，特别是大场面、大制作的片子，用传统动画可以塑造出恢宏的画面及细腻的美术效果。

2. Flash 动画的优势

(1) 易于操作，制作成本低。

Flash 界面友好，简单易懂的操作，给初学者带来很大的便利。无论是初学者还是高手，都可以利用 Flash 软件，发挥无限的想象力，制作精彩小巧的动画。Flash 动画制作并不需要什么硬件上的投资，仅仅一台普通的个人电脑和几个相关的软件即可，这和传统动画中庞大复杂的专业设备相比根本不算设备。

(2) 制作周期短。

较之传统手绘动画，Flash 动画的许多元件可以重复利用，更有意义的是，电脑能够按照人们的意图自动生成具有特殊效果的动画。Flash 动画的出现不仅使得动画制作摆脱繁重的手工操作程序，节省人力物力，也使得创作过程更直观化，并大大提高了创作的速度。

(3) 易于广泛传播。

Flash 动画多方面简化了动画制作难度并支持脚本语言，可实现特殊的、随机的动画效果。基于矢量的图形动画，播放文件体积小，播放时采用流式技术，便于网络传播。

(4) 动画不失真。

Flash 是矢量图形编辑软件。矢量图是运用数字方法计算出来的图形，没有分辨率。所以 Flash 中的图像无论放大、缩小或是旋转都不会变形失真。

互联网时代，以凌智动画为代表的传媒行业正致力于动画形式的更新，由传统的动画、Flash 动画，MG 动画到三维动画的转变，给人们一种不一样的视觉表现力，将平面设计、动画设计和电影语言无缝地结合在一起，给我们的生活带来了生机和活力。

1.1.3 位图图像和矢量图的区别

在 Flash 中，用户常用的图片格式多种多样，常见的图片格式包括位图与矢量图等，下面详细介绍位图与矢量图的区别，使用户能更好地选择图片格式来制作 Flash 动画。

1. 位图

位图也称为点阵图，就是由最小单位像素构成的图，缩放会失真。构成位图的最小单位是像素，位图就是由像素阵列的排列来实现其显示效果的，每个像素有自己的颜色信息，所以处理位图时，应着重考虑分辨率，分辨率越高，位图失真率越小，如图 1-2 所示。

2. 矢量图

矢量图也叫作向量图，是通过多个对象的组合生成的，对其中的每一个对象的记录方式，都是以数学函数来实现的，无论显示画面是大还是小，画面上的对象对应的算法是不变的，所以，即使对画面进行倍数相当大的缩放，其显示效果仍不失真，如图 1-3 所示。

图 1-2

图 1-3

Section
1.2
Flash 的应用领域

手机扫描下方二维码，观看本节视频课程

　　Flash 互动内容已经成为创造网站活力的标志，目前 Flash 被广泛应用于网页设计、网页广告、网络动画、多媒体教学软件、游戏设计、企业介绍、产品展示和电子相册等领域，下面详细介绍 Flash 的应用领域方面的知识。

1.2.1　网站片头和网站广告

　　越来越多的知名企业均通过 Flash 动画广告获得很好的宣传效果，所以目前越来越多的企业已经转向使用 Flash 动画技术制作企业网站片头和网站广告，以便获得更好的企业宣传效果，如图 1-4 所示。

图 1-4

1.2.2　Flash 导航和 Flash 动态网站

　　有时候为达到一定的视觉冲击力，很多企业网站会在进入主页之前播放一段使用 Flash 制作的引导页，此外，很多网站的 Logo(网站的标志)和 Banner(网页横幅广告)也都采用 Flash 动画制作，当需要制作一些交互功能较强的网站时，可以使用 Flash 制作整个网站，互动性会更强，如图 1-5 所示。

图 1-5

1.2.3　Flash MV 和二维动画

　　在网络世界中，许多网友都喜欢把自己制作的 Flash 音乐 MV 或 Flash 二维动画传输到网上供其他网友欣赏，实际上正是因为这些网络动画的流行，Flash 已经在网络中形成了一种独特的文化符号，如图 1-6 所示。

图 1-6

1.2.4 电子贺卡

　　用户还可以通过 Flash CC 制作出精美的贺卡，通过传递一张贺卡的网页链接，收卡人在收到这个链接地址后，点击就可打开贺卡图片。贺卡种类很多，有静态图片的，也可以是动画的，甚至带有美妙的音乐，如图 1-7 所示。

图 1-7

1.2.5 制作互动游戏

　　使用 Flash 的动作脚本功能可以制作一些精美、有趣的在线小游戏，如俄罗斯方块、贪吃蛇、棋牌类游戏等，因为 Flash 游戏具有体积小的优点，在手机游戏中也已经嵌入 Flash游戏，如图 1-8 所示。

图 1-8

1.2.6 制作 Flash 短片

Flash 短片具有简短、表现力强的特点，有一定的视觉冲击力，用户可以制作出一些动感时尚的 Flash 网页广告，吸引潜在客户的点击，并最终达到销售的目的，如图 1-9 所示。

图 1-9

1.2.7 多媒体教学课件

在教学课件中，相对于其他软件制作的课件，Flash 课件具有体积小，表现力强、视觉冲击力强的特点，在制作实验演示或多媒体教学光盘时，Flash 动画被广泛地应用到其中，如图 1-10 所示。

图 1-10

Section 1.3

Flash 的基本术语

手机扫描下方二维码，观看本节视频课程

在正式开始学习 Flash CC 之前，需要对 Flash 有一些大概的了解，这样才不会在一些小问题上浪费时间，下面将详细介绍 Flash 的基本术语，解决初学者在学习过程中遇到的不必要麻烦。

1.3.1 帧、关键帧和空白关键帧

首先，介绍一下 Flash 动画的关键部分：帧、关键帧和空白关键帧。只有先了解这些才能更好地了解 Flash 动画的制作过程，因为每一个 Flash 动画都是由不停地添加帧记录动作而完成的。

1. 帧

帧是进行动画制作的最小单位，主要用来延伸时间轴上的内容。帧在时间轴上以灰色填充的方式显示，通过增加或减少帧的数量可以控制动画播放的速度，如图 1-11 所示。

2. 关键帧

在关键帧中定义了对动画的对象属性所做的更改，或包含了控制文档的 ActionScript 代

码。关键帧可以不用画出每个帧就可以生成动画，所以能够更轻松地创建动画。关键帧在时间轴上显示为实心的圆点，如图 1-12 所示。可以通过在时间轴中拖动关键帧来轻松更改补间动画的长度。

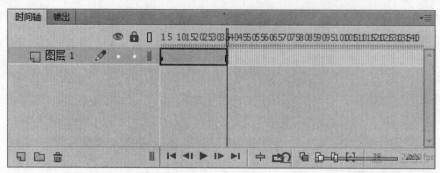

图 1-11

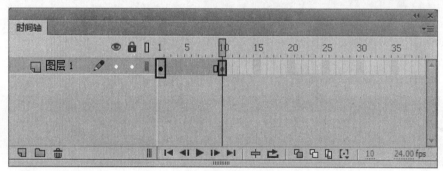

图 1-12

3. 空白关键帧

空白关键帧是编辑舞台上没有包含内容的关键帧。在 Flash CC 中，新建 Flash 空白文档，或者新建图层时，时间轴上默认图层的第一帧即为空白帧，用一个空心圆表示，如图 1-13 所示。

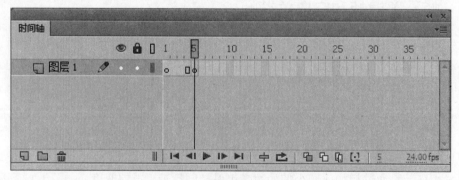

图 1-13

知识精讲

尽可能在同一动画中减少关键帧的使用，来减少动画文件的体积。还要尽量避免在同一帧处大量使用关键帧，这样可以减少动画的运行负担。

1.3.2 帧频

帧频指的是 Flash 动画的播放速度，以每秒播放的帧数为度量单位。帧频太慢会使动画播放起来不流畅，帧频太快会使用户忽略动画中的细节。Flash 的默认帧频为 24 帧/秒，也就代表每秒播放 24 帧。

Flash 动画的复杂程度和播放动画设备的速度会影响动画播放的流畅度，所以，制作完成的 Flash 动画要在不同的设备上测试后，才能得到最佳的帧频。

1.3.3 场景

一个 Flash 中至少包含一个场景，也可以同时拥有多个场景。通过 Flash 中的场景面板可以根据需要进行添加或删除。

场景是在创建 Flash 文档时，放置图形内容的矩形区域，这些图形内容包括矢量插图、文本框、按钮、导入的位图图形或视频剪辑等。Flash 创作环境中的场景相当于 Flash Player 或 Web 浏览器窗口中在回放期间显示 Flash 文档的矩形空间，可以在工作时放大或缩小以更改场景的视图、网格、辅助线和标尺，有助于在舞台上精确地定位内容。

Section 1.4

Flash 的其他相关术语

手机扫描下方二维码，观看本节视频课程

Flash 的功能随着版本的不断提升也日益全面。从过去只针对互联网动画制作逐步发展为全面的动画制作发布软件。功能的增加使用户需要了解的相关知识面也要有所扩展，接下来针对一些和 Flash 动画制作发布有关的术语进行详解。

1.4.1 Adobe AIR

Adobe AIR 是针对网络与桌面应用的结合所开发的技术，可以不必经由浏览器而对网络上的云端程式做控制。

AIR 是一种开发平台，在这种平台下可以将众多的开发技术集合。并且在不同的操作系统上有所对应的虚拟机支持。AIR 能使用户在熟悉的环境下工作，利用用户觉得舒服的工具并且通过支持 Flash、Flex、HTML、JavaScript 和 Ajax 去建立接近用户需要的尽可能好的体验。不需要学习 C、C++和 Java 之类的底层开发语言，以及具体操作系统底层 API 的开发。这大大降低了开发门槛，使现有的做 Web 开发的技术人员，依赖其原本就很熟悉的开发模式，稍加训练就可以开发良好丰富的客户端应用。

由于 AIR 产品是本地运行的，这就大大提高了运行速度。同时开放的开发模式可以实现更炫目的效果，用户体验感也会更好。

第一章 Flash 动画制作基础

1.4.2 Android

Android 是一款基于 Linux 的自由及开放源代码的操作系统，主要使用于移动设备，如智能手机和平板电脑，由 Google 公司和开放手机联盟领导及开发。尚未有统一中文名称，中国大陆地区较多人使用"安卓"或"安致"。用户可以通过 AIR for Android 命令将 Flash 动画转换为可以在 Android 系统中运行的文件。也可以通过新建 Adobe AIR for Android 文档，在 Flash 中完成应用程序的制作，然后通过发布设置完成程序的发布。

1.4.3 iOS

iOS 是由苹果公司开发的移动操作系统，Flash 支持为 AIR for iOS 发布应用程序。

AIR for iOS 应用程序可以运行于 Apple iPhone 和 iPad 上。在为 iOS 发布应用程序时，Flash 将 FLA 文件转换为本机 iPhone 应用程序。

1.4.4 Flash Lite

Flash Lite 是 Adobe 公司出品的软件，Flash Lite 播放器可以使用户在手机上体验到接近电脑视频的 Flash 播放画质。Flash Lite 能使手机更完美地支持 Flash 的播放，此外还支持更加流行的 FLV 格式。FLV 视频格式是目前互联网上最流行的视频格式。在各大视频网站上广为使用。使用 Flash Lite 可以使用户在手机上实现像在电脑上一样的视频效果。

通过 Flash Lite 用户可以感受到移动多媒体手机的便捷性，不仅能观看 Flash 视频、音频而且能享受到 Flash 游戏程序带来的乐趣。但是，由于移动终端更新很快，不同的手机型号对 Flash Lite 软件版本的支持也不尽相同。

1.4.5 ActionScript

ActionScript(简称 AS)是由 Macromedia(现已被 Adobe 收购)为其 Flash 产品开发的，最初是一种简单的脚本语言，现在最新版本为 ActionScript 3.0，是一种完全面向对象的编程语言，功能强大，类库丰富，语法类似 JavaScript，多用于 Flash 互动性、娱乐性、实用性开发，以及网页制作和 RIA(丰富互联网程序)开发。简单地说，ActionScript 是一种编程语言，也是 Flash 特有的一种开发语言。它在 Flash 内容和应用程序中实现交互性、数据处理以及其他功能。

Section 1.5 **Flash 的文件格式**

手机扫描下方二维码，观看本节视频课程

Flash 可与多种文件类型一起使用，每种类型都具有不同的用户。Flash 的文件格式有 FLA、SWF、未压缩的 XFL、GIF 和 JPG、PSD 和 PNG 等多种格式，本节将详细介绍 Flash 文件格式的相关知识。

1.5.1 FLA 和 SWF

FLA 格式是 Flash 中使用的主要文件格式，它是包含 Flash 文档的媒体、时间轴和脚本基本信息的文件。

SWF 文件是 FLA 文件的压缩版本。一般通过发布，就可以直接应用到网页中，也可以直接播放。

1.5.2 未压缩文档 XFL

XFL 文件格式代表了 Flash 文档，是一种基于 XML、开放式文件夹的方式。这种格式方便设计人员和程序员合作，提高了工作效率。

1.5.3 GIF 和 JPG

GIF 格式是基于网络上传输图像而创建的文件格式，它采用压缩方式将图片压缩得很小，有利于在网上传输，它支持背景透明的动画，可以用它制作简单的动画，由于此格式压缩效果比较好，可以保持稳健的透明性，并且还支持 256 种颜色以及 8 位的图像文件。

JPG 格式是由联合图像专家组制定的带有压缩的文件格式，它可以设置压缩品质数值，压缩数值越大，压缩后的文件越小，但图像的某些细节会被忽略，所以会存在一定程度上的失真。该格式主要用于图像预览、制作网页和超文本文档中。

1.5.4 PSD 和 PNG

PSD 是默认的文件格式，而且是除大型文档格式(PSB)之外支持所有 Photoshop 功能的唯一格式。PSD 格式可以保存图像中的图层、通道和颜色模式等信息，将文件保存为 PSD 格式，方便以后进行修改。

Flash Pro 可以直接导入 PSD 文件并保留许多 Photoshop 功能，并且可在 Flash Pro 中保持 PSD 文件的图像质量和可编辑性。导入 PSD 文件时还可以对其平面化，同时创建一个位图图像文件。

便携网络图形(PNG)格式是作为 GIF 的替代品开发的，用于无损压缩和在 Web 上显示图像，与 GIF 不同，PNG 支持 24 位图像并产生无锯齿边缘的背景透明度，但是，某些 Web 浏览器却不支持 PNG 图像。PNG 格式支持无 Alpha 通道的 RGB、索引颜色、灰度和位图模式的图像。PNG 保留灰度和 RGB 图像中的透明度。

Section 1.6 范例应用与上机操作

手机扫描下方二维码，观看本节视频课程

通过本章的学习，读者可以掌握 Flash 动画制作基础的知识和操作。下面介绍"Flash 的基本工作流程""Flash 帮助资源"和"设置 Flash CC 参数"范例应用，上机操作练习一下，以达到巩固学习、拓展提高的目的。

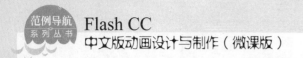
1.6.1 Flash 的基本工作流程

Flash 动画具有矢量动画的功能，其创作流程比一些传统的动画要简单得多，Flash 动画的基本工作流程大致可以分为前期策划、动画流程设置、分镜头、动画制作、后期处理和发布动画这 6 个步骤。

1. 前期策划

在前期策划中，一般需要明确该 Flash 动画的目的、表现方式、动画制作规划以及组织制作的团队。

通常，一些较大型的商业 Flash 动画，都会有一个严谨的前期策划，以明确该动画项目的目的和一些具体的要求，以方便动画制作人员能顺利开展工作。

2. 动画流程设置

完成了前期策划后，根据策划构思，设计者就需要考虑整个 Flash 动画的流程设置了，先出现什么、接着出现什么、最后出现什么。如果是 Flash 动画短片，则还需要考虑剧情的设置和发展，一个好的剧情对于 Flash 动画来说是非常重要的。

3. 分镜头

确定了动画制作的流程或者是剧情的发展，就可以按照所制定的流程或剧情，将相应的场景先设计出来，可以通过在 Flash 中绘制的方式，也可以通过在其他软件中绘制好再导入到 Flash 中进行使用。

4. 动画制作

Flash 动画制作阶段是最重要的一个阶段，也是本书介绍的重点。这个阶段的主要任务是用 Flash 将各个动画场景制作成动画，其具体的操作步骤可以细分为：录制声音、建立和设置影片文件、输入线稿、上色以及动画编排。

（1）录制声音。

在 Flash 动画制作中，要估算每一个场景动画的长度是很困难的。因此，在制作之前，必须先录制好背景音乐和声音对白，以此来估算场景动画的长短。

（2）建立和设置影片文件。

在 Flash 软件中建立和设置影片文件。

（3）输入线稿。

将手绘线稿扫描，并转换为矢量图，然后导入 Flash 中，以便上色。

（4）上色。

根据上色方案，对线稿进行上色处理。

（5）动画编排。

上色后，完成各场景的动画，并将各场景衔接起来。

以上便是 Flash 动画制作阶段需要完成的工作。

5. 后期处理

后期处理部分要完成的任务是，为动画添加特效、合成并添加音效。

6. 发布动画

发布是 Flash 动画创作特有的步骤。因为目前 Flash 动画主要用于网络，因此有必要对其进行优化，以便减小文件的体积和优化其运行效率；同时还需要为其制作一个 Loading 和添加结束语等工作。

1.6.2 Flash 帮助资源

为了方便用户全面学习 Flash 软件，Adobe 提供了很多帮助资源，包括帮助文档和技术支持中心以及获取最新的 Flash Player 等，对用户深入学习 Flash 有很大的帮助。

step 1 在菜单栏中选择【帮助】→【Flash 帮助】菜单项，或按下键盘上的 F1 键，就可以直接连接到 Adobe 网站中的【用户指南】网页，输入想要查找的内容即可，如图 1-14 所示。

step 2 在菜单栏中选择【帮助】→【获取最新的 Flash Player】菜单项，即可打开 Adobe 网站，单击【立即下载】按钮，即可获取最新 Flash Player，如图 1-15 所示。

图 1-14

图 1-15

step 3 在菜单栏中选择【帮助】→【Adobe 在线论坛】菜单项，即可连接到 Adobe 公司的官方论坛，获得更多的联机帮助，如图 1-16 所示。

step 4 在菜单栏中选择【帮助】→【更新】菜单项，即可从 Adobe 公司的网站上下载最新的 Flash 更新内容，如图 1-17 所示。

图 1-16

图 1-17

1.6.3　设置 Flash CC 参数

不同的设计师在使用和操作中会有不同的习惯，配置好常用的环境参数会让 Flash 使用起来更加得心应手，下面详细介绍设置 Flash CC 参数的操作方法。

step 1　启动 Flash CC 软件程序，在菜单栏中选择【编辑】→【首选参数】菜单项，如图 1-18 所示。

step 2　弹出【首选参数】对话框，首选参数一共包括 7 类设置选项。在该对话框左侧选择要设置的类别，在右侧的参数设置区就会显示所选类别中的可设置项。修改好参数后，单击【确定】按钮保存设置，或者单击【取消】按钮退出设置，如图 1-19 所示。

图 1-18

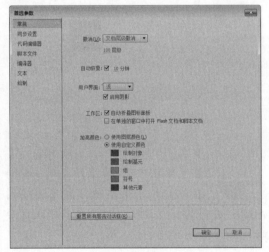

图 1-19

1.7.1 课后练习

1. 填空题

(1) Flash 动画的图形系统是基于_____技术的，因此下载一个 Flash 动画文件的速度很快。

(2) _____也称为点阵图，就是由最小单位像素构成的图，缩放会失真。

(3) 构成位图的最小单位是_____，位图就是由像素阵列的排列来实现其显示效果的，每个像素有自己的颜色信息，所以处理位图时，应着重考虑_____，分辨率越高，位图失真率越小。

(4) _____也叫做向量图，是通过多个对象的组合生成的，对其中的每一个对象的记录方式，都是以数学函数来实现的，无论显示画面是大还是小，画面上的对象对应的算法是不变的，所以，即使对画面进行倍数相当大的缩放，其显示效果仍不失真。

(5) _____是进行动画制作的最小单位，主要用来延伸时间轴上的内容。帧在时间轴上以灰色填充的方式显示，通过增加或减少帧的数量可以控制动画播放的_____。

(6) _____是在创建 Flash 文档时，放置图形内容的矩形区域，这些图形内容包括矢量插图、文本框、按钮、导入的位图图形或视频剪辑等。

(7) _____是针对网络与桌面应用的结合所开发的技术，可以不必经由浏览器而对网络上的云端程式做控制。

2. 判断题

(1) 矢量技术只需存储少量数据就可以描述一个相对复杂的对象，与以往采用的位图相比数据量大大下降了，只有原先的几千分之一。　　　　　　　　　　　（　　）

(2) 使用 Flash 的动作脚本功能可以制作一些精美、有趣的在线小游戏，如俄罗斯方块、贪吃蛇、棋牌类游戏等，因为 Flash 游戏具有体积小的优点，在手机游戏中也已经嵌入 Flash 游戏。　　　　　　　　　　　　　　　　　　　　　　　　　　（　　）

(3) 关键帧可以不用画出每个帧就可以生成动画，所以能够更轻松地创建动画。关键帧在时间轴上显示为空心的圆点。　　　　　　　　　　　　　　　　　（　　）

(4) 帧频指的是 Flash 动画的播放速度，以每秒播放的帧数为度量单位，帧频太慢会使动画播放起来不流畅，帧频太快会使用户忽略动画中的细节。　　　　　　　（　　）

(5) 一个 Flash 中至少包含一个场景，也可以同时拥有多个场景。通过 Flash 中的场景面板可以根据需要进行添加或删除。　　　　　　　　　　　　　　　　　（　　）

(6) Flash 创作环境中的场景相当于 Flash Player 或 Web 浏览器窗口中在回放期间显示 Flash 文档的矩形空间，可以在工作时放大或缩小以更改场景的视图、网格、辅助线和标尺，有助于在舞台上精确地定位内容。　　　　　　　　　　　　　　　　　（　　）

3. 思考题

(1) 如何使用 Flash 帮助资源？

(2) 如何设置 Flash CC 参数？

1.7.2 上机操作

(1) 通过本章的学习，读者基本可以掌握 Flash 动画制作基础方面的知识，下面通过练习安装 Flash 插件，达到巩固与提高的目的。

(2) 通过本章的学习，读者基本可以掌握在网页中创建文本方面的知识，下面通过练习放大和缩小舞台显示比例，达到巩固与提高的目的。

第**2**章

Flash CC 中文版基本操作

本章主要介绍了 Flash CC 中文版基础操作方面的知识与技巧，同时还讲解了如何设置工作区，使用舞台、辅助工具以及使用贴紧等相关操作，通过本章的学习，读者可以掌握 Flash CC 基础操作方面的知识，为深入学习 Flash CC 中文版知识奠定基础。

本 章 要 点

1. Flash CC 的工作界面

2. 设置工作区

3. 使用舞台

4. 使用辅助工具

5. 使用贴紧

Section 2.1 Flash CC 的工作界面

手机扫描下方二维码，观看本节视频课程

Flash CC 的工作界面相对于之前版本来说改进不少，文档切换更加快捷，工具的使用更加方便，图像处理界面也更加开阔了，在制作 Flash 动画之前，需要先了解 Flash CC 中文版的工作区组成。本节将重点介绍 Flash CC 工作区组成方面的知识

2.1.1 Flash CC 工作界面的组成

Flash CC 中文版工作界面主要由菜单栏、工具箱、时间轴、【属性】面板、舞台和浮动面板组等组成，如图 2-1 所示。

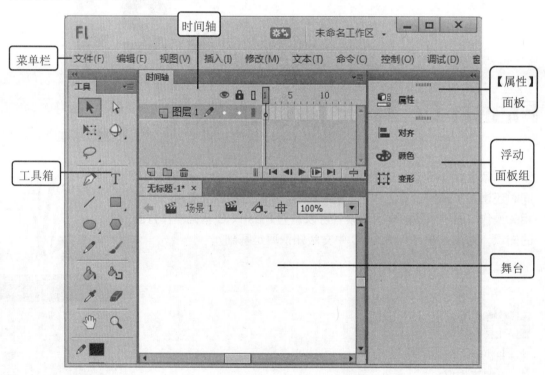

图 2-1

2.1.2 菜单栏

Flash CC 的菜单栏包括：【文件】菜单、【编辑】菜单、【视图】菜单、【插入】菜单、【修改】菜单、【文本】菜单、【命令】菜单、【控制】菜单、【调试】菜单、【窗口】菜单及【帮助】菜单，选择任何菜单，即可完成相应的命令，如图 2-2 所示。

| 文件(F) | 编辑(E) | 视图(V) | 插入(I) | 修改(M) | 文本(T) | 命令(C) | 控制(O) | 调试(D) | 窗口(W) | 帮助(H) |

图 2-2

2.1.3　舞台

　　舞台是所有动画元素的最大活动空间，也就是 Flash CC 中的场景，是编辑和播放动画的矩形区域。用户可以在舞台上放置和编辑向量插图、文本框、按钮，导入位图图形、视频剪辑等对象，如图 2-3 所示。

图 2-3

2.1.4　文档窗口

　　Flash CC 中文版的文档窗口是用来新建 Flash 空白文档和打开 Flash 文件的，在该窗口中还可以新建模板文件和查看 Flash CC 简介等，如图 2-4 所示。

图 2-4

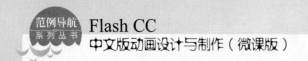

2.1.5　时间轴

时间轴用于组织和控制文件内容在一定时间内播放，按照功能的不同，时间轴面板分为左右两部分，分别为层控制区、时间线控制区，如图2-5所示。

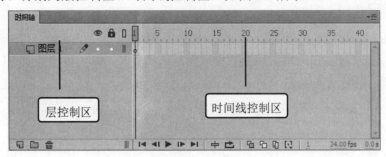

图2-5

2.1.6　编辑栏

菜单栏正下方的编辑栏包含用于编辑的场景和元件以及用于更改舞台的缩放比例等信息，单击左边的【场景】按钮或右边的下拉列表按钮对其进行编辑，如图2-6所示。

图2-6

2.1.7　工具箱

Flash CC 工具箱提供了图形绘制和编辑的各种工具，分为【工具】、【查看】、【颜色】和【选项】4个功能区，如图2-7所示。

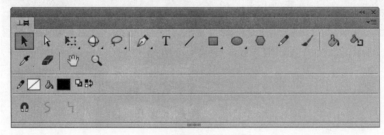

图2-7

2.1.8　【属性】面板和其他面板

1.　【属性】面板

使用【属性】面板，可以很容易地查看和更改其属性，从而简化文档的创建过程，当选定单个对象时，如文本、组件、形状、位图、视频、组、帧等，【属性】面板可以显示相应的信息和设置，如图2-8所示。

2. 其他面板

浮动面板组由【颜色】面板、【样本】面板、【对齐】面板、【变形】面板等组成，可以查看、组合和更改资源等，并且 Flash CC 提供了多种自定义浮动面板的方式，例如可以通过【窗口】菜单显示或隐藏面板，还可以通过拖动鼠标来调整面板的大小以及重新组合面板，如图 2-9 所示。

图 2-8

图 2-9

Section
2.2 设置工作区

手机扫描下方二维码，观看本节视频课程

Flash CC 的工作区可以随意调整，用户可以将个人喜欢或习惯的面板大小和位置保持为工作区。如果用户觉得工作区没有调整好，可以恢复预设工作区。这些工作区可以使得不同的用户在不同的工作项目中体会到最大化的软件功能。

2.2.1 使用预设工作区

Flash CC 为用户提供了方便、适合各种设计人员的工作区，一共有 7 种方案可以选择，下面详细介绍使用预设工作区的操作方法。

step 1 打开 Flash CC 软件，单击【基本功能】按钮，或在菜单栏中选择【窗口】→【工作区】菜单项，如图 2-10 所示，都可以显示 Flash CC 中的工作区。

step 2 一般情况下，用户打开 Flash CC 界面，默认的工作区为【基本功能】工作区，此工作区也是常用的工作区，如图 2-11 所示。

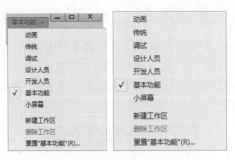

图 2-10

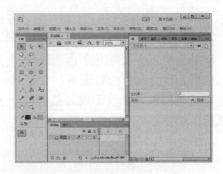

图 2-11

2.2.2 创建自定义工作区

经过调整位置和大小，如果当前的工作区符合用户的需要，就可以在菜单栏中选择【窗口】→【工作区】→【新建工作区】菜单项，完成新建一个工作区的操作，下面详细介绍自定义工作区的操作方法。

step 1 在菜单栏中选择【窗口】→【工作区】→【新建工作区】菜单项，如图 2-12 所示。

图 2-12

step 3 通过上述操作即可完成工作区的创建操作，打开工作区列表即可看到创建的自定义工作区，如图 2-14 所示。

图 2-14

step 2 弹出【新建工作区】对话框，① 在【名称】文本框中输入工作区的名称，② 单击【确定】按钮 确定 ，如图 2-13 所示。

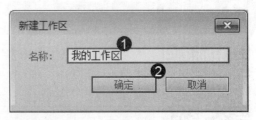

图 2-13

智慧锦囊

在 Flash CC 中，用户也可以在菜单栏中选择【窗口】→【工作区】菜单项，然后选择具体想要查看的工作区即可。

考考您

请您根据上述方法创建一个工作区，测试一下您的学习效果。

2.2.3 删除、重置和恢复工作区

在菜单栏中选择【窗口】→【工作区】→【删除工作区】菜单项，即可弹出【删除工作区】对话框，单击【名称】下拉列表按钮，选择准备删除的工作区，然后单击【确定】按钮，即可完成删除工作区的操作，如图 2-15 所示。

在 Flash 中工作区会按照上次排列的方式进行显示，但用户可以恢复原来存储的面板排列方式。在菜单栏中选择【窗口】→【工作区】→【重置工作区】菜单项，将弹出一个对话框提示"是否确定重置"，单击【是】按钮 即可完成工作区的恢复，如图 2-16 所示。

图 2-15

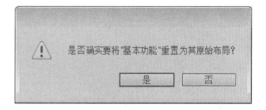

图 2-16

2.2.4 自定义快捷键

在 Flash CC 中，用户可以根据自己的使用习惯设置快捷键，从而使制作 Flash 动画的过程更加流畅，下面介绍如何自定义快捷键。

step 1 打开 Flash CC 软件，在菜单栏中选择【编辑】→【快捷键】菜单项，如图 2-17 所示。

图 2-17

step 2 弹出【键盘快捷键】对话框，① 在【调试】下拉列表中选择【开始远程调试会话】选项，② 单击【添加】按钮 ，③ 在文本框中输入快捷键，④ 单击【确定】按钮 ，即可完成自定义快捷键的操作，如图 2-18 所示。

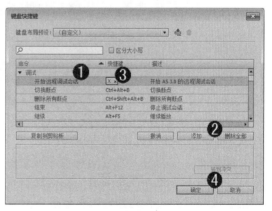

图 2-18

舞台

手机扫描下方二维码，观看本节视频课程

和剧院中的舞台一样，Flash 中的舞台也是播放影片时观众看到的区域，它包含文本、图形及出现在屏幕上的视频，在 Flash Player 或即将播放 Flash 影片的 Web 浏览器中移动元素进出这一矩形区域，就可以让元素进出舞台。本节介绍舞台的相关知识。

2.3.1 缩放舞台

在制作 Flash 影片的过程中，用户常常需要缩小或者放大舞台，以便更好地对舞台上的内容进行缩小或者放大的相关操作。用户可以在工具面板中单击缩放工具，在相应选项中选择放大或者缩小工具来对舞台进行缩放操作，如图 2-19 所示。

图 2-19

在选中缩放工具时，即可以将指针移至工作区中，指针会显示为一个放大或者缩小的模式。例如当前为放大模式，同时按下键盘上的 Alt 键可以快速切换到缩小模式，反之亦然。

假如需要对舞台上内容的特定区域进行放大，首先要选中缩放工具，无论当前是放大模式还是缩小模式，在所要放大的区域按住鼠标左键拖曳出一个矩形，再松开鼠标左键，指定的区域就会被放大并且填充至整个窗口，如图 2-20 所示。

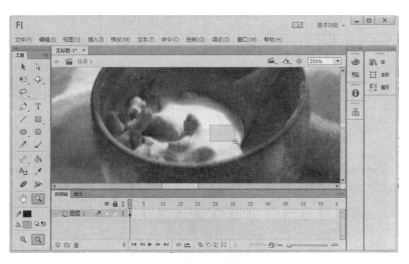

图 2-20

假如需要将舞台恢复到本来的大小，那么只需要双击缩放工具即可，同时还可以利用其他方式来缩放舞台。如在菜单栏中选择【视图】菜单，然后在下拉菜单中选择【放大】、【缩小】或【缩放比率】菜单项来进行缩放操作，如图 2-21 所示。

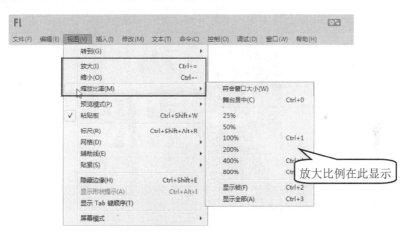

图 2-21

在【缩放比率】菜单项中，可以看到一个【显示全部】的菜单项，使用该菜单项，可以显示出当前帧的全部内容，如图 2-22 所示。

图 2-22

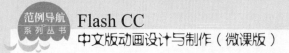

当用户需要显示整个舞台时，可以在菜单栏中选择【缩放比率】→【显示帧】菜单项，可以看到完整的舞台，包括舞台下面及右边的滚动条，舞台自动居中对齐，如图2-23所示。

图 2-23

在菜单栏中选择【缩放比率】→【符合窗口大小】菜单项，可以使舞台充满应用程序窗口，此时舞台周边的滚动条是不可见的，如图2-24所示。

图 2-24

Flash CC 舞台上的最小缩小比率为4%，最大放大比率为2000%，所有的缩放操作都只能在这个范围内进行。

2.3.2 移动舞台及定位到舞台中心

当把舞台放大之后或者对象本身比较大时，就需要移动舞台来查看舞台上的内容，这时候，就可以用工具面板上的手形工具 ✋ 来查看各个部分视图了。选中手形工具后，在舞台上按住鼠标左键不放，便可以根据需要拖动舞台。如果在其他工具的编辑状态下，也可以直接按住空格键，这时光标会切换到手形工具，在舞台上按住鼠标左键也能进行舞台的拖动操作，如图 2-25 所示。

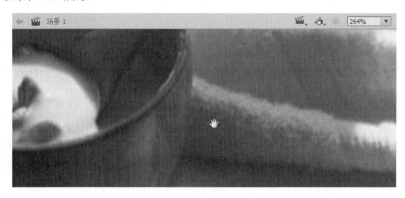

图 2-25

Flash CC 中新增了"舞台居中"的定位功能，当工作区较大时，不管移动舞台到任何地方，都可以通过舞台顶部的【舞台居中】按钮 ⊕ 快速返回舞台中心，如图 2-26 所示。

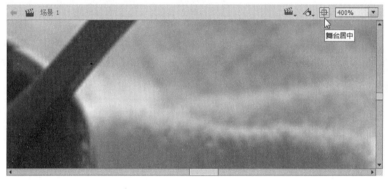

图 2-26

2.3.3　全屏模式编辑

当 Flash 作品的舞台区域较大或在较小的屏幕上进行编辑时，编辑效率就低，因此 Flash CC 增加了新的全屏编辑模式，通过按下键盘上的 F11 键即可进入全屏编辑模式，Flash CC 会弹出【全屏模式】对话框，如图 2-27 所示。

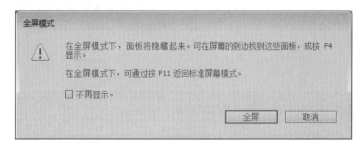

图 2-27

全屏模式通过一些面板和菜单栏为舞台分配更多屏幕空间。面板转换为重叠的面板，在全屏编辑模式下可通过将指针悬停到屏幕边缘来显示或隐藏面板，也可以通过按下键盘上的 F4 键来显示或隐藏面板，如图 2-28 所示。

图 2-28

Section 2.4　辅助工具

手机扫描下方二维码，观看本节视频课程

　　为了使 Flash 动画设计制作工作更加精确，Flash CC 提供了标尺、参考线和网格等工具，这些工具具有很好的辅助作用，从而提高设计的质量。本节将详细介绍有关辅助工具的相关知识及操作方法。

2.4.1　使用标尺

　　使用标尺功能，可以有助于快速创建图形的固定单位及大小形状，下面详细介绍使用标尺的操作方法。

 在菜单栏中选择【文件】→【新建】菜单项，弹出【新建文档】对话框。① 在【类别】列表框中选择 ActionScript 3.0 选项，② 单击【确定】按钮，如图 2-29 所示。

 在菜单栏中选择【视图】→【标尺】菜单项，如图 2-30 所示。

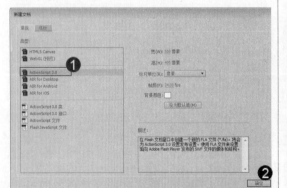

图 2-29

图 2-30

在场景中就会显示垂直标尺和水平标尺，如图 2-31 所示。

 单击工具箱中的矩形工具，直接用光标在舞台中进行拖曳，将会看到标尺中显示两条线，即表示其大小，当绘制到 150mm×150mm 处，两条辅助线将与标尺线重合，即可使用标尺绘制出 150mm×150mm 的矩形，如图 2-32 所示。

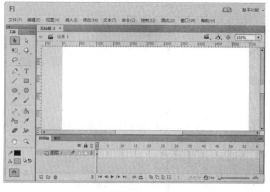

图 2-31

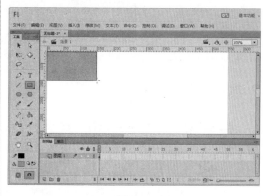

图 2-32

2.4.2　使用参考线

参考线也叫辅助线，主要起到参考作用。在制作动画时，使用参考线使对象和图形都对齐到舞台中的某一横线或纵线上。

要使用参考线，必须启用标尺，如果显示了标尺，可以直接在垂直标尺或水平标尺上按住鼠标左键并将其拖曳到舞台上，即可完成参考线的绘制，如图 2-33 所示。

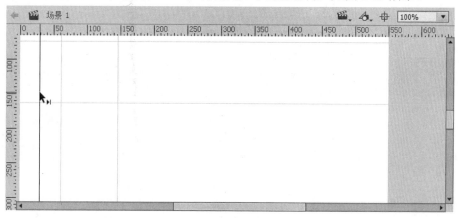

图 2-33

选择【视图】→【辅助线】→【编辑辅助线】菜单项，在弹出的【辅助线】对话框中，可以修改辅助线的颜色等参数，如图 2-34 所示。

图 2-34

2.4.3　使用网格

网格将在文档的所有场景中显示为一系列直线，在制作一些规范图形时，操作会变得更方便，可以提高绘制图形的精确度。

选择【视图】→【网格】→【显示网格】菜单项，如图 2-35 所示。

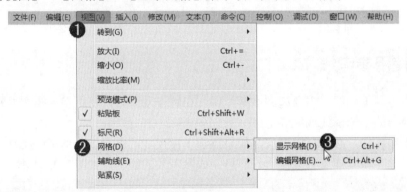

图 2-35

可以看到舞台中布满了网格线，如图 2-36 所示。

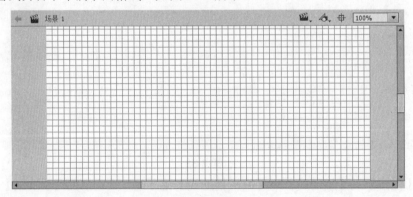

图 2-36

选择【视图】→【网格】→【编辑网格】菜单项，弹出【网格】对话框，通过该对话框，可以对网格进行编辑，如图 2-37 所示。

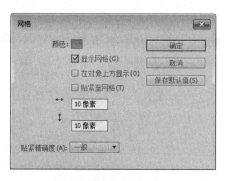

图 2-37

Section 2.5 使用贴紧

手机扫描下方二维码，观看本节视频课程

在 Flash CC 中提供了 5 种贴紧对齐的方式，分别为贴紧对齐、贴紧至网格、贴紧至辅助线、贴紧至像素、贴紧至对象等。贴紧功能主要用于将各个图形元素自动对齐，提高制作的速度和精度。本节将详细介绍使用贴紧功能的相关知识及操作方法。

2.5.1 贴紧对齐

选择【视图】→【贴紧】→【贴紧对齐】菜单项，如图 2-38 所示。将对象拖动到指定的贴紧对齐容差位置时，点线将出现在舞台上，贴紧对齐用于设置对象的水平或垂直边缘之间以及对象边缘和舞台边界之间的紧贴对齐容差，也可以在对象的水平和垂直中心位置之间打开贴紧对齐功能。

图 2-38

2.5.2 贴紧至网格

贴紧至网格用于设置对象与网格之间的贴紧，在创建或移动对象时，都会被限定到网

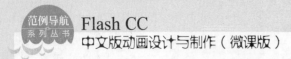

格上。

选择【视图】→【网格】→【显示网格】菜单项后，将网格显示在舞台上，然后选择【视图】→【贴紧】→【贴紧至网格】菜单项，如图 2-39 所示。在舞台上创建一个矩形，完成设置后，将矩形元件进行移动，贴紧网格线如图 2-40 所示。

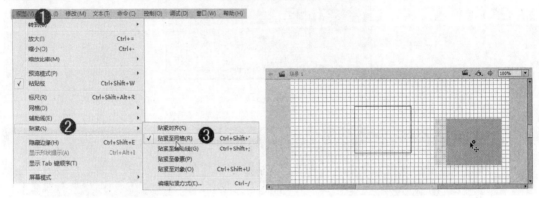

图 2-39　　　　　　　　　　　　　　　　图 2-40

2.5.3　贴紧至辅助线

此功能用于对象与辅助线贴紧对齐，可通过选择【视图】→【贴紧】→【贴紧至辅助线】菜单项，实现对象贴紧至辅助线的效果，如图 2-41 所示。

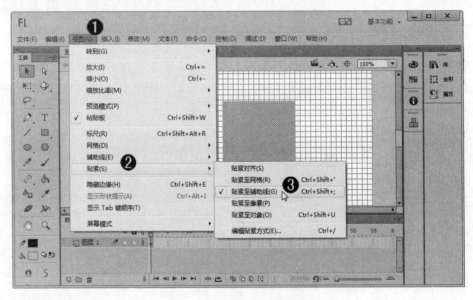

图 2-41

2.5.4　贴紧至像素

贴紧至像素功能就是用于舞台上对象直接与单独的像素或像素的线条贴紧。

选择【视图】→【贴紧】→【贴紧至像素】菜单项，当视图缩放比率设置为 400%或更高的时候会出现一个像素网格，如图 2-42 所示。

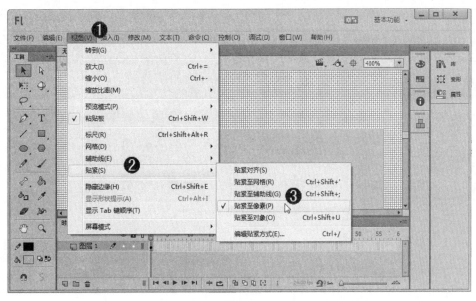

图 2-42

　　若要临时打开或关闭像素贴紧功能，请按下键盘上的 C 键，释放 C 键时，像素贴紧会返回到选择【视图】→【贴紧】→【贴紧至像素】菜单项的状态。若要暂时隐藏像素网格，请按下键盘上的 X 键，当释放 X 键时，像素网格会重新出现。

2.5.5　贴紧至对象

　　贴紧至对象的功能用来将对象沿其他对象的边缘直接对齐。

　　选择【视图】→【贴紧】→【贴紧至对象】菜单项。在舞台中拖动对象元素时，光标下面会出现一个黑色的环形，当对象处于另一个对象的贴紧距离内时，该小环会变大，如图 2-43 所示。

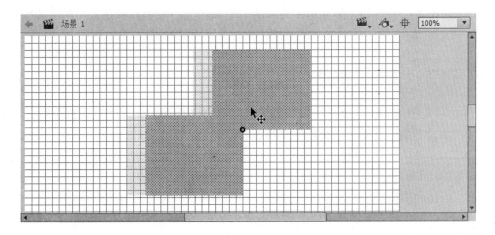

图 2-43

Section 2.6 范例应用与上机操作

手机扫描下方二维码，观看本节视频课程

通过本章的学习，读者基本可以掌握 Flash CC 中文版基础入门的知识和操作技巧，下面通过"使用动画预设""高速显示的预览模式"和"消除锯齿的预览模式"范例应用，上机操作练习一下，以达到巩固学习、拓展提高的目的。

2.6.1 使用动画预设

动画预设是通过最少的步骤来添加预设动画的方法，也可以将做好的动画进行自定义预设，以便快速地在 Flash CC 中添加动画。在 Flash CC 中，动画预设分为默认预设和自定义预设，默认动画预设存储在【默认预设】文件夹中，一个动画预设只能应用于一个对象，当使用动画预设时，在【时间轴】面板中创建的补间动画与【动画预设】面板将不再有联系了。

动画预设是 Flash 中预配置的补间动画，可以将其直接应用于舞台上的对象，以实现指定的动画效果，而无须用户重新设计，如图 2-44 所示。

图 2-44

在 Flash CC 中，每个默认预设都可以通过预览窗口来了解动画的实际效果，在【默认预设】文件夹中，选择某个动画预设，即可在预览窗口观看其效果。

2.6.2 预览模式——高速显示

高速显示文档是显示文档速度最快的模式，选择【视图】→【预览模式】→【高速显示】菜单项，此模式下 Flash 中的图形锯齿感非常明显，把图像放大可以看出锯齿效果，如图 2-45 所示。

预览模式默认的是"消除文字锯齿"，如果项目较大，建议用"高速显示"，因为其占用资源小，预览流畅。

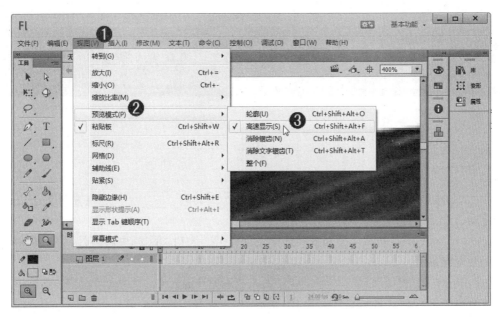

图 2-45

2.6.3 预览模式——消除锯齿

消除锯齿是最常用的预览模式，使用消除锯齿预览模式可以明显地看到图像中的形状和线条被消除了锯齿，使线条和图像的边缘更加平滑，在菜单栏中选择【视图】→【预览模式】→【消除锯齿】菜单项即可，如图 2-46 所示。

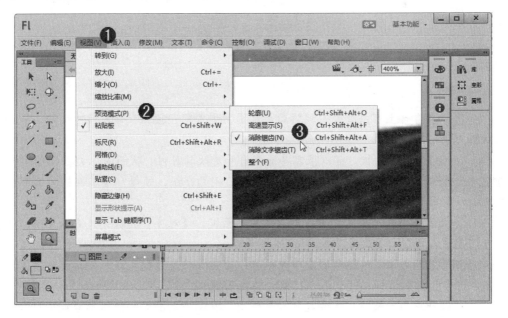

图 2-46

课后练习与上机操作

本节内容无视频课程，习题参考答案在本书附录

2.7.1 课后练习

1. 填空题

(1) Flash CC 中文版工作界面主要由_____、工具箱、_____、【属性】面板、舞台和浮动面板组等组成。

(2) _____是所有动画元素的最大活动空间，也就是 Flash CC 中的场景，是编辑和播放动画的矩形区域。

(3) Flash CC 中文版的_____是用来新建 Flash 空白文档和打开 Flash 文件的，在该窗口中还可以新建模板文件和查看 Flash CC 简介等。

(4) _____用于组织和控制文件内容在一定时间内播放，按照功能的不同，时间轴面板分为左右两部分，分别为_____、时间线控制区。

(5) 当把舞台放大之后或者对象本身比较大时，就需要移动舞台来查看舞台上的内容，这时候，就可以用工具面板上的_____来查看各个部分视图了。

(6) 当 Flash 作品的舞台区域较大或在较小的屏幕上进行编辑时，编辑效率就低，因此 Flash CC 增加了新的全屏编辑模式，通过按下键盘上的_____键即可进入全屏编辑模式。

(7) _____将在文档的所有场景中显示为一系列直线，在制作一些规范图形时，操作会变得更方便，可以提高绘制图形的精确度。

(8) _____用于设置对象与网格之间的贴紧，在创建或移动对象时，都会被限定到网格上。

2. 判断题

(1) 用户在舞台上可以放置、编辑向量插图、文本框、按钮，导入位图图形、视频剪辑等对象。   （   ）

(2) 使用【属性】面板，可以很容易地查看和更改其属性，从而简化文档的创建过程，当选定单个对象时，如文本、组件、形状、位图、视频、组、帧等，【属性】面板可以显示相应的信息和设置。   （   ）

(3) 属性面板组由【颜色】面板、【样本】面板、【对齐】面板、【变形】面板等组成，可以查看、组合和更改资源等。   （   ）

(4) 如果在其他工具的编辑状态下，也可以直接按住空格键，这时光标会切换到手形工具，在舞台上按住鼠标左键也能进行舞台的拖动操作。   （   ）

(5) 参考线也叫标尺线，主要起到参考作用。在制作动画时，使用参考线使对象和图形都对齐到舞台中的某一横线或纵线上。   （   ）

(6) 要使用参考线，必须启用标尺，如果显示了标尺，可以直接在垂直标尺或水平标尺上按住鼠标左键并将其拖曳到舞台上，即可完成参考线的绘制。   （   ）

(7) 贴紧至对象功能就是用于舞台上对象直接与单独的像素或像素的线条贴紧。（　　）

(8) 贴紧像素的功能用来将对象沿其他对象的边缘直接对齐。　　　　　（　　）

3．思考题

(1) 如何使用预设工作区？

(2) 如何创建自定义工作区？

2.7.2　上机操作

(1) 通过本章的学习，读者基本可以掌握 Flash 基本操作方面的知识，下面通过练习编辑贴紧方式，达到巩固与提高的目的。

(2) 通过本章的学习，读者基本可以掌握 Flash 基本操作方面的知识，下面通过练习使用粘贴板，达到巩固与提高的目的。

第3章

Flash CC 文件编辑

本章主要介绍了文件编辑方面的知识与技巧，主要内容包括新建 Flash 文件、打开/关闭 Flash 文件、保存 Flash 文件、导入文件、导出文档和从错误中恢复等相关知识及操作，通过本章的学习，读者可以掌握 Flash CC 文件编辑方面的知识，为深入学习 Flash CC 知识奠定基础。

本章要点

1. 新建 Flash 文件

2. 打开/关闭 Flash 文件

3. 保存 Flash 文件

4. 导入文件

5. 导出文档

6. 从错误中恢复

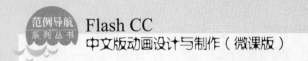

　　使用 Flash 创建动画前必须要先新建一个文档，Flash CC 提供了多样化的新建文件的方法，它不仅可以方便用户使用，而且可以有效地提高工作效率。用户可以根据工作过程中的实际需要以及个人爱好进行适当选择。

3.1.1　新建空白 Flash 文件

　　启动 Flash CC 后，选择【文件】→【新建】菜单项，即可弹出【新建文档】对话框，在该对话框中切换到"常规"选项卡，如图 3-1 所示。选择相应的文档类型后，单击【确定】按钮，即可新建一个空白文档。

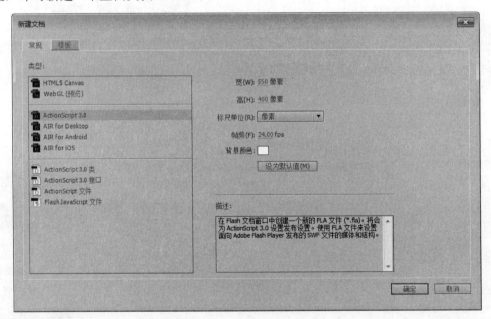

图 3-1

- ■　ActionScript 3.0：选择该选项，表示使用 ActionScript 3.0 作为脚本语言创建动画文档，生成一个格式为*.fla 的文件。
- ■　AIR for Desktop：选择该选项，表示使用 FlashAIR 文档开发在 AIR 跨桌面平台运行的应用程序，将会在 Flash 文档窗口中创建新的 Flash 文档(*.fla)，该文档将会设置 AIR 的发布设置。
- ■　AIR for Android：选择该选项，表示创建一个 Android 设备支持的应用程序，将会在 Flash 文档窗口中创建新的 Flash 文档(*.fla)，该文档将会设置 AIR for Android 的发布设置。

- AIR for iOS：选择该选项，表示创建一个 AppleiOS 设备支持的应用程序，将会在 Flash 文档窗口中创建新的 Flash 文档(*.fla)，该文档将会设置 AIRfor iOS 的发布设置。

- ActionScript 3.0 类：ActionScript 3.0 允许用户创建自己的类，选择该项可创建一个 AS 文件(*.as)来定义一个新的 ActionScript 3.0 类。

- ActionScript 3.0 接口：该选项可用于创建一个 AS 文件(*.as)以定义一个新的 ActionScript 3.0 接口。

- ActionScript 文件：可在帧或者元件上添加 ActionScript 脚本代码，也可以在此创建一份 ActionScript 外部文件以供调用。

- FlashJavaScript 文件：该选项用于创建一个 JSFL 文件，JSFL 文件是一种作用于 Flash 编辑器的脚本。

> 在 Flash CC 中已经不再支持 ActionScript 1.0 和 ActionScript 2.0 脚本代码，如果需要在 Flash 动画中实现交互控制功能，只能通过 ActionScript 3.0 脚本代码来实现，对于以前已经习惯了使用 ActionScript 1.0 和 ActionScript 2.0 脚本代码的用户来说，需要有一个适应的过程。

3.1.2 新建 Flash 模板文件

在【从模板新建】对话框中，切换到【模板】选项卡，如图 3-2 所示。选择相应的文档类型后，单击【确定】按钮，即可新建 Flash 模板文件。

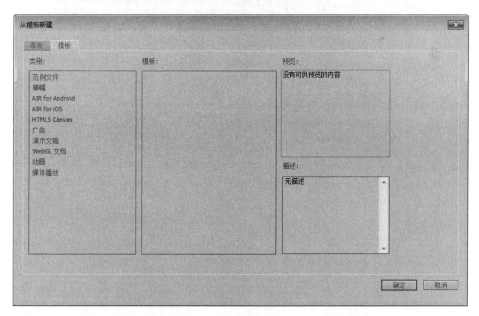

图 3-2

- 范例文件：选择该选项，在【模板】列表框中提供了相应的预设动画模板，如图 3-3 所示。打开一个模板后，按快捷键 Ctrl+Enter 测试该动画，即可看到动画效果。如图 3-4 所示为【透视缩放】模板。

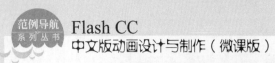

图 3-3

图 3-4

■ 横幅：该模板用于快速新建一类特殊的横幅效果，打开一个模板后，可根据提示
对其进行修改，如图 3-5 所示。

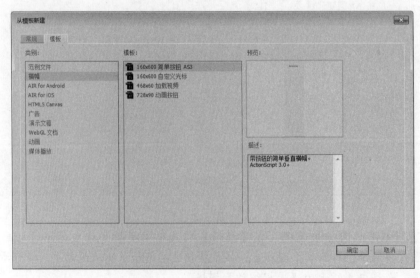

图 3-5

■ **AIR for Android:** 在【类别】列表框中选择该选项,在其右侧的【模板】列表框中预设了 5 种模板,如图 3-6 所示。选择任意一种模板,单击【确定】按钮,即可创建基于该模板的 Flash 文档。如图 3-7 所示为【加速计】模板。

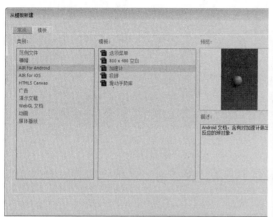

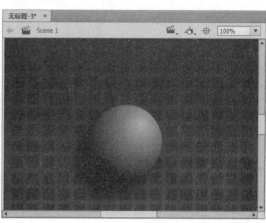

图 3-6   图 3-7

■ **AIR for iOS:** 选择该选项,在其右侧的【模板】列表框中预设了 5 种用于 AIR for iOS 设备的空白尺寸文档模板,如图 3-8 所示。选择任意一种模板,单击【确定】按钮,即可创建该模板尺寸大小的用于 AIR for iOS 设置的空白文档。

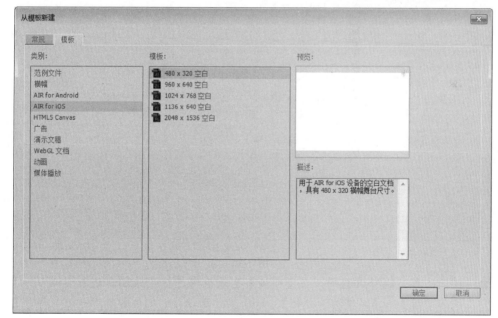

图 3-8

■ **HTML5 Canvas:** 在【类别】列表框中选择该选项,在其右侧的【模板】列表框中预设了 3 种模板,如图 3-9 所示。选择任意一种模板,单击【确定】按钮,即可创建用于在网页上绘制图形的文档。如图 3-10 所示为按快捷键 Ctrl+Enter 并打开网页所预览的【拼字游戏示例】模板。

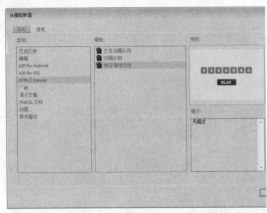

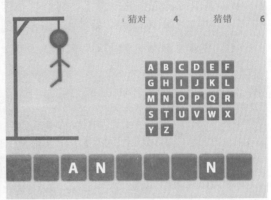

图 3-9   图 3-10

- 广告：该类别下的模板文件并没有真正的内容，它只是方便快速新建一类既定的
  文档大小的模板，如图 3-11 所示。

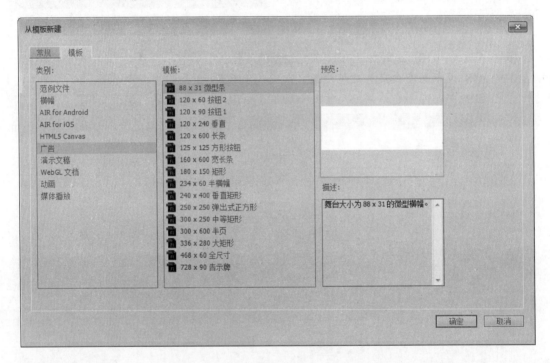

图 3-11

- 演示文稿：选择该选项，在【模板】列表框中包括两款预设动画模板——【高级
  演示文稿】和【简单演示文稿】，如图 3-12 所示。它们尽管外观一致，却有着不同
  的实现手段，前者使用 MovieClips 实现，后者借助时间轴实现。
- WebGL 文档：WebGL 是在浏览器中实现三维效果的一套规范。在【类别】列表框
  中选择该选项，在其右侧的【模板】列表框中预设了 1 种模板，如图 3-13 所示。
  单击【确定】按钮，即可创建文档，如图 3-14 所示。

图 3-12

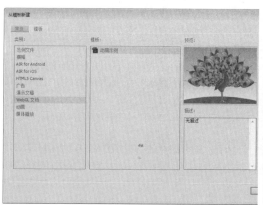

图 3-13　　　　　　　　　　图 3-14

- 动画: 在【类别】列表框中选择该选项, 在其右侧的【模板】列表框中提供了几种预设动画模板, 如图 3-15 所示。打开一个动画模板后, 按快捷键 Ctrl+Enter 测试该动画, 即可看到动画效果。如图 3-16 所示为【补间形状的动画遮罩层】模板。

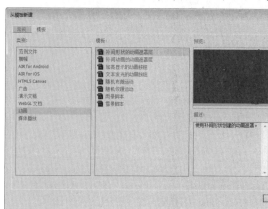

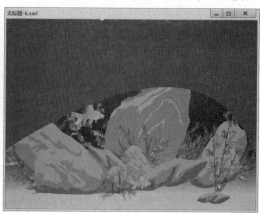

图 3-15　　　　　　　　　　图 3-16

- 媒体播放: 该类别下包含了各种用于媒体播放的预设动画模板, 如图 3-17 所示。

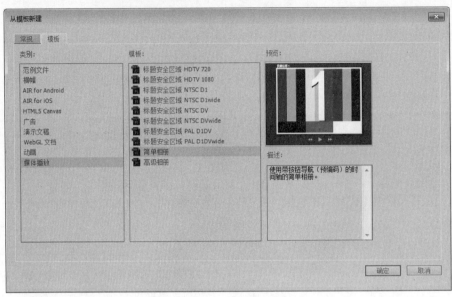

图 3-17

3.1.3　设置 Flash 文档属性

在 Flash CC 中选择【文件】→【新建】菜单项，或按快捷键 Ctrl+N，弹出【新建文档】
对话框，在该对话框中选择需要新建的 Flash 文档类型，在右侧可以设置需要新建的 Flash
文档的相关属性，如图 3-18 所示。

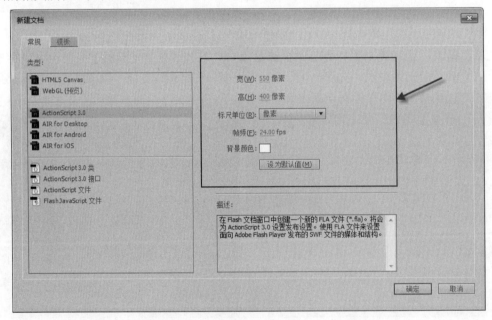

图 3-18

- 宽：该选项用于设置所新建的 Flash 文档的宽度，在数值上按住鼠标左键并在水平
  方向上拖动鼠标，可以改变数值，或者在数值上单击，可以在文本框中输入新的
  数值。

- 高：该选项用于设置所新建的 Flash 文档的高度，设置方法与【宽】选项的设置方法相同。

- 标尺单位：该选项用来设置所新建的 Flash 文档的舞台尺寸大小的单位值，在该选项的下拉列表中，可以选择相应的单位，如图 3-19 所示。默认的舞台尺寸大小单位为【像素】。

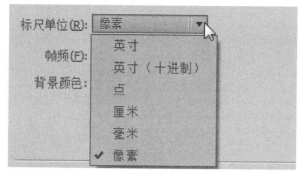

图 3-19

- 帧频：该选项用于设置所新建的 Flash 动画的帧频，可以输入每秒要显示的动画帧数，帧数值越大，则播放的速度越快，系统所默认的帧频为 24fps。

- 背景颜色：单击该选项右侧的色块，在弹出的【拾色器】窗口中可以设置所新建的 Flash 文档的舞台背景颜色，如图 3-20 所示，系统所默认的背景颜色为白色。

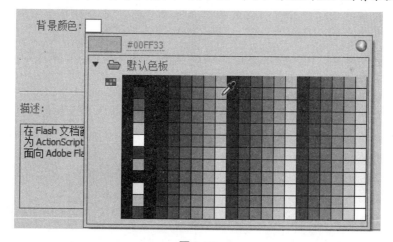

图 3-20

- "设为默认值"：单击该按钮，可以将当前在【新建文档】对话框中所做的设置保存为默认设置，当再次新建相同类型的 Flash 文档时，会自动应用该文档设置。

3.1.4 修改 Flash 文档属性

完成 Flash 文档的新建后，在 Flash 动画的制作过程中可以根据动画需要随时修改 Flash 文档属性设置。

在 Flash 文档的空白区域单击，在【属性】面板的【属性】选项区中可以对当前 Flash 文档的基本属性进行修改，如图 3-21 所示。如果需要对更多的 Flash 文档属性进行设置，

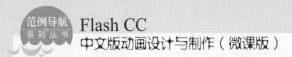
可以在菜单栏中选择【修改】→【文档】菜单项，或单击【属性】选项区中【大小】选项后的【编辑文档属性】按钮 🔧，在弹出的【文档设置】对话框中可以对更多的 Flash 文档属性进行设置，如图 3-22 所示。

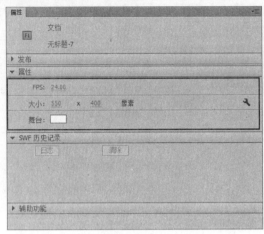

图 3-21   图 3-22

- 【匹配内容】按钮：如果当前 Flash 文档的舞台中有对象，单击【匹配内容】按钮，可以将 Flash 文档的舞台大小尺寸与舞台中对象的尺寸相匹配，自动修改 Flash 文档的舞台大小尺寸与舞台中对象所占大小尺寸相同。

- 缩放：该选项用于设置当修改舞台大小尺寸时，是否对舞台中的对象进行缩放处理。

  - 缩放内容：当修改 Flash 文档的舞台大小尺寸后，选中该复选框，则 Flash 会自动对舞台中的对象进行缩放处理。

  - 锁定层和隐藏层：如果选中该复选框，则当修改舞台大小尺寸对舞台中的对象进行缩放时，会同时对锁定层和隐藏层中的对象进行缩放处理；如果取消选中该复选框，则不会对 Flash 文档中锁定层和隐藏层中的对象进行缩放处理。

- 锚记：只有当选中【缩放内容】复选框时，该选项才可用。该选项用于当对 Flash 文档中的对象进行自动缩放处理时设置对象的缩放中心点位置，单击相应的按钮，即可设置对象缩放处理的中心点位置。

Section 3.2 打开/关闭 Flash 文件

手机扫描下方二维码，观看本节视频课程

在上一节中已经向读者介绍了如何在 Flash 中新建一个空白文档，以及如何对文档的属性进行设置，接下来将向读者介绍如何在 Flash CC 中打开和关闭 Flash 文档，这些都是 Flash 动画的基础操作。

3.2.1 打开 Flash 文件

在 Flash CC 中，用户可以快捷地打开文件，以便于再次编辑需要的文件，下面介绍打开文件的操作方法。

 在 Flash CC 工作区中，在菜单栏中，① 选择【文件】菜单，② 在弹出的下拉菜单中，选择【打开】菜单项，如图 3-23 所示。

图 3-23

 操作完成后，即可在 Flash CC 中打开所选择的文件，如图 3-25 所示。

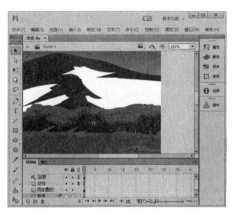

图 3-25

 弹出【打开】对话框，① 选择文件存放的路径，如"库\文档"，② 选择准备打开的文件，③ 单击【打开】按钮 打开(O) ，如图 3-24 所示。

图 3-24

智慧锦囊

除了通过使用命令打开文件以外，我们还可以直接拖曳或按快捷键 Ctrl+O 打开所需文件。如果需要打开最近打开过的文件，执行【文件】→【打开最近的文件】命令，在菜单中选择相应的文件即可。

考考您

请您根据上述方法打开一个 Flash 文档，测试一下您的学习效果。

3.2.2 关闭 Flash 文件

通过在菜单栏中选择【文件】→【关闭】菜单项，可以关闭当前文件，如图 3-26 所示。也可以单击该文档选项卡上的【关闭】按钮，如图 3-27 所示。或者按快捷键 Ctrl+W，关闭

第 3 章 Flash CC 文件编辑

当前文件。

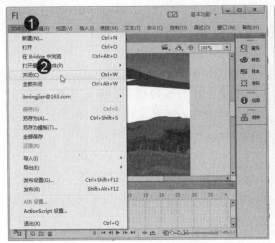 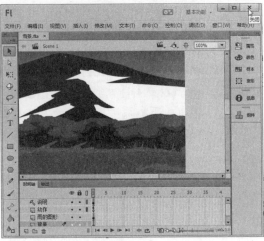

图 3-26　　　　　　　　　　　图 3-27

在菜单栏中选择【文件】→【全部关闭】菜单项，可以关闭所有在 Flash CC 中已打开的文件，如图 3-28 所示。

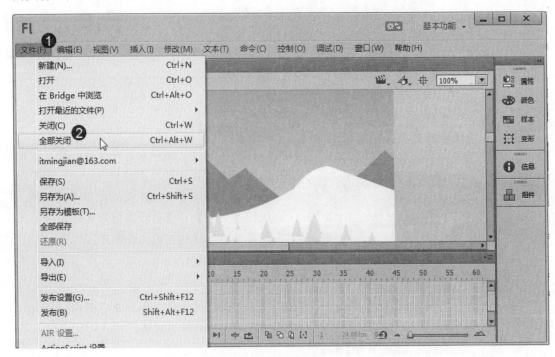

图 3-28

在关闭文件时，并不会因此而退出 Flash CC，如果既要关闭所有文件，又要退出 Flash，可以直接单击 Flash CC 软件界面右上角的【关闭】按钮，退出 Flash 即可。

Section 3.3 保存 Flash 文件

手机扫描下方二维码，观看本节视频课程

在制作 Flash 动画的过程中，为了保证文件的安全并避免所编辑内容的丢失，应该养成随时保存的好习惯，在保存时，我们可以对文件保存的路径、文件名、文件类型等进行设置。本节将详细介绍保存 Flash 文件的相关知识及操作方法。

3.3.1 直接保存 Flash 文件

完成 Flash 动画的制作，如果想要覆盖之前的 Flash 文件，只需要在菜单栏中选择【文件】→【保存】菜单项，如图 3-29 所示，即可保存该文件，并覆盖相同文件名的文件。

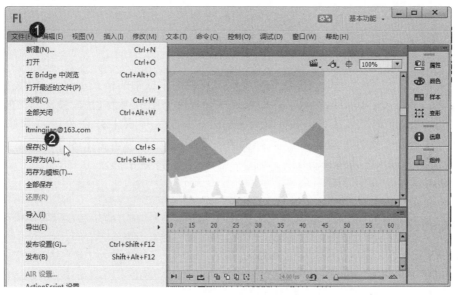

图 3-29

3.3.2 另存为 Flash 文件

如果要将文件压缩、保存到不同的位置，或对其名称进行重新命名，可以在菜单栏中选择【文件】→【另存为】菜单项，如图 3-30 所示。弹出【另存为】对话框，在该对话框中对相关选项进行设置，如图 3-31 所示，最后单击【保存】按钮 保存(S)，即可完成对 Flash 文件的保存。

第 3 章 Flash FL 文件编辑

53

图 3-30

图 3-31

知识精讲

执行【文件】→【保存】命令，保存文件时，Flash 会进行一次快速保存，将信息追加到现有文件中。如果执行【文件】→【另存为】命令保存文件，Flash 会将新信息安排到文件中，并在磁盘上创建一个更小的文件。

3.3.3 另存为 Flash 模板文件

将 Flash 文件另存为模板文件就是指将该文件使用模板中的格式进行保存，以方便用户以后在制作 Flash 文件时可以直接进行使用。下面详细介绍另存为 Flash 模板文件的方法。

step 1 在 Flash CC 工作区中，在菜单栏中，① 选择【文件】菜单，② 在弹出的下拉菜单中，选择【另存为模板】菜单项，如图 3-32 所示。

step 2 弹出【另存为模板警告】对话框，单击【另存为模板】按钮，如图 3-33 所示。

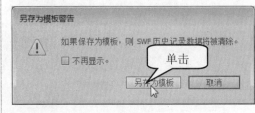

图 3-33

图 3-32

智慧锦囊

在实际操作过程中，为了节省时间，提高工作效率，我们经常使用保存快捷键 Ctrl+S 或另存为快捷键 Ctrl+Shift+S，快速保存或另存为一个 Flash 文件。

step 3 弹出【另存为模板】对话框，在该对话框中对相关选项进行设置，单击【保存】按钮，即可将当前 Flash 文件另存为模板文件，如图3-34所示。

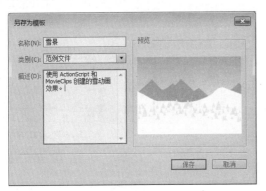

图 3-34

- 名称：在该文本框中可以对模板的名称进行设置。
- 类别：在该下拉列表框中可以选择已经存在的模板类型，也可以输入模板类型名称。
- 描述：为了区别于其他模板，可以在该列表框中输入相应的模板信息。
- 预览：在该预览区域中可以预览模板的效果。

考考您

请您根据上述方法另存为一个 Flash 模板文件，测试一下您的学习效果。

Section 3.4 导入文件

手机扫描下方二维码，观看本节视频课程

在 Flash 中不仅可以运用自身所带的工具绘制图形，还可以将外部素材导入到 Flash 文件中的不同位置以辅助制作动画。本节将详细介绍打开外部库、导入到舞台、导入到库以及导入视频等导入文件的相关知识及操作方法。

3.4.1 打开外部库

在 Flash 中当前文档还可以使用其他不同文档库中的资源，下面详细介绍打开外部库的操作方法。

step 1 在 Flash CC 工作区中，在菜单栏中，选择【文件】→【导入】→【打开外部库】菜单项，如图3-35所示。

step 2 弹出【打开】对话框，在该对话框中用户可以选择所需要的库资源所在的文档，然后单击【打开】按钮 ，如图3-36所示。

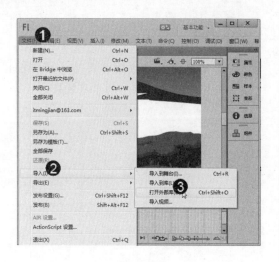

图 3-35

图 3-36

 工作区中将出现所选文档的【库】面板，而不会打开选择的文档，如图 3-37 所示。

图 3-37

 请您根据上述方法打开一个外部库资源，测试一下您的学习效果。

3.4.2 导入到舞台

在 Flash 中用户还可以导入外部图像、音频及视频文件，下面详细介绍导入到舞台的操作方法。

 在 Flash CC 工作区中，在菜单栏中，选择【文件】→【导入】→【导入到舞台】菜单项，如图 3-38 所示。

 弹出【导入】对话框，在该对话框中选择要导入的素材文件，然后单击【打开】按钮 打开(O)，如图 3-39 所示。

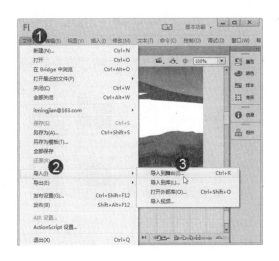

图 3-38

图 3-39

 这样即可将所选的素材文件导入到舞台中，导入的素材如图 3-40 所示。

图 3-40

智慧锦囊

单击【导入】对话框中的【所有文件】下拉按钮，在弹出的下拉菜单中可以看到 Flash 所支持导入的文件格式。

考考您

请您根据上述方法导入一个素材文件到舞台中，测试一下您的学习效果。

 Flash 还支持.psd、.ai 等多图层文件的导入。在【导入】对话框中，选择.psd 格式的文件，并单击【打开】按钮，将弹出【将(所选文件)导入到舞台】对话框，单击【确定】按钮，文件将以多图层方式打开。

3.4.3 导入到库

在 Flash 中除了可以使用【导入到舞台】菜单项，将素材文件导入到当前文档中，还可以将素材导入到库中，素材将不会在舞台中出现。下面介绍导入到库的操作方法。

 在 Flash CC 工作区中，在菜单栏中，选择【文件】→【导入】→【导入到库】菜单项，如图 3-41 所示。

step 2 弹出【导入到库】对话框，在该对话框中选择要导入的素材文件，然后单击【打开】按钮 ，如图 3-42 所示。

第 3 章 Flash CC 文件编辑

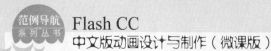

图 3-41

图 3-42

 这样即可将所选的素材文件导入到
【库】面板中，素材将不会在舞台
中出现，如图 3-43 所示。

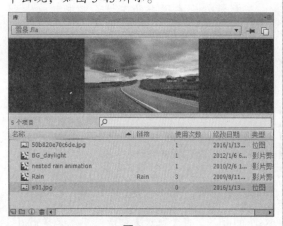

图 3-43

 智慧锦囊

在菜单栏中选择【窗口】→【库】菜
单项，即可打开【库】面板，用户可以看
到导入的素材并对其运用编辑等操作。

 考考您

请您根据上述方法导入一个素材文件
到库中，测试一下您的学习效果。

3.4.4 导入视频

在 Flash 中还可以导入多媒体视频文件，丰富动画的形式，下面详细介绍导入视频的操
作方法。

 在 Flash CC 工作区中，在菜单栏
中，选择【文件】→【导入】→【导
入视频】菜单项，如图 3-44 所示。

 弹出【导入视频】对话框，单击
【浏览】按钮 浏览... ，如图 3-45
所示。

图 3-44

图 3-45

step 3　弹出【打开】对话框，① 找到视频文件所在的位置，② 选择准备导入的视频，③ 单击【打开】按钮 打开(O)，如图 3-46 所示。

step 4　返回到【导入视频】对话框中，单击【下一步】按钮 下一步＞，如图 3-47 所示。

图 3-46

图 3-47

step 5　进入下一个界面，① 选择合适的外观，② 单击【下一步】按钮 下一步＞，如图 3-48 所示。

step 6　进入到下一个界面，单击【完成】按钮，图 3-49 所示。

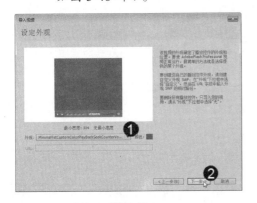

图 3-48

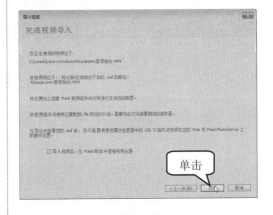

图 3-49

第 3 章　Flash 文件编辑

7　这样即可将所选的视频文件导入到舞台中，如图 3-50 所示。

　考考您

　　请您根据上述方法导入一个素材文件到库中，测试一下您的学习效果。

图 3-50

知识精讲

　　Flash 不仅可以导出为视频格式，还可以将 Flash 文档导出为不同格式的图像序列。图像序列是将 Flash 文档导出为静止图像格式，并为文档中的第一帧创建一个带编号的图像文件，而导出图像则是导出单个文件。

Section 3.5　导出文档

手机扫描下方二维码，观看本节视频课程

　　在 Flash 中可以将整个文档以不同格式的图片或视频文件导出，也可以将文档中的某个对象单独导出。Flash 的【导出】命令不会为每个文件单独存储导出设置，因此需要用户通过弹出的对话框进行手动设置。本节将详细介绍导出文档的知识。

3.5.1　导出图像

　　在 Flash CC 中，制作动画时，有时会将动画中的某个图像储存为图像格式，以便于下次使用，下面详细介绍导出图像文件的操作方法。

 1　在 Flash CC 工作区中，在菜单栏中，选择【文件】→【导出】→【导出图像】菜单项，如图 3-51 所示。

step 2　弹出【导出图像】对话框，① 选择文件保存的磁盘位置，② 选择准备保存的文件类型，③ 单击【保存】按钮，即可完成导出图像文件的操作，如图 3-52 所示。

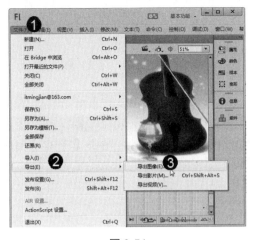

图 3-51

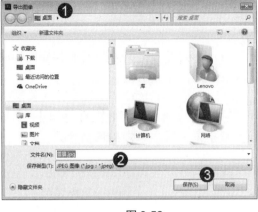

图 3-52

知识精讲

在 Flash CC 中,用户可以导出不同格式的 Flash 图像,包括 BMP 图像、JPEG 图像、GIF 图像和 PNG 图像等,除了 PNG 图像是支持 Alpha 效果和遮罩层效果,其他的图像格式是不支持的。

3.5.2 导出影片

在 Flash CC 中,用户还可以根据需要,导出文档中的影片文件,下面介绍导出影片文件的操作方法。

step 1 在 Flash CC 工作区中,在菜单栏中,选择【文件】→【导出】→【导出影片】菜单项,如图 3-53 所示。

step 2 弹出【导出影片】对话框,① 选择文件保存的磁盘位置,② 选择准备保存的文件类型,③ 单击【保存】按钮 保存(S) ,即可完成导出影片文件的操作,如图 3-54 所示。

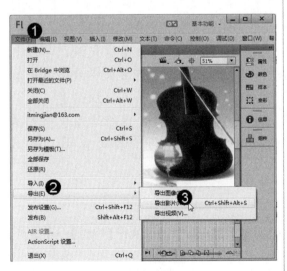

图 3-53

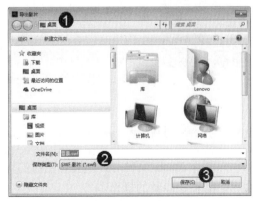

图 3-54

3.5.3 导出视频

在 Flash CC 中，还可以将制作好的作品导出为 MOV 格式的视频，下面详细介绍导出视频文件的操作方法。

step 1 在 Flash CC 工作区中，在菜单栏中，选择【文件】→【导出】→【导出视频】菜单项，如图 3-55 所示。

step 2 弹出【导出视频】对话框，① 单击【浏览】按钮 浏览... ，② 选择文件存储位置，③ 单击【导出】按钮 导出(E) ，即可完成导出 MOV 视频的操作，如图 3-56 所示。

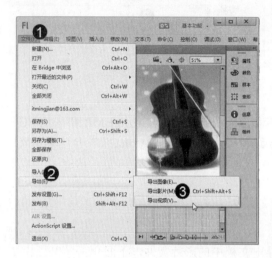

图 3-55

图 3-56

Section 3.6 从错误中恢复

手机扫描下方二维码，观看本节视频课程

在设计制作动画的过程中，难免有时会操作失误，导致制作出现偏差，为此 Flash 提供了撤消(为了与界面一致，本书统一用"消")、重做与重复操作等功能，接下来将和读者一起学习如何使用撤消、重做与重复操作等命令，熟练运用这些基本操作，才能够在 Flash 动画制作的过程中更加得心应手。

3.6.1 撤消命令

在制作 Flash 文件时，如果对当前的操作不满意，用户可以通过执行【编辑】→【撤消】命令，撤消该步骤的操作。

要在当前文档中撤消对个别对象或全部对象执行的动作，需要指定对象层级或文档层级的撤消，默认行为是文档层级。可以在菜单栏中选择【编辑】→【首选参数】菜单项，在弹出的【首选参数】对话框的【常规】选项设置界面中查看，如图 3-57 所示。

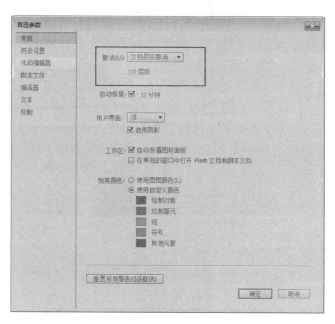

图 3-57

使用对象层级撤消时不能撤消某些动作，这些动作包括进入和退出编辑模式；选择、编辑和移动库项目；以及创建、删除和移动场景。

默认情况下，Flash 的【撤消】菜单命令支持的撤消级别为 100。可以在 Flash 的【首选参数】对话框中选择撤消级别数(从 2~300)。

默认情况下，在使用【编辑】→【撤消】菜单命令撤消步骤时，文件的大小不会改变(即使从文档中删除了项目)。

例如，将视频文件导入文档，然后撤消导入，则文档的大小仍然包含视频文件的大小。执行【撤消】命令时从文档中删除的任何项目都将保留，以便可以使用【重做】命令恢复。

用户还可以通过【历史记录】面板进行撤消操作。执行【窗口】→【历史记录】命令，打开【历史记录】面板，如图 3-58 所示。根据实际需要，如果只撤消上一个步骤，将【历史记录】面板左侧的滑块在列表中向上拖曳一个步骤即可；如果需要撤消多个步骤，可拖曳滑块以指向任意步骤，或在某个步骤左侧的滑块路径上单击鼠标，滑块自动移至该步骤，并同时撤消其后面的所有步骤。

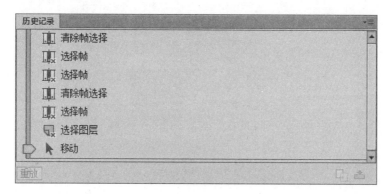

图 3-58

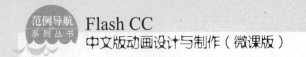
3.6.2　重做命令

在制作动画的过程中，由于操作步骤的失误导致当前所制作的动画效果因撤消而丢失，可执行【编辑】→【重做】命令，即可恢复之前的效果。

在 Flash 中【重做】命令与【撤消】命令是成对出现的，只有在文档中使用了【撤消】命令后，才可以使用【重做】命令。【重做】命令用以将撤消的操作重新制作。

例如，在舞台中绘制一个矩形，使用【撤消】命令将其删除，继续执行【重做】命令，舞台中将恢复删除的矩形，如图 3-59 和图 3-60 所示。

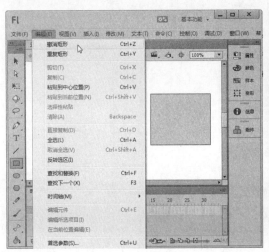　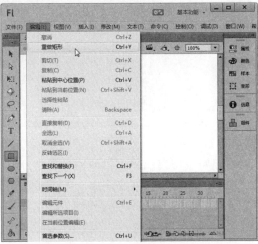

图 3-59　　　　　　　　　　　　　　　　　图 3-60

3.6.3　重复命令

Flash CC 中的重复操作是指将上一步操作在现有的基础上再次执行，可以通过多次执行【编辑】→【重复】命令，直至达到满意的图像效果为止。

例如，之前在舞台中有一个移动矩形的动作，如果想重复此移动操作，可以在菜单栏中选择【编辑】→【重复移动】菜单项即可，或按快捷键 Ctrl+Y，如图 3-61 所示。

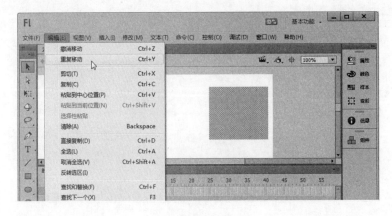

图 3-61

重复操作对于连续绘制两个或两个以上具有相同属性的图形非常有用。建议用户熟练掌握此命令，从而节省大量的时间，提高工作效率。

3.6.4 使用【还原】命令还原文档

在对打开的文档进行编辑后，如果对文档效果不满意，可以在菜单栏中选择【文件】→【还原】菜单项，将文档一次性还原到最后一次保存的状态。

执行【文件】→【还原】命令后，系统会弹出【是否还原】对话框，提示用户还原操作将无法撤消，如图 3-62 所示。单击【还原】按钮 还原 ，即可将文档还原到最初打开的状态。

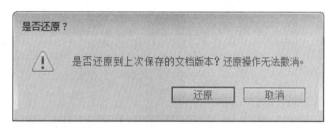

图 3-62

Section 3.7　范例应用与上机操作

手机扫描下方二维码，观看本节视频课程

通过本章的学习，读者基本可以掌握 Flash CC 文件编辑的基本知识和操作技巧，下面介绍"通过模板创建雨中情景动画""使用【在 Bridge 中浏览】命令打开文件"和"测试文档"范例应用，上机操作练习一下，以达到巩固学习、拓展提高的目的。

3.7.1 通过模板创建雨中情景动画

通过模板创建 Flash 文件，在【类别】列表框中选择【动画】选项，在其右侧的【模板】列表框中提供了几种预设动画模板，用户也可以在其中选择一种模板创建雨中情景动画，下面详细介绍通过模板创建雨中情景动画的操作方法。

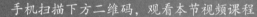

素材文件※	无
效果文件※	第 3 章\效果文件\雨中情景动画.fla

step 1 启动 Flash CC 后，在菜单栏中选择【文件】→【新建】菜单项，如图 3-63 所示。

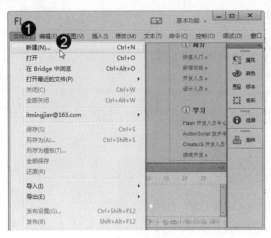

图 3-63

step 3 返回到软件主界面中，可以看到已经从模板中创建一个动画文档，如图 3-65 所示。

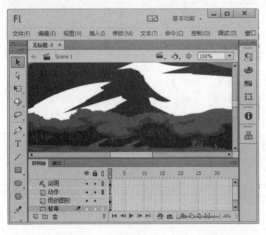

图 3-65

step 2 弹出【从模板新建】对话框，① 切换到【模板】选项卡，② 在【类别】列表框中选择【动画】类别，③ 在【模板】列表框中选择【雨景脚本】选项，④ 单击【确定】按钮 确定 ，如图 3-64 所示。

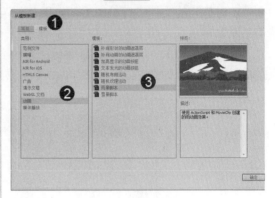

图 3-64

step 4 完成该动画的制作，用户可以按下快捷键 Ctrl+Enter 测试动画效果，如图 3-66 所示。

图 3-66

3.7.2 使用【在 Bridge 中浏览】命令打开文件

在菜单栏中选择【文件】→【在 Bridge 中浏览】菜单项，即可弹出文件所在的文件夹窗口，如图 3-67 所示。用户可以在该窗口中双击要打开文档的图标，即可将文档打开。

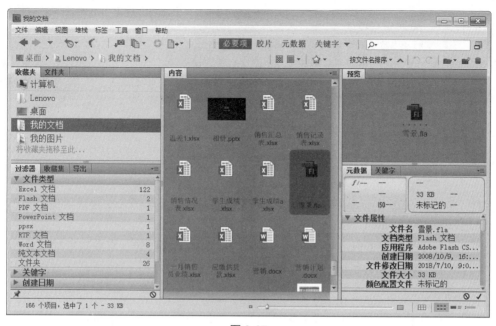

图 3-67

3.7.3　测试文档

在 Flash 中制作完动画后，常常需要测试动画效果对其进行预览。下面详细介绍测试文档的操作方法。

> **素材文件**❋　第 3 章\素材文件\雨中情景动画.fla
> **效果文件**❋　无

step 1 打开素材文件"雨中情景动画.fla"，在菜单栏中选择【控制】→【测试影片】→【在 Flash Professional 中】菜单项，如图 3-68 所示。

step 2 弹出一个播放窗口，这样即可在 Flash Professional 中进行测试，效果如图 3-69 所示。

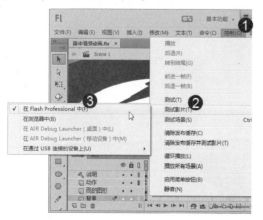

图 3-68

图 3-69

Section
3.8

课后练习与上机操作

本节内容无视频课程，习题参考答案在本书附录

3.8.1　课后练习

1. 填空题

(1) 在 Flash CC 的菜单栏中选择【文件】→【新建】菜单项，或按快捷键 Ctrl+N，弹出_____对话框。

(2) 要在当前文档中撤消对个别对象或全部对象执行的动作，需要指定对象层级或文档层级的撤消，默认行为是_____。

2. 判断题

(1) 【横幅】模板用于快速新建一类特殊的横幅效果，打开一个模板后，可根据提示对其进行修改。　　　　　　　　　　　　　　　　　　　　　　　　　（　　）

(2) 在 Flash 中除了可以使用【导入到舞台】菜单项，将素材文件导入到当前文档中，还可以将素材导入到【库】面板中，素材将会在舞台中出现。　　　（　　）

3. 思考题

(1) 如何打开外部库？

(2) 如何另存为 Flash 模板文件？

3.8.2　上机操作

(1) 通过本章的学习，读者基本可以掌握 Flash CC 文件编辑方面的知识，下面通过练习自定义工具面板，达到巩固与提高的目的。

(2) 通过本章的学习，读者基本可以掌握 Flash CC 文件编辑方面的知识，下面通过练习自定义功能区，达到巩固与提高的目的。

第 **4** 章

使用 Flash CC 绘制图形

　　本章主要介绍了使用 Flash CC 绘制图形方面的知识与技巧，包括图像基础知识、绘图工具面板、选取工具、基本绘图工具、填充图形颜色和辅助绘图工具的相关知识，通过本章的学习，读者可以掌握绘制图形的基础操作方面的知识，为深入学习 Flash CC 中文版知识奠定基础。

本 章 要 点

1. 图像基础知识
2. 绘图工具面板
3. 选取工具
4. 基本绘图工具
5. 填充图形颜色
6. 辅助绘图工具

图像基础知识

手机扫描下方二维码，观看本节视频课程

在使用 Flash CC 绘制图形之前，用户首先要对 Flash 图像基础方面的知识有所了解，以便更好地绘制图形。本节将重点介绍 Flash 图像基础方面的知识，如像素和分辨率、路径以及方向线和方向点等相关知识。

4.1.1 像素和分辨率

像素是位图图像的基本单位，单位尺寸内所含像素点的个数称为分辨率。下面分别予以详细介绍像素和分辨率的相关知识。

1. 像素

像素是由许多色彩相近的小方点所组成，这些小方点是构成影像的最小单元，这种最小的图形单元在屏幕上的显示通常是单个的染色点。越高位的像素，其拥有的色板也就越丰富，也就越能表达颜色的真实感，如图 4-1 所示。

图 4-1

2. 分辨率

分辨率是指图像中每英寸图像内有多少个像素点，分辨率的单位为 PPI(Pixels Per Inch)，分辨率越高的图像像素点越多，图像的尺寸和面积也就越大。

4.1.2 路径

在 Flash CC 中绘制线条或形状时，将创建一个名为路径的线条。路径由一个或多个直线段或曲线段组成，可以通过拖动路径的锚点、显示在锚点方向线末端的方向点或路径段本身，改变路径的形状。每个段的起点和终点由锚点(类似于固定导线的销钉)表示。路径可以是闭合的(例如圆、椭圆)，也可以是开放的，有明显的终点(例如波浪线)，如图 4-2 所示。

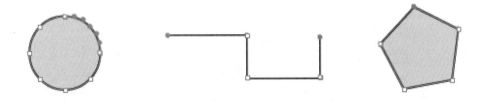

图 4-2

路径轮廓称为笔触，应用到开放或闭合路径内部区域的颜色或渐变称为填充。笔触具有粗细、颜色和虚线图案。创建路径或形状后，可以更改其笔触和填充的特性。

4.1.3　方向线和方向点

在 Flash CC 中，选择连接曲线段或线段的锚点时，连接线段的锚点会显示方向手柄，方向手柄由方向线组成，方向线在方向点处结束。方向线的角度和长度决定曲线段的形状和大小。移动方向点将改变曲线形状，但方向线不显示在最终输出上，如图 4-3 所示。

图 4-3

Section
4.2　绘图工具面板

手机扫描下方二维码，观看本节视频课程

在 Flash CC 中，用户可以使用不同的绘画工具创建几种不同种类的图形对象，使用【工具】面板中的工具，可以绘制、选择和修改图形，为图形填充颜色，或者改变舞台的视图等，【工具】面板中的工具被分为 4 个部分，如图 4-4 所示。

- ■　【工具】选区：包含了绘图、填充、选取、变形和擦除等工具。
- ■　【查看】选区：包含了缩放和手形工具。
- ■　【颜色】选区：单击颜色按钮，可以设置笔触颜色和填充颜色。
- ■　【选项】选区：显示工具属性或当前工具相关的工具选项。

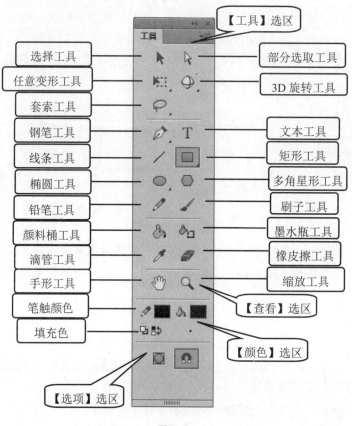

【工具】选区

选择工具

任意变形工具

套索工具

钢笔工具

线条工具

椭圆工具

铅笔工具

颜料桶工具

滴管工具

手形工具

笔触颜色

填充色

部分选取工具

3D 旋转工具

文本工具

矩形工具

多角星形工具

刷子工具

墨水瓶工具

橡皮擦工具

缩放工具

【查看】选区

【颜色】选区

【选项】选区

图 4-4

Section 4.3 选取工具

手机扫描下方二维码，观看本节视频课程

在 Flash CC 中，在对舞台中的图形对象进行编辑操作之前，需要先使用选取工具选择对象。本节将介绍选择工具、套索工具、部分选取工具、3D 旋转工具以及 3D 平移工具方面的知识与操作方法。

4.3.1 选择工具

用户可以使用选择工具，在舞台中对要编辑的对象进行点选、框选等操作，下面介绍在 Flash CC 中如何使用选择工具。

step 1 在 Flash CC 工作区中，在【工具】面板上，单击【选择工具】按钮 ，如图 4-5 所示。

step 2 在舞台中单击鼠标左键，选择图形即可完成选取操作，如图 4-6 所示。

图 4-5

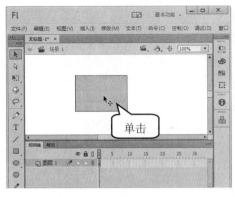

图 4-6

4.3.2　套索工具

　　套索工具常用来选择不规则的图形或区域，从而选择出适合工作需要的图形，套索工具分为三种选取方式，包括套索工具、多边形工具和魔法棒，下面介绍在 Flash CC 中，如何使用套索工具。

 　　在 Flash CC 工作区中，① 在【工具】面板上，单击【套索工具】按钮 ，② 在舞台中单击并拖动鼠标，创建形状选取框，如图 4-7 所示。

 　　释放鼠标后，即可结束套索工具选择对象操作，选取的效果如图 4-8 所示。

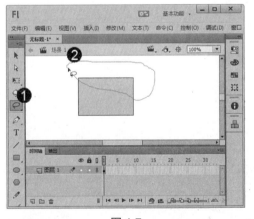

图 4-7

图 4-8

4.3.3　部分选取工具

　　部分选取工具是用来选择图形上的结点，用户可以使用部分选取工具来改变图形的形状，下面介绍在 Flash CC 中，使用部分选取工具改变图形形状的操作方法。

 　　在 Flash CC 工作区中，① 在【工具】面板上，单击【部分选取工具】按钮 ，② 在舞台中单击鼠标选择图形，如图 4-9 所示。

 　　单击鼠标左键选择结点并拖动，即可改变图形的形状，效果如图 4-10 所示。

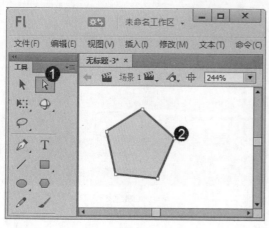

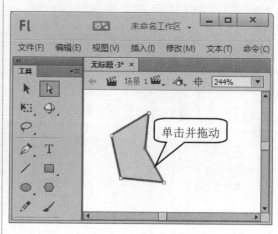

图 4-9   图 4-10

4.3.4 3D 旋转工具

使用 3D 旋转工具可以在 3D 空间中将选取的对象进行 x、y、z 轴的相应旋转。3D 旋转控件显示在应用选定对象上，这时 x 轴控件为红色，y 轴控件为绿色，z 轴控件为蓝色。使用橙色的自由旋转控件，可同时进行绕 x 轴和 y 轴的旋转。下面详细介绍使用 3D 旋转工具的操作方法。

step 1 导入一个图形文件，转换为影片剪辑元件(只有影片剪辑元件，才能使用 3D 旋转工具)，如图 4-11 所示。

step 2 弹出【转换为元件】对话框，在【类型】下拉列表框中选择【影片剪辑】选项，如图 4-12 所示。

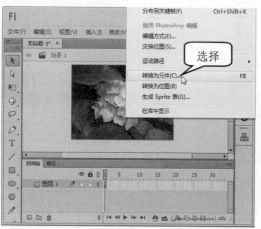

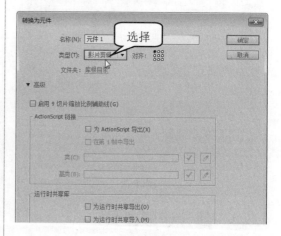

图 4-11   图 4-12

step 3 在【工具】面板上，①单击并按住【3D 旋转工具】按钮，②在弹出的下拉列表中选择【3D 旋转工具】选项，如图 4-13 所示。

step 4 使用 3D 旋转工具，可以先将 3D 的旋转中心进行改变，如图 4-14 所示。

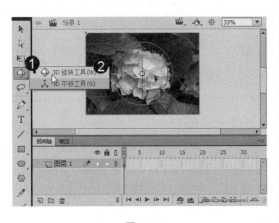

图 4-13

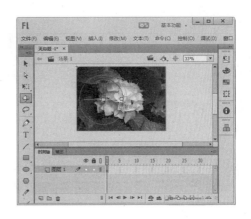

图 4-14

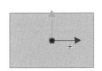 **step 5** 此时，用户即可拖动对象进行 x、y、z 轴相应的旋转，如图 4-15 所示。

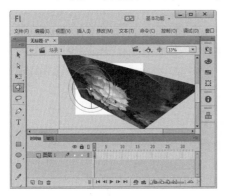

图 4-15

智慧锦囊

旋转中心点是用来控制对象以何处为中心进行旋转的。双击中心点，可将其移回所选影片剪辑的中心，所选对象的旋转控件中心点的位置在【变形】面板中显示为【3D 中心点】属性。

考考您

请您根据上述方法使用 3D 旋转工具，旋转一个图形文件，测试一下您的学习效果。

4.3.5　3D 平移工具

使用 3D 平移工具可以在 3D 空间中移动影片剪辑。在使用该工具选择影片剪辑后，x、y 和 z 三个轴将显示在对象上。x 轴为红色，y 轴为绿色，而 z 轴为黑色。

用户可以使用 3D 平移工具对影片剪辑进行 x、y 和 z 轴的平移操作。x、y 轴上的箭头分别表示对应轴的方向，拖动箭头即可完成平移操作。z 轴控件默认为影片剪辑中间的黑点，默认方向与舞台平面垂直，箭头指向舞台内侧，上下拖动 z 轴控件可在 z 轴上移动对象。若要使用属性移动对象，可以在【属性】面板的【3D 定位和查看】区域中输入 x、y 或 z 的值。如图 4-16 所示为分别移动不同轴所产生的效果。

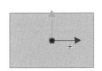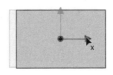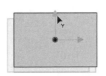

图 4-16

第 4 章　使用 Flash CL 绘制图形

Section
4.4
基本绘图工具

手机扫描下方二维码，观看本节视频课程

　　在 Flash CC 中，用户可以通过线条工具、铅笔工具、椭圆工具与基本椭圆工具、矩形工具与基本矩形工具、多角星形工具、钢笔工具、画笔工具和橡皮擦工具等，绘制基本线条与图形。本节将详细介绍绘制基本线条与图形方面的知识。

4.4.1　线条工具

　　在 Flash CC 中，线条工具的主要功能是绘制直线，下面介绍使用线条工具的具体操作方法。

step 1 在 Flash CC 工作区中，在【工具面板】上，单击【线条工具】按钮 ／，如图 4-17 所示。

step 2 在舞台上单击并拖动鼠标左键到需要的位置，释放鼠标左键，这样即可绘制出一条直线，如图 4-18 所示。

图 4-17

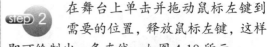
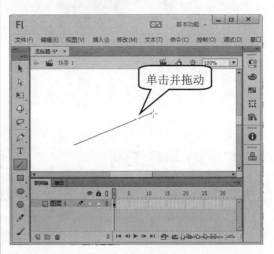

图 4-18

知识精讲

　　在 Flash CC 中，可以在【属性】面板中，更改与设置线条的颜色、粗细和样式等属性。线条的属性可以在绘制直线之前，在【属性】面板中进行设置，也可以在绘制直线后，选择直线，打开【属性】面板进行设置。

4.4.2　铅笔工具

　　使用铅笔工具可以随意绘制出不同形状的线条，下面介绍使用铅笔工具的具体操作方法。

step 1 在 Flash CC 工作区中，在【工具】面板上，单击【铅笔工具】按钮 ✏️，如图 4-19 所示。

step 2 在舞台上单击并拖动鼠标左键绘制线条，绘制完成后，释放鼠标左键即可看到使用铅笔工具绘制的图形，如图 4-20 所示。

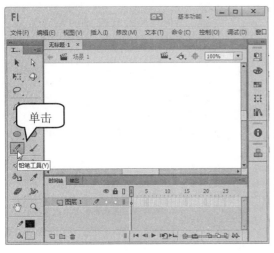

图 4-19

图 4-20

4.4.3 椭圆工具与基本椭圆工具

在 Flash CC 中，用户可以使用椭圆工具字与基本椭圆工具来绘制圆形或椭圆，下面以绘制椭圆为例，介绍使用椭圆工具与基本椭圆工具的操作方法。

step 1 在 Flash CC 工作区中，① 选中【椭圆工具】按钮 ⬭，② 在舞台中，单击并拖动鼠标左键至合适位置，释放鼠标左键，即可完成绘制椭圆的操作，如图 4-21 所示。

step 2 在 Flash CC 工作区中，① 选中【基本椭圆工具】按钮 ⬭，② 在舞台中，单击并拖动鼠标左键，至合适位置，释放鼠标左键，即可完成绘制基本椭圆的操作，如图 4-22 所示。

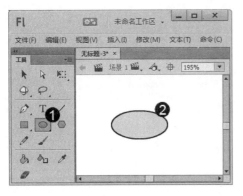

图 4-21

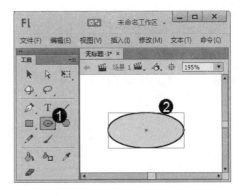

图 4-22

4.4.4 矩形工具和基本矩形工具

在 Flash CC 中，用户可以使用矩形工具与基本矩形工具来绘制矩形或正方形，下面以

绘制矩形为例，介绍使用矩形工具与基本矩形工具的操作方法。

step 1 在 Flash CC 工作区中，① 选中【矩形工具】按钮 ▣，② 在舞台中，单击并拖动鼠标左键至合适位置，释放鼠标左键，即可完成绘制矩形的操作，如图 4-23 所示。

step 2 在 Flash CC 工作区中，① 选中【基本矩形工具】按钮 ▣，② 在舞台中，单击并拖动鼠标左键，至合适位置，释放鼠标左键，即可完成绘制基本矩形的操作，如图 4-24 所示。

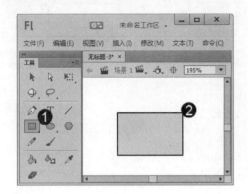

图 4-23

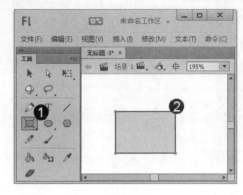

图 4-24

知识精讲　　在 Flash CC 中，在【属性】面板中，用户可以对基本矩形工具和基本椭圆工具的【位置】、【大小】、【填充】和【笔触】等参数进行详细的设置，从而改变基本矩形图形与基本椭圆图形的形状和大小。

4.4.5　多角星形工具

使用多角星形工具可以绘制多边形和星形，下面以绘制多边形为例，介绍使用多角星形工具创建图形的操作方法。

step 1 在 Flash CC 工作区中，在【工具】面板上，单击【多角星形工具】按钮 ⬡，如图 4-25 所示。

step 2 在舞台上，单击并拖动鼠标左键到需要的位置，释放鼠标左键，这样即可绘制出多边形，如图 4-26 所示。

图 4-25

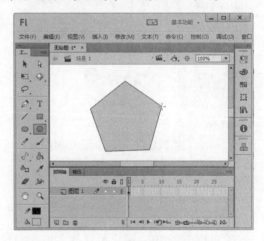

图 4-26

4.4.6 钢笔工具

在 Flash CC 中，钢笔工具的主要功能是绘制曲线，下面介绍使用钢笔工具绘制曲线的操作方法。

step 1 在 Flash CC 工作区中，在【工具】面板上，单击【钢笔工具】按钮 ，如图 4-27 所示。

step 2 在舞台上，单击并拖动鼠标左键到需要的位置，释放鼠标左键，这样即可绘制出一条曲线，如图 4-28 所示。

图 4-27

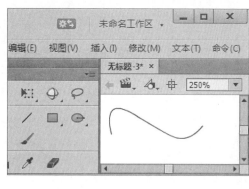

图 4-28

4.4.7 画笔工具

在 Flash CC 中，画笔工具与铅笔工具的功能很相似，都可以绘制出不同形状的线条，不同的地方是，使用画笔工具绘制的线条形状是被填充的，下面介绍使用画笔工具绘制线条的操作方法。

step 1 在 Flash CC 工作区中，在【工具】面板上，单击【画笔工具】按钮 ，如图 4-29 所示。

step 2 在舞台上，单击并拖动鼠标左键到需要的位置，释放鼠标左键，这样即可绘制出一条曲线，如图 4-30 所示。

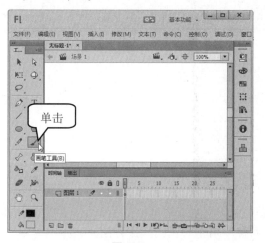

图 4-29

图 4-30

第 4 章 使用 Flash CC 绘制图形

79

4.4.8 橡皮擦工具

在 Flash CC 中，橡皮擦工具的主要功能是擦除不需要的线条或填充内容，下面介绍使用橡皮擦工具的操作方法。

step 1 在 Flash CC 工作区中，在【工具】面板上，单击【橡皮擦工具】按钮 ，如图 4-31 所示。

step 2 在舞台中，单击并拖动鼠标左键到需要的位置，擦除完毕后释放鼠标左键，效果如图 4-32 所示。

图 4-31

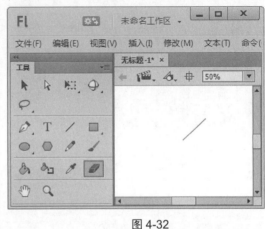

图 4-32

知识精讲　在 Flash CC 中，有五种橡皮擦模式，分别为标准擦除、擦除填色、擦除线条、擦除所选填充和内部擦除。橡皮擦工具还可以快速删除舞台上的任何内容，包括笔触或填充区域，用户可以根据实际需要选择擦除模式。

Section 4.5　填充图形颜色

手机扫描下方二维码，观看本节视频课程

Flash CC 具有强大的颜色处理功能，在绘制图形后，用户可以对笔触颜色和填充颜色等进行设置。对图形填充颜色，实际上是对图形的笔触和填充分别进行填色。本节将详细介绍填充图形颜色方面的知识与操作技巧。

4.5.1 笔触颜色和填充颜色

在 Flash CC 中，笔触颜色是用来更改图形对象的笔触或边框的颜色，填充颜色是用来更改填充形状的颜色区域，下面介绍设置笔触面板与填充颜色的操作方法。

step 1　在 Flash CC 工作区中，在【工具】面板上，① 单击【笔触颜色】按钮，② 选择笔触颜色，如图 4-33 所示。

step 2　返回到【工具】面板中，① 单击【填充颜色】按钮，② 选择准备填充的颜色，如图 4-34 所示。

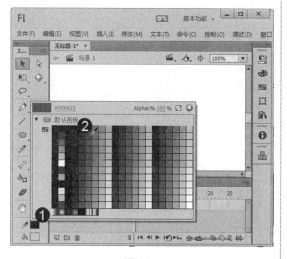

图 4-33

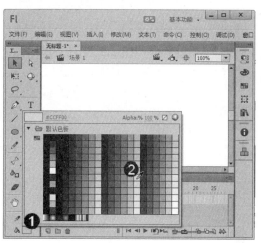

图 4-34

step 3　返回到【工具】面板，① 单击【基本矩形】按钮，② 绘制矩形，即可看到设置好的笔触和填充的颜色，如图 4-35所示。

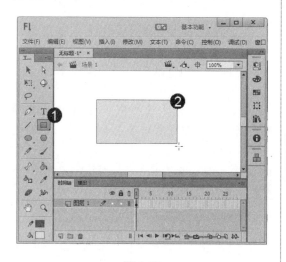

图 4-35

智慧锦囊

在 Flash CC 中，也可以先选择要更改的图形笔触和填充颜色，在笔触颜色面板和填充颜色面板中，选择要应用的颜色。

考考您

请您根据上述方法设置笔触颜色和填充颜色，并绘制一个矩形，测试一下您的学习效果。

4.5.2　填充纯色

纯色填充可以为图形提供一种单一的笔触填充或填充颜色，下面介绍设置填充纯色的操作方法。

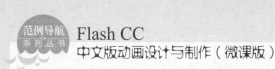
step 1 在 Flash CC 工作区的菜单栏中，选择【窗口】→【颜色】菜单项，如图 4-36 所示。

step 2 打开【颜色】面板，在【颜色类型】下拉列表中，选择【纯色】选项，即可将填充颜色设置为纯色，如图 4-37 所示。

图 4-36

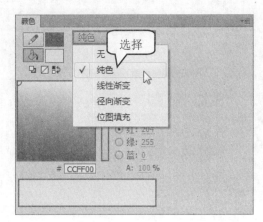

图 4-37

4.5.3 填充渐变颜色

填充渐变颜色是指对图形颜色进行各种方式填充变形处理，在 Flash CC 中，填充渐变颜色分为线性渐变填充和径向渐变填充两种，下面介绍这两种填充渐变颜色方面的知识。

1. 线性渐变填充

线性渐变是产生一种沿线性轨道混合的渐变，下面介绍线性渐变填充的操作方法。

step 1 在 Flash CC 工作区中，打开【颜色】面板，在【颜色类型】下拉列表中，选择【线性渐变】选项，如图 4-38 所示。

step 2 在【工具】面板中，① 单击【基本矩形】按钮，② 在舞台中绘制一个矩形，即可看到填充渐变颜色的效果，如图 4-39 所示。

图 4-38

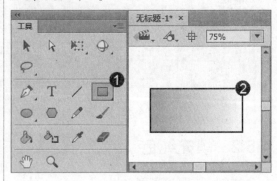

图 4-39

2. 径向渐变填充

径向渐变填充是产生从一个中心焦点出发沿环形轨道向外混合的渐变，下面介绍径向渐变填充的操作方法。

step 1 在 Flash CC 工作区中，打开【颜色】面板，在【颜色类型】下拉列表中，选择【径向渐变】选项，如图 4-40 所示。

step 2 在【工具】面板中，① 单击【基本矩形】按钮▣，② 在舞台中绘制一个矩形，即可看到径向渐变颜色的效果，如图 4-41 所示。

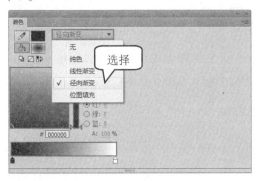

图 4-40

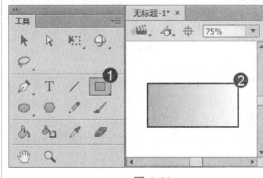

图 4-41

在 Flash CC 中，在对图形对象进行线性渐变填充和径向渐变填充操作时，可以使用【渐变变形工具】▣调整渐变色的形状。

4.5.4 位图填充

位图填充是指将位图填充到相应的图形对象中，下面介绍位图填充的操作方法。

step 1 在 Flash CC 工作区中，打开【颜色】面板，在【颜色类型】下拉列表中，选择【位图填充】选项，如图 4-42 所示。

step 2 弹出【导入到库】对话框，① 选择要应用的位图，② 单击【打开】按钮 打开(O) ，如图 4-43 所示。

图 4-42

图 4-43

step 3 在【工具】面板中，① 单击【椭圆工具】按钮 ⬭，② 在舞台中绘制一个椭圆，即可完成位图填充的操作，效果如图 4-44 所示。

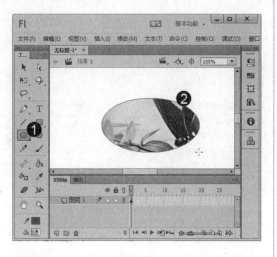

图 4-44

智慧锦囊

每个 Flash 文件都有自己的调色板，这个调色板是存储在 Flash 文件中的，但是它不会影响文件的大小。Flash 文件之间可以导入或者导出调色板(实际上是调色板中的颜色)，类似地导入、导出功能还可以在 Flash 与其他 Adobe 图像软件之间进行。

考考您

请您根据上述方法进行位图填充操作，测试一下您的学习效果。

4.5.5 墨水瓶工具

在 Flash CC 中，用户可以运用墨水瓶工具来填充边线，下面详细介绍通过墨水瓶工具填充边线的操作方法。

step 1 在【工具】面板中，① 选择笔触颜色，② 单击【墨水瓶工具】按钮 ⬚，如图 4-45 所示。

step 2 鼠标指针变为带方块颜料桶形状 ⬚，移动鼠标至要填充的图形上，单击鼠标左键，使用墨水瓶工具填充边线的操作完成，如图 4-46 所示。

图 4-45

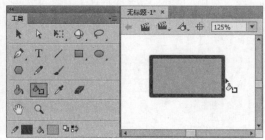

图 4-46

4.5.6 颜料桶工具

颜料桶工具是常用的一种工具，使用颜料桶工具不但可以填充空白区域，还可以对所填充的颜色进行修改。下面详细介绍使用颜料桶工具填充颜色的操作方法。

step 1　在【工具】面板中，① 选择填充颜色，② 单击【颜料桶工具】按钮 🖐，如图 4-47 所示。

step 2　鼠标指针变为带锁的颜料桶形状 🖐，移动鼠标至要填充的图形上，单击鼠标左键，使用颜料桶工具填充颜色的操作完成，如图 4-48 所示。

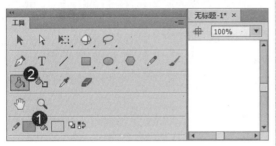

图 4-47

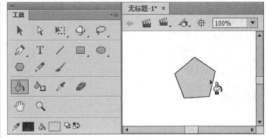

图 4-48

4.5.7　滴管工具

在 Flash CC 中，使用滴管工具可以吸取舞台中图形上的颜色，填充到另一个图形上，下面详细介绍使用滴管工具的操作方法。

step 1　在【工具】面板中，① 单击【滴管工具】按钮 🖊，② 在舞台中，单击要吸取颜色的图形，如图 4-49 所示。

step 2　鼠标指针变为带锁的颜料桶形状 🖐，移动鼠标至要填充的图形上，单击鼠标左键，即可将吸管中的颜色填充到其他图形中，如图 4-50 所示。

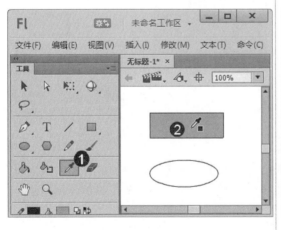

图 4-49

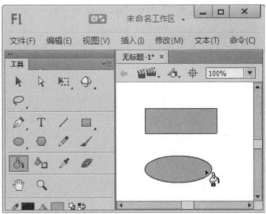

图 4-50

辅助绘图工具

手机扫描下方二维码，观看本节视频课程

在 Flash CC 中，还有一些辅助绘图工具，包括手形工具、缩放工具、【对齐】面板、【任意变形工具】和【渐变变形工具】等，本节将详细介绍运用辅助绘图工具方面的相关知识及操作方法。

4.6.1 手形工具

在 Flash CC 中，使用手形工具可以移动舞台中的内容，下面介绍如何使用手形工具。

step 1 在 Flash CC 工作区中，在【工具】面板上，单击【手形工具】按钮，如图 4-51 所示。

step 2 鼠标指针变为手形状，然后在舞台上，单击图形并拖动鼠标左键到需要的位置，释放鼠标左键即可完成使用手形工具的操作，如图 4-52 所示。

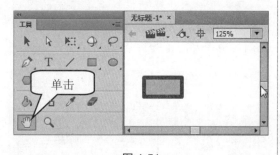

图 4-51

图 4-52

4.6.2 缩放工具

在 Flash CC 中，选择缩放工具后，可以通过【工具】面板选项区中的放大和缩小按钮，对舞台中的内容进行放大和缩小操作，下面以放大图形为例，介绍缩放工具的使用方法。

缩放工具的快捷键是 Z，放大操作可以通过组合键 Ctrl+ "+" 来实现；缩小操作则可以通过组合键 Ctrl+ "-" 来实现。

step 1 在 Flash CC 工作区中，在【工具】面板上，单击【缩放工具】按钮，如图 4-53 所示。

step 2 鼠标指针变为放大镜形状，然后在舞台中，单击要放大的图形，释放鼠标左键，放大图形操作完成，如图 4-54 所示。

图 4-53

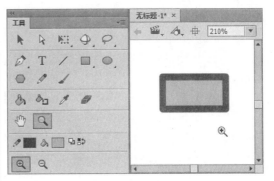

图 4-54

4.6.3 【对齐】面板

在【对齐】面板中，包括左对齐、水平中齐、右对齐、顶对齐、垂直中齐、底对齐等方式，下面详细介绍使用【对齐】面板的操作方法。

step 1 在 Flash CC 工作区中，在舞台中绘制两个图形并将其选中，如图 4-55 所示。

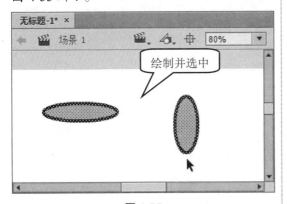

图 4-55

step 2 在菜单栏中选择【窗口】→【对齐】菜单项，如图 4-56 所示。

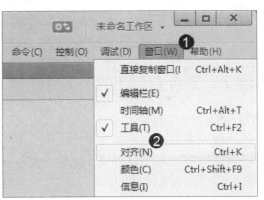

图 4-56

step 3 打开【对齐】面板，单击【底对齐】按钮 ，如图 4-57 所示。

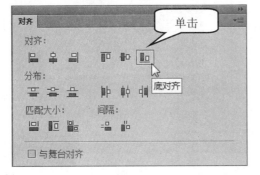

图 4-57

step 4 使用【对齐】面板对图形进行对齐的操作完成，如图 4-58 所示。

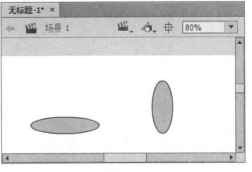

图 4-58

4.6.4 任意变形工具

任意变形工具可以对工作区中的图形对象、组、文本块和实例进行移动、旋转、倾斜、缩放、扭曲和封套等变形操作，下面介绍使用任意变形工具的具体操作方法。

step 1 在 Flash CC 工作区中，在【工具】面板上，① 单击【任意变形工具】按钮，在舞台中选择图形，② 在【选项】区中单击【封套】按钮，如图 4-59 所示。

step 2 图形上出现控制点，单击控制点并拖动至合适位置，即可改变图形的形状，这样即可完成使用任意变形工具的操作，如图 4-60 所示。

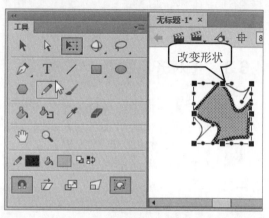

改变形状

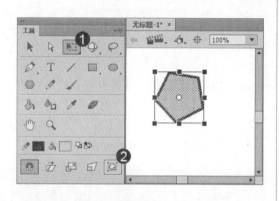

图 4-59

图 4-60

4.6.5 渐变变形工具

渐变变形工具可以对填充颜色区域进行变形操作，下面介绍具体的操作方法。

step 1 在 Flash CC 工作区中，在【工具】面板上，① 单击【渐变变形工具】按钮，② 在舞台中单击选择图形，如图 4-61 所示。

step 2 图形上出现控制点，单击控制点并拖动至合适位置，将改变渐变色的宽度，操作完成，如图 4-62 所示。

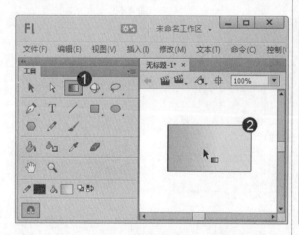

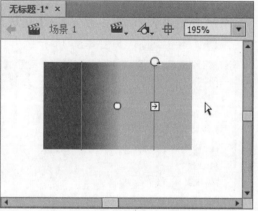

图 4-61

图 4-62

Section 4.7　范例应用与上机操作

手机扫描下方二维码，观看本节视频课程

　　通过本章的学习，读者基本可以掌握使用 Flash CC 绘制图形的基本知识和操作技巧。下面介绍"使用线条工具绘制绳子""绘制五角星"和"绘制盆景花朵"范例应用，上机操作练习一下，以达到巩固学习、拓展提高的目的。

4.7.1　使用线条工具绘制绳子

　　Flash 具有强大的绘图功能，使用不同的绘图工具，可以绘制出不相同的图形对象，下面详细介绍使用线条工具绘制绳子的操作方法。

素材文件 第 4 章\素材文件\气球.fla
效果文件 第 4 章\效果文件\绘制绳子.fla

step 1 在菜单栏中选择【文件】→【打开】菜单项，打开素材文件"气球.fla"，如图 4-63 所示。

step 2 单击【工具】面板中的线条工具，在【属性】面板中设置其笔触颜色和笔触高度，如图 4-64 所示。

图 4-63

图 4-64

step 3 选择【图层 2】，在画布中单击并拖动光标绘制出一条直线，如图 4-65 所示。

step 4 使用选择工具调整直线形状，使其更像气球的绳子，如图 4-66 所示。

图 4-65

图 4-66

step 5　使用选择工具选择所绘制出的线段，按住键盘上的 Alt 键单击并拖动线段，复制出另一条线段，如图 4-67 所示。

step 6　使用选择功能将所复制出的一条线段，移动至右下角没有绳子的气球下方，这样即可完成使用线条工具绘制绳子的操作，效果如图 4-68 所示。

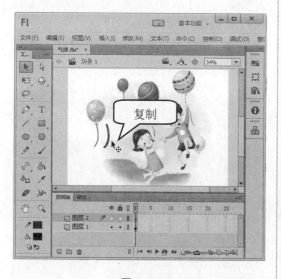

图 4-67

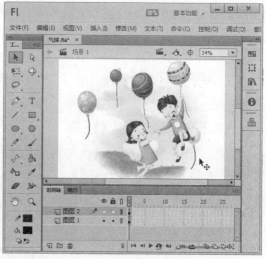

图 4-68

4.7.2　绘制五角星

使用【工具】面板中的【多角星形工具】按钮，可以轻松地绘制出一个五角星图形，下面详细介绍绘制五角星的操作方法。

素材文件 无
效果文件 第 4 章\效果文件\绘制五角星.fla

step 1 在 Flash CC 工作区中，在【工具】面板中，单击【多角星形工具】按钮 ⬡，如图 4-69 所示。

图 4-69

step 3 弹出【工具设置】对话框，① 在【样式】下拉列表框中，选择【星形】选项，② 单击【确定】按钮 确定，如图 4-71 所示。

图 4-71

step 5 在舞台中，绘制五角星，① 选择五角星，② 在【颜色】面板中，选择【颜色类型】下拉列表框中的【径向渐变】选项，为图形添加渐变效果，如图 4-73 所示。

step 2 在【属性】面板上，单击【工具设置】选项区中的【选项】按钮 选项...，如图 4-70 所示。

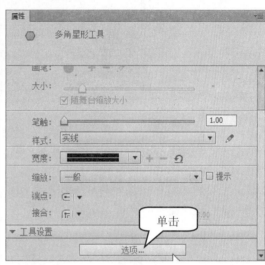

图 4-70

step 4 返回到【属性】面板，① 在【填充和笔触】选项区中，设置笔触颜色为无，② 填充颜色设置为灰色，如图 4-72 所示。

图 4-72

step 6 这样即可完成绘制五角星图形的操作，效果如图 4-74 所示。

图 4-73

图 4-74

4.7.3 绘制盆景花朵

在 Flash CC 中，用户可以运用本章所学的知识，绘制出一个盆景花朵图形，下面详细介绍绘制盆景花朵的操作方法。

素材文件 无

效果文件 第 4 章\效果文件\盆景花朵.fla

step 1 新建文档，① 在【工具】面板中，选中【椭圆工具】按钮，② 在舞台中绘制多个不同角度的椭圆图形，作为花朵的花瓣，如图 4-75 所示。

step 2 ① 在【工具】面板中，选中【椭圆工具】按钮，② 在舞台中绘制一个正圆并将其填充黄色，作为花朵的花蕊，如图 4-76 所示。

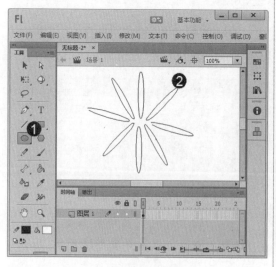

图 4-75

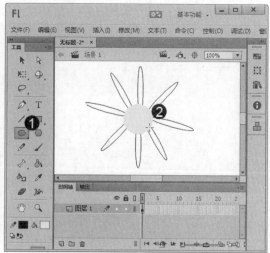

图 4-76

step 3 ① 在【工具】面板中，选中【颜料桶工具】按钮，② 在舞台中，对创建的花瓣椭圆图形填充自定义的颜色，如"红色"，如图 4-77 所示。

step 4 ① 在【工具】面板中，选中【线条工具】按钮，② 在【属性】面板中，设置笔触颜色为黑色，③ 设置无填充颜色，④ 在【笔触】文本框中，输入笔触的大小数值，如"2"，如图 4-78 所示。

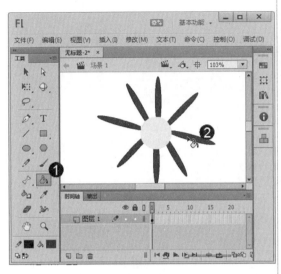

图 4-77

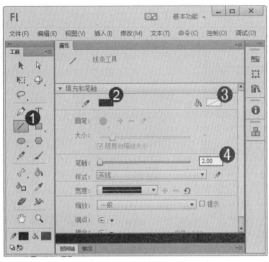

图 4-78

step 5 在舞台上，绘制出一个梯形，作为花盆，如图 4-79 所示。

step 6 ① 在【工具】面板中，在【工具】选项区中选中【钢笔工具】按钮，② 将鼠标放置在舞台上想要绘制直线的起始位置并单击，③ 将鼠标放置在舞台上想要绘制直线的终止位置并单击，绘制一条直线，如图 4-80 所示。

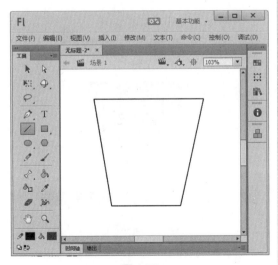

图 4-79

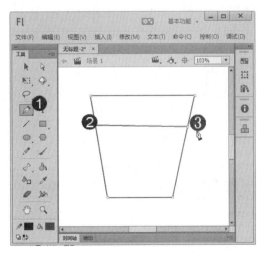

图 4-80

第 4 章 使用 Flash CC 绘制图形

step 7 ① 在【工具】面板中，选中【颜料桶工具】按钮 <img>，② 在舞台中，对创建的花盆图形填充自定义的颜色，如图 4-81 所示。

step 8 ① 在【工具】面板中，选中【铅笔工具】按钮 <img>，② 在【属性】面板中，设置笔触颜色为棕色，③ 设置无填充颜色，④ 在【笔触】文本框中，输入笔触的大小数值，如"5"，如图 4-82 所示。

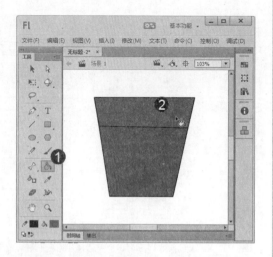

图 4-81

图 4-82

step 9 在舞台上，运用铅笔工具绘制出一个花朵的枝干，如图 4-83 所示。

step 10 ① 在【工具】面板中，选中【刷子工具】按钮 <img>，② 选择合适颜色，在舞台中，单击并拖动鼠标左键，涂抹指定的区域，然后释放鼠标左键，绘制两片叶子图形，如图 4-84 所示。

图 4-83

图 4-84

step 11 将绘制的花朵图形移动至枝干上方进行组合，然后调整花朵的大小和旋转角度，如图4-85所示。

step 12 这样即可完成绘制盆景花朵的操作，效果如图4-86所示。

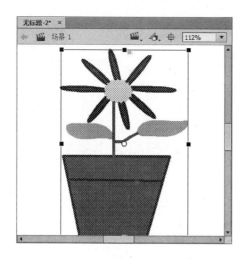

图4-85

图4-86

Section 4.8 课后练习与上机操作

本节内容无视频课程，习题参考答案在本书附录

4.8.1 课后练习

1. 填空题

(1) 位图也称为＿＿＿＿＿＿，就是由最小单位像素构成的图，缩放会失真。构成位图的最小单位是＿＿＿＿＿＿，位图就是由像素阵列的排列来实现其显示效果的，每个像素有自己的颜色信息，所以处理位图时，应着重考虑分辨率，＿＿＿＿＿＿越高，位图失真率越小。

(2) 在 Flash CC 中，用户可以通过＿＿＿＿＿＿、铅笔工具、椭圆工具与基本椭圆工具、＿＿＿＿＿＿与基本矩形工具、＿＿＿＿＿＿、钢笔工具、画笔工具和橡皮擦工具等，绘制基本线条与图形。

(3) 在 Flash CC 中，还有一些＿＿＿＿＿＿绘图工具，包括＿＿＿＿＿＿、缩放工具和【对齐】面板等。

2. 判断题

(1) 部分选取工具是用来选择图形上的结点，用户可以使用部分选取工具来改变图形的形状。 ( )

（2）　套索工具常用来选择不规则的图形或区域，从而选择出适合工作需要的图形。
（　　）

（3）　在 Flash CC 中，选择缩放工具后，可以通过【工具】面板选项区中的放大按钮，对舞台中的内容进行放大操作，缩小操作则需要使用快捷键。（　　）

3．思考题

（1）　如何使用线条工具？

（2）　如何使用滴管工具？

4.8.2　上机操作

（1）　通过本章的学习，读者基本可以掌握使用 Flash CC 绘制图形方面的知识，下面通过练习绘制山形，达到巩固与提高的目的。

（2）　通过本章的学习，读者基本可以掌握使用 Flash CC 绘制图形方面的知识，下面通过练习绘制花朵，达到巩固与提高的目的。

第**5**章

创建与编辑文本对象

本章主要介绍了创建与编辑文本对象方面的知识与技巧，主要内容包括使用文本工具、设置文本属性和编辑处理文本等，通过本章的学习，读者可以掌握创建与编辑文本对象操作方面的知识，为深入学习 Flash CC 知识奠定基础。

本 章 要 点

1. 使用文本工具
2. 设置文本属性
3. 编辑处理文本

使用文本工具

手机扫描下方二维码，观看本节视频课程

文本是制作动画必不可少的元素，它可以使动画主题更为突出，Flash CC 具有强大的文本创建与编辑功能，用户可以使用文本工具创建三种类型的文本，包括静态文本、动态文本和输入文本等。本节将详细介绍使用文本工具方面的知识。

5.1.1 文本字段的类型

在 Flash CC 中，文本类型分为静态文本、动态文本和输入文本等，如图 5-1 所示。

图 5-1

- 静态文本：默认情况下，创建的文本框为静态文本框，在影片播放的过程中不可以改变文本内容。
- 动态文本：用来显示动态可更新的文本，在影片制作或播放过程中，可以输入或更改动态文本。
- 输入文本：一种在影片播放过程中，可以即时输入文本的方式，在输入文本时，需要使用 Enter 键进行换行。

5.1.2 静态文本

在 Flash CC 中，在创建静态文本时，静态文本框随着文字的键入，会自动扩展和换行，下面以输入"文杰书院"为例，详细介绍创建静态文本的操作方法。

知识精讲

在 Flash CC 中，创建静态文本可以分为创建静态水平文本和静态垂直文本。在创建静态文本后，用户可以在【属性】面板中，对创建的静态文本的字体颜色、样式等字符属性进行修改和设置。

step 1 在 Flash CC 工作区中，在【工具】面板中，① 选中【文本工具】按钮 T，② 在【属性】面板中的【字符】下拉菜单中，选择【静态文本】选项，如图 5-2 所示。

step 2 在舞台中，在准备输入文字的地方单击，出现光标后，在其中输入文字，通过以上方法，即可完成创建静态文本的操作，如图 5-3 所示。

图 5-2

图 5-3

5.1.3　动态文本

　　动态文本显示的是更新的文本，如体育得分、股票报价或天气报告等，下面详细介绍创建动态文本的操作方法。

step 1　在 Flash CC 工作区中，在【工具】面板中，① 单击【文本工具】按钮 **T**，② 在【属性】面板的【文本类型】下拉列表中，选择【动态文本】选项，③ 设置【大小】为 40，如图 5-4 所示。

step 2　返回到舞台中，鼠标指针变成"十"形状，在舞台中合适位置，单击鼠标左键，在出现的文本框中输入文本，即可完成创建动态文本的操作，如图 5-5 所示。

图 5-4

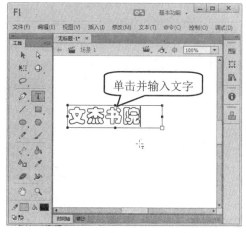

图 5-5

5.1.4　段落文本

　　在 Flash CC 中，用户可以根据工作需要，输入一段或多段文字，并且在【属性】面板中为段落文本设置效果，下面介绍创建段落文本的操作方法。

step 1　在 Flash CC 工作区中，在【工具】面板中，① 单击【文本工具】按钮 T，② 在【属性】面板的【文本类型】下拉列表框中，选择【静态文本】选项，③ 在【段落】选项区中，设置【格式】为【居中对齐】，如图 5-6 所示。

step 2　返回到舞台中，鼠标指针变成"十"形状，按住鼠标并拖动出一个文本框，然后在文本框中输入文本，这样即可完成创建段落文本的操作，效果如图 5-7 所示。

图 5-6

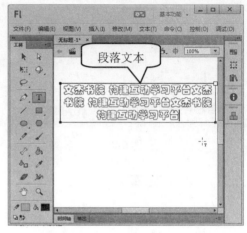

图 5-7

5.1.5　输入文本

输入文本是一种在动画播放过程中，可以接受用户的输入操作，从而产生交互的文本，下面详细介绍创建输入文本的操作方法。

step 1　在 Flash CC 工作区中，在【工具】面板中，① 单击【文本工具】按钮 T，② 在【属性】面板的【文本类型】下拉列表中，选择【输入文本】选项，③ 设置【大小】为 40，如图 5-8 所示。

step 2　返回到舞台中，鼠标指针变成"十"形状，在舞台中合适位置，单击鼠标左键，在出现的文本框中输入文本，即可完成创建输入文本的操作，如图 5-9 所示。

图 5-8

图 5-9

在菜单栏中选择【文本】→【拼写设置】菜单项，即可弹出【拼写设置】对话框，在该对话框中，单击【更改】按钮，对检查出的单词进行更改，弹出提示对话框。单击【确定】按钮，即可完成拼写检查。

设置文本属性

手机扫描下方二维码，观看本节视频课程

在 Flash CC 中，为了突出文本的美观，用户可以通过【属性】面板为文本及文本段落等属性进行设置，如设置字符属性、段落属性以及设置文本框的位置和大小。本节将介绍设置文本属性方面的知识与操作技巧。

5.2.1 设置字符属性

字符属性设置包括对字体的系列、样式、大小、嵌入方式、字距和颜色等属性的设置，下面以更改字体系列为例，介绍设置字符属性的操作方法。

 新建空白文档并输入文字，在 Flash CC 工作区中，① 双击鼠标左键选择文本框，并选中文字，② 在【属性】面板中打开【字符】选项区，③ 在【系列】下拉列表中选择【隶书】选项，如图 5-10 所示。

step 2 这样即可完成设置字符属性的操作，更改后的字体效果如图 5-11 所示。

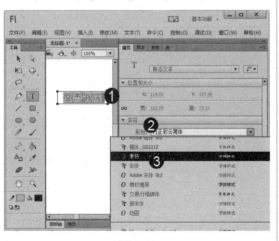

图 5-10

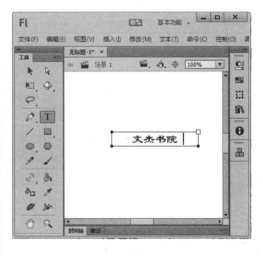

图 5-11

在 Flash CC 中，设置文本颜色属性时，只能使用纯色，不能使用渐变色进行设置。只有将文本转换成线条或填充时，才能使用渐变色进行设置。

第 5 章　创建与编辑文本对象

5.2.2 设置段落属性

段落属性主要是对段落文本的对齐方式、行间距、边距等属性的设置，也包括对动态文本和输入文本换行操作的设置，下面以设置段落文本右对齐为例，介绍设置段落属性的操作方法。

 新建空白文档并输入一段文本，在 Flash CC 工作区中，① 单击鼠标左键选择文本框，② 在【属性】面板中展开【段落】选项区，③ 设置【格式】选项为【右对齐】，如图 5-12 所示。

这样即可完成设置段落属性的操作，更改后的字体效果如图 5-13 所示。

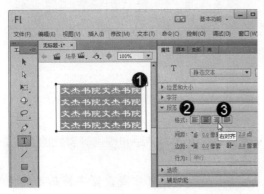

图 5-12

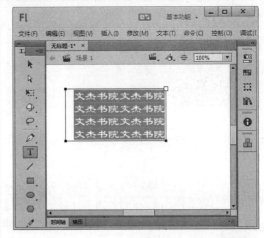

图 5-13

 在 Flash CC 中，段落属性常用选项有很多，包括：【缩进】选项，用来调整段落文本的首行缩进；【行距】选项，用来调整段落文本的行距；【左边距】选项，用来调整段落文本的左侧间隙；【右边距】选项，用来调整段落文本的右侧间隙，用户可以根据需要来进行设置。

5.2.3 设置文本框的位置和大小

在 Flash CC 中，完成文本输入后，在【属性】面板中，可对选中的文本框位置和大小进行设置，下面详细介绍设置文本框位置和大小的操作方法。

 在 Flash CC 工作区中，选中要设置的文本框，① 在【属性】面板中，在【位置和大小】选项区中，设置 X 为"100"，② 设置 Y 为"100"，设置位置的操作完成，如图 5-14 所示。

在【位置和大小】选项区中，设置【宽】为"150"，设置【高】为"26"，设置大小的操作完成，如图 5-15 所示。

图 5-14

图 5-15

Section 5.3 编辑处理文本

手机扫描下方二维码，观看本节视频课程

　　在 Flash CC 中，通过选择和移动文本、文本变形、为文本设置超链接、嵌入文本、分离文本和消除锯齿等操作，来实现对文本对象的编辑和处理。本节将详细介绍文本对象编辑和处理的操作方法。

5.3.1　选择和移动文本

　　在 Flash CC 中，用户可以通过选择工具，对文本进行选择和移动操作，下面介绍选择和移动文本的操作方法。

step 1 在 Flash CC 工作区中，在【工具】面板中，单击【选择工具】按钮 ，如图 5-16 所示。

step 2 鼠标指针变为 " " 形状时，单击鼠标左键并拖动至合适位置，释放鼠标左键，选择和移动文本操作完成，如图 5-17 示。

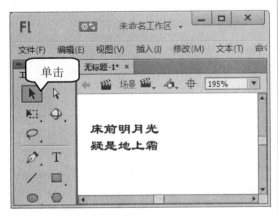

图 5-16

图 5-17

5.3.2 文本变形

在制作 Flash 动画时，经常会对文本对象进行变形操作，包括旋转、倾斜和缩放文本等操作，下面以旋转文本为例，介绍文本变形的操作方法。

step 1 在 Flash CC 工作区中，① 在【工具】面板中单击【任意变形工具】按钮，② 在舞台中选择文本对象，如图 5-18 所示。

step 2 移动鼠标，当鼠标指针变为"⤴"形状时，单击鼠标左键并拖动至合适位置，释放鼠标左键，旋转文本操作完成，如图 5-19 所示。

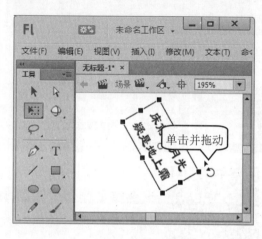

图 5-18　　　　　　　　　　　图 5-19

5.3.3 为文本设置超链接

在 Flash CC 中，创建文本后，可以为文本设置超链接，如在文本中添加网址或者邮箱地址的链接等，在后期测试影片时，单击该文本即可进入预先设定的链接地址，下面详细介绍创建文本链接的操作方法。

step 1 在 Flash CC 工作区中，① 在舞台中创建文本，② 在【属性】面板的【选项】区域中，输入要链接的地址，如图 5-20 所示。

step 2 在舞台中，即可看到文本的下方会出现一条与文本同颜色的横线，这样即可完成创建文本链接的操作，效果如图 5-21 所示。

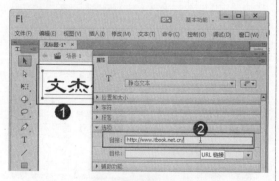

图 5-20　　　　　　　　　　　图 5-21

5.3.4 嵌入文本

在 Flash CC 中，为保证用户在制作 Flash 动画时设置的字体，在别的计算机上也能够使用，就需要用到嵌入文本功能，将字体添加到动画文件中，下面介绍嵌入文本的操作方法。

step 1 在 Flash CC 工作区中，① 在舞台中创建文本并选中，② 在【属性】面板的【字符】区域中，单击【嵌入】按钮 嵌入...，如图 5-22 所示。

step 2 弹出【字体嵌入】对话框，① 单击【添加】按钮 +，将新嵌入的字体添加到 FLA 文件中，② 单击【确定】按钮 确定，即可完成嵌入文本的操作，如图 5-23 所示。

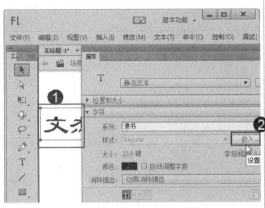

图 5-22

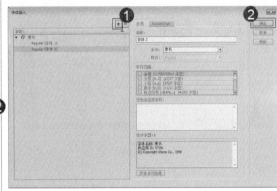

图 5-23

5.3.5 分离文本

分离文本功能可以快速地把每个字符从一个文本整体中分离出来，分离出来的单个文本对象可以继续执行分离命令，从而轻松地制作出每个字符的动画或设置特殊的文本效果，下面详细介绍分离文本的操作方法。

step 1 在 Flash CC 工作区中，在舞台中创建准备分离的文本，然后在菜单栏中选择【修改】→【分离】菜单项，如图 5-24 所示。

step 2 返回到舞台中，在场景中的文本已经被分离成功，变成单独的文本字段，如图 5-25 所示。

图 5-24

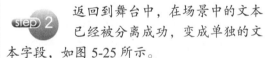
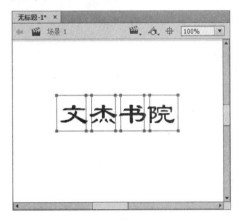

图 5-25

第 5 章 创建与编辑文本对象

Fl

step 3　在菜单栏中选择【修改】→【分离】菜单项，如图 5-26 所示。

step 4　返回到舞台中，此时，被选中的文本已经被完全分离成形状，这样即可完成分离文本的操作，效果如图 5-27 所示。

图 5-26

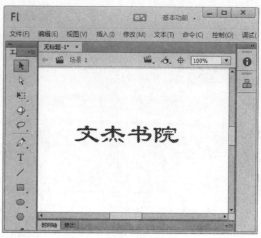

图 5-27

知识精讲

　　在 Flash CC 中，分离后的文本是无法进行编辑与修改操作的，可以像形状一样进行改变形状、擦除等操作。

5.3.6　消除锯齿

　　在 Flash CC 中，创建的文本边缘有明显的锯齿，可以在【属性】面板中，通过选择【动画消除锯齿】、【可读性消除锯齿】或【自定义消除锯齿】选项进行消除，来创建平滑的字体对象，下面将详细介绍消除文本锯齿的操作方法。

1.　自定义消除锯齿

　　在 Flash CC 中，用户可以运用自定义消除锯齿的方式消除文本的锯齿，下面介绍自定义消除锯齿的操作方法。

step 1　在 Flash CC 工作区中，创建一个文本并选中，如图 5-28 所示。

step 2　在【属性】面板中，① 选择【静态文本】选项，② 在【消除锯齿】下拉列表中，选择【自定义消除锯齿】选项，如图 5-29 所示。

图 5-28

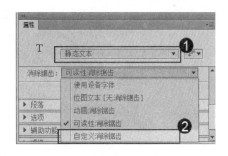

图 5-29

step 3 弹出【自定义消除锯齿】对话框，①在【粗细】文本框中输入50，②单击【确定】按钮 确定 ，如图 5-30 所示。

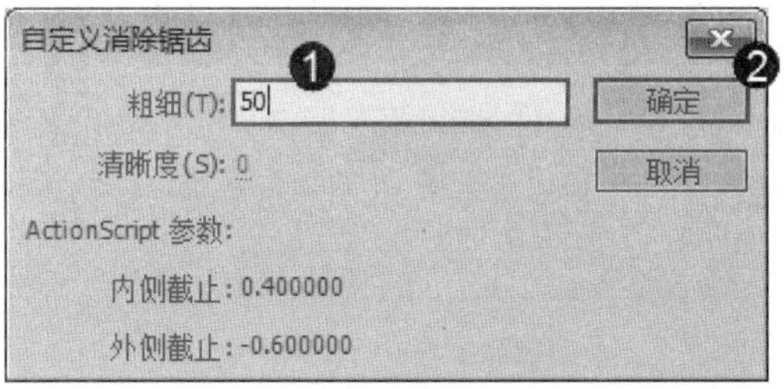

step 4 返回到舞台中，可以看到文本的变化，这样即可完成自定义消除锯齿的操作，如图 5-31 所示。

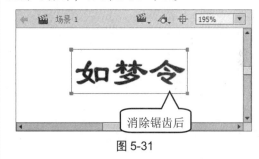

图 5-30

图 5-31

2. 动画消除锯齿

在【属性】面板中，选择【动画消除锯齿】选项后，字体小于 10 磅的时候，字体会不清晰地呈现，下面两组文字，是文本设置为【动画消除锯齿】前后的对比，如图 5-32 所示。

图 5-32

3. 可读性消除锯齿

在【属性】面板中，选择【可读性消除锯齿】选项，可以增强较小字体的可读性，可读性消除锯齿使用了新的消除锯齿引擎，改进了字体的呈现效果，如图 5-33 所示。

在 Flash CC 中，还可以通过【使用设置字体】和【位图文本】来消除锯齿，用户可以根据工作需要选择合适的消除锯齿方式。

第 5 章 创建与编辑文本对象

消除锯齿前　　消除锯齿后

图 5-33

Section 5.4　范例应用与上机操作

手机扫描下方二维码，观看本节视频课程

通过本章的学习，读者基本可以掌握使用 Flash CC 创建与编辑文本对象的基本知识和操作技巧。下面介绍"创建滚动文本""制作空心文本""制作霓虹灯文本"和"制作渐变水晶字体"范例应用，上机操作练习一下，以达到巩固学习、拓展提高的目的。

5.4.1　创建滚动文本

滚动文本是在有限的显示范围内显示更多内容的一种常用方式。特别是在用 Flash 制作网页的时候经常用到，下面详细介绍创建滚动文本的操作。

素材文件　第 5 章\素材文件\致橡树.fla
效果文件　第 5 章\效果文件\滚动文本.fla

step 1 在菜单栏中选择【文件】→【打开】菜单项，打开素材文件"致橡树.fla"，如图 5-34 所示。

step 2 在【时间轴】面板中，单击【新建图层】按钮，新建一个图层"图层 2"，如图 5-35 所示。

图 5-34

图 5-35

step 3 使用矩形工具在背景右侧创建一个填充颜色为40%白色的矩形，如图5-36所示。

图 5-36

step 5 输入文本，并适当地调整文本框的大小，如图5-38所示。

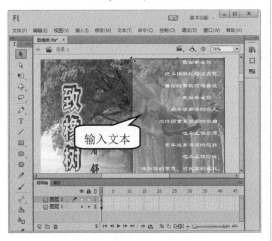

图 5-38

step 7 打开【组件】面板，① 选择 UIScrollBar 组件，② 拖曳至舞台中，再把该组件拉到文本框右侧的边线上，如图5-40所示。

step 4 使用文本工具在【属性】面板中适当地设置字符属性，详细的参数如图5-37所示。

图 5-37

step 6 在菜单栏中选择【窗口】→【组件】菜单项，如图5-39所示。

图 5-39

step 8 UIScrollBar 组件会自动吸附在文本框右侧，变成该文本框的滚动条，使用选择工具选择文本框对象，在【属性】面板中设置文本框的高度，超出文本框区域的文本自动隐藏，隐藏的部分正是我们要通过滚动条滚动查看的内容，如图5-41所示。

第 5 章 创建与编辑文本对象

109

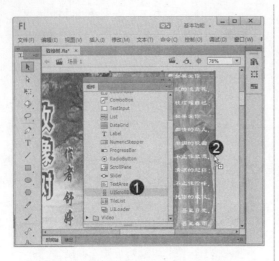

图 5-40

图 5-41

step 9 选择滚动条组件，在【属性】面板的位置和大小栏中，单击【链条】图标 ⑤，将组件宽度和高度锁定解开，设置宽度和高度，拖动滚动条到文本框右侧并吸附在一起，如图 5-42 所示。

step 10 按下键盘上的 Ctrl+Enter 组合键测试影片，最终效果如图 5-43 所示。拖动滚动条滑块可以查看更多的文本内容。

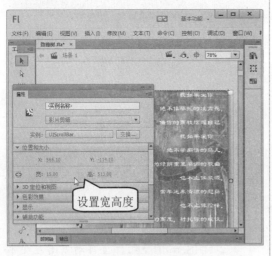

图 5-42

图 5-43

5.4.2 制作空心文本

在 Flash CC 中，空心文本是较为经典并且应用很广泛的一种文本特效，下面将详细介绍制作空心文本的操作方法。

素材文件 💮 无

效果文件 💮 第 5 章\效果文件\空心文本.fla

step 1 新建 Flash 空白文档，① 在【工具】面板中，单击【文本工具】按钮 T，② 在【属性】面板中，设置【文本类型】为【静态文本】，③ 设置文本的字体、颜色和大小，如图 5-44 所示。

图 5-44

step 2 返回到舞台中，单击鼠标左键确定文本框位置，输入文本，如图 5-45 所示。

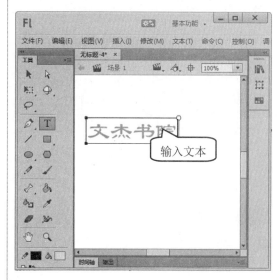

图 5-45

step 3 在键盘上连续按下两次 Ctrl+B 组合键，将创建的文本彻底分离，如图 5-46 所示。

图 5-46

step 4 在【工具】面板中，选中【墨水瓶工具】按钮，如图 5-47 所示。

图 5-47

step 5 在【属性】面板中，① 设置准备填充边线的颜色，② 在【笔触】文本框中，输入填充笔触的数值，如图 5-48 所示。

step 6 在舞台中的每一个笔画上单击，这样即可看到文本笔画的边缘增加了设置的颜色线条，如图 5-49 所示。

第 5 章 创建与编辑文本对象

111

图 5-48

图 5-49

 填充边线后，① 在【工具】面板中，单击【选择工具】按钮，② 在键盘上按住 Shift 键的同时，在文本的内部颜色上单击，选中文本的内部颜色，如图 5-50 所示。

 在键盘上按下 Delete 键，即可完成制作空心文本的操作，最终的效果如图 5-51 所示。

图 5-50

图 5-51

5.4.3 制作霓虹灯文本

在 Flash CC 中，霓虹灯效果的文本，主要应用在网页广告中，是一种常见的 Flash 字体效果，下面详细介绍制作霓虹灯文本的操作方法。

素材文件※　第 5 章\素材文件\霓虹灯.fla
效果文件※　第 5 章\效果文件\霓虹灯文本.fla

step 1 打开 Flash 素材文件"霓虹灯.fla"，选中文本，在键盘上连续按下两次 Ctrl+B 组合键，将创建的文本彻底分离，如图 5-52 所示。

图 5-52

step 2 在【工具】面板中，选中【颜料桶工具】按钮，如图 5-53 所示。

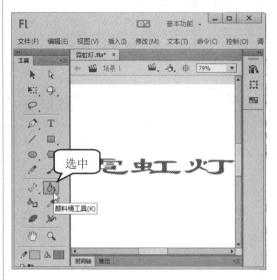

图 5-53

step 3 在【颜色】面板中，① 选择【线性渐变】选项，② 选择准备应用的渐变颜色，如图 5-54 所示。

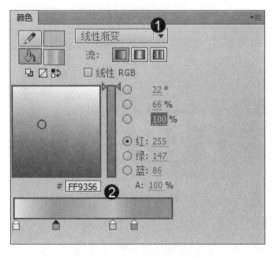

图 5-54

step 4 返回到舞台，分别单击每个文字的每一个笔画，进行颜色渐变填充，通过以上方法即可完成制作霓虹灯文本的操作，如图 5-55 所示。

图 5-55

5.4.4 制作渐变水晶字体

使用 Flash CC，用户还可以制作出漂亮的渐变水晶字体，下面介绍制作渐变水晶字体的操作方法。

素材文件	无
效果文件	第 5 章\效果文件\渐变水晶字体.fla

第 5 章　创建与编辑文本对象

113

step 1 ① 新建文档，选择【修改】主菜单，② 在弹出的下拉菜单中，选择【文档】菜单项，如图 5-56 所示。

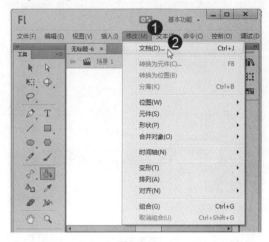

图 5-56

step 3 ① 设置文档后，在【工具】面板中，选中【文本工具】按钮 T，② 在【属性】面板中，在【系列】下拉列表框中，选择准备应用的字体，③ 设置【大小】的数值为 100 磅，④ 在【颜色】框中，选择准备应用的字体颜色，如"白色"，如图 5-58 所示。

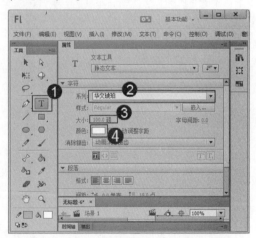

图 5-58

step 5 ① 选中创建的文本后，在菜单栏中，选择【修改】菜单，② 在弹出的下拉菜单中，选择【分离】菜单项，如图 5-60 所示。

step 2 ① 弹出【文档设置】对话框，在【舞台颜色】框中，设置文档的背景颜色，如选择"黑色"，② 单击【确定】按钮 确定，如图 5-57 所示。

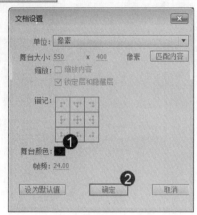

图 5-57

step 4 将光标置于文档中，输入准备创建的文本内容，如"FLASH"，如图 5-59 所示。

图 5-59

step 6 ① 分离文本后，在菜单栏中，再次选择【修改】菜单，② 在弹出的下拉菜单中，再次选择【分离】菜单项，将文本彻底分离打散，如图 5-61 所示。

图 5-60

图 5-61

step 7 ① 选中分离打散的文本后,在【颜色】面板中,在【颜色类型】下拉列表框中,选择【线性渐变】菜单项,② 设置第一个色标颜色为"00CCFF",③ 设置第二个色标颜色为"0066FF",如图 5-62 所示。

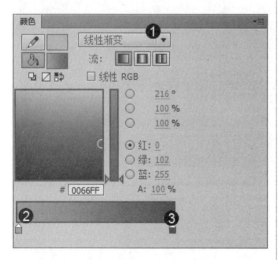

图 5-62

step 9 ① 在【工具】面板中,选中【多角星形工具】按钮 ⬡,② 在【属性】面板中,单击【选项】按钮 [选项...],如图 5-64 所示。

step 8 在【工具】面板中,选中【渐变变形工具】按钮 🔧,将文本的渐变颜色旋转变形,使文本的渐变效果更加美观,如图 5-63 所示。

图 5-63

step 10 ① 弹出【工具设置】对话框,在【样式】下拉列表框中,选择【星形】选项,② 在【边数】文本框中,设置多边形的边数,如"5",③ 单击【确定】按钮 [确定],如图 5-65 所示。

图 5-64

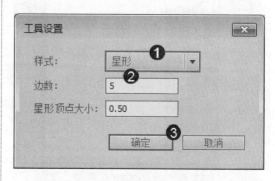

图 5-65

 11 在舞台中绘制多个五角星作为点缀，如图 5-66 所示。

 12 通过上述操作方法即可完成制作渐变水晶字体的操作，如图 5-67 所示。

图 5-66

图 5-67

Section
5.5
课后练习与上机操作

本节内容无视频课程，习题参考答案在本书附录

5.5.1 课后练习

1. 填空题

(1) 在 Flash CC 中，文本类型分为_____文本、动态文本和_____文本。

（2）默认情况下，创建的文本框为_____，在影片播放的过程中不可以改变文本内容。

（3）在 Flash CC 中，在创建静态文本时，静态文本框随着文字的键入，会_____和_____。

（4）动态文本显示的是_____的文本，如体育得分、股票报价或天气报告等。

（5）输入文本是一种在动画播放过程中，可以接受用户的输入操作，从而产生_____的文本。

（6）字符属性设置包括对字体的系列、样式、大小、_____、字距和_____等属性的设置。

（7）段落属性主要是对段落文本的_____、行间距、边距等属性的设置，也包括对动态文本和输入文本_____操作的设置。

（8）在 Flash CC 中，用户可以通过_____，对文本进行选择和移动操作。

（9）在制作 Flash 动画时，经常会对文本对象进行_____操作，包括旋转、倾斜和缩放文本等操作。

（10）在 Flash CC 中，为保证用户在制作 Flash 动画时设置的字体，在别的计算机上也能够使用，就需要用到_____功能，将字体添加到动画文件中。

（11）在 Flash CC 中，创建的文本边缘有明显的锯齿，可以在【属性】面板中，通过选择【动画消除锯齿】、【可读性消除锯齿】或【自定义消除锯齿】选项进行消除，来创建_____的字体对象。

2．判断题

（1）动态文本用来显示动态可更新的文本，在影片制作或播放过程中，可以输入或更改动态文本。　　　　　　　　　　　　　　　　　　　　　　　　　　　　（　　）

（2）在 Flash CC 中，用户可以根据工作需要，输入一段或多段文本，并且在【属性】面板中为段落文本设置效果。　　　　　　　　　　　　　　　　　　　　　（　　）

（3）在 Flash CC 中，完成文本输入后在【字符】面板中，可对选中的文本框位置和大小进行设置。　　　　　　　　　　　　　　　　　　　　　　　　　　　　　（　　）

（4）在 Flash CC 中，创建文本后，可以为文本设置超链接，如在文本中添加网址或者邮箱地址的链接等，在后期测试影片时，单击该文本即可进入预先设定的链接地址。

　　　　　　　　　　　　　　　　　　　　　　　　　　　　　　　　　　　（　　）

（5）文本嵌入功能可以快速地把每个字符从一个文本整体中分离出来，分离出来的单个文本对象可以继续执行分离命令，这样就轻松地制作出每个字符的动画或设置特殊的文本效果。　　　　　　　　　　　　　　　　　　　　　　　　　　　　　　　（　　）

3．思考题

（1）如何输入动态文本？

（2）如何分离文本？

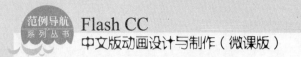

5.5.2　上机操作

（1）通过本章的学习，读者基本可以掌握创建与编辑文本对象方面的知识，下面通过练习制作变形文本，达到巩固与提高的目的。

（2）通过本章的学习，读者基本可以掌握创建与编辑文本对象方面的知识，下面通过练习制作卡片文本，达到巩固与提高的目的。

第6章

操作与编辑对象

本章主要介绍了操作与编辑对象方面的知识与技巧，主要内容包括选择对象，对象的基本操作，预览对象，变形对象，合并对象，编组、排列与分离，使用辅助工具等，通过本章的学习，读者可以掌握操作与编辑对象基础操作方面的知识，为深入学习 Flash CC 知识奠定基础。

本章要点

1. 选择对象

2. 对象的基本操作

3. 预览对象

4. 变形对象

5. 合并对象

6. 编组、排列与分离

7. 使用辅助工具

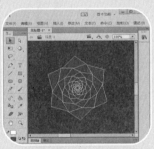

在 Flash CC 中，在对对象进行操作前，需要先选择对象，选择对象的工具包括：选择工具、部分选取工具和套索工具等，不同的工具有着不同的选择功能。本节将详细介绍选择对象方面的知识及操作方法。

6.1.1 使用选择工具

在 Flash CC 中，对舞台中的对象进行编辑必须先选择该对象，因此，选择对象是最基本的操作，下面介绍使用选择工具选择对象的操作方法。

在【工具】面板中，选中【选择工具】按钮 ▶，在场景中，单击并拖动鼠标左键，绘制出一个矩形框，并使对象包含在矩形选取框中，然后释放鼠标，这样即可选中对象，如图 6-1 所示。

图 6-1

6.1.2 执行命令选择对象

使用 Flash CC 软件，用户还可以执行命令进行快速选择对象，在菜单栏中选择【编辑】→【全选】菜单项，即可将舞台中的对象全部进行选取状态，如图 6-2 所示。如果想取消选取的全部对象，可以在菜单栏中选择【编辑】→【撤消全选】菜单项即可。

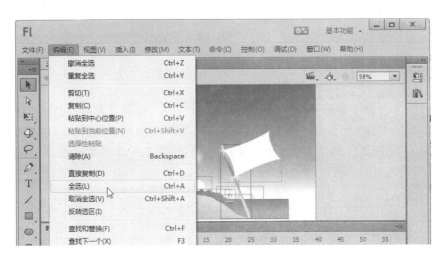

图 6-2

6.1.3　使用部分选取工具

在 Flash CC 中，用户还可以通过使用部分选取工具来选择对象，在修改对象形状时，使用部分选取工具会更加得心应手，下面介绍使用部分选取工具的方法。

step 1　①在【工具】面板中，选中【部分选取工具】按钮，②在舞台中，选择对象相应的结点，单击鼠标左键并向任意方向拖曳，如图 6-3 所示。

step 2　这样即可完成使用部分选取工具选择对象的操作，可以看到选取后的效果，如图 6-4 所示。

图 6-3　　　　　　　　　　图 6-4

在 Flash CC 中，可以把图形的笔触看做由线段和节点组成，线段和节点可以称为对象的次对象。当使用部分选取工具进行选择时，会将次对象显示出来，并可以进行编辑和修改。

第6章　操作与编辑对象

6.1.4 使用套索工具

套索工具和选择工具的使用方法相似，不同的是，套索工具可以选择不规则形状，下面详细介绍使用套索工具选择对象的操作方法。

step 1　①在【工具】面板中，选中【套索工具】按钮，②将光标移动到准备选择对象的区域附近，按住鼠标左键不放，绘制一个需要选定对象的区域，如图6-5所示。

step 2　释放鼠标左键后，所画区域就是被选中的区域，这样即可完成使用套索工具选择对象的操作，选择效果如图6-6所示。

图 6-5

图 6-6

Section 6.2　对象的基本操作

手机扫描下方二维码，观看本节视频课程

在 Flash CC 中，图形对象是舞台中的项目，Flash 允许对象进行各种编辑操作。对象的基本操作包括对象的移动、复制和删除等，这些操作可以更好地提高工作效率。本节将详细介绍对象的基本操作方面的知识。

6.2.1 移动对象

在 Flash CC 中，移动对象的方法多种多样，其中包括利用鼠标、方向键、【属性】面板和【信息】面板等进行移动，下面详细介绍移动对象的操作方法。

1. 利用方向键移动对象

在 Flash CC 中，使用方向键进行对象移动，可使对象移动得更加精确，在场景中，选中对象，按下键盘上的上、下、左、右方向键，进行对象移动，如图6-7所示。

移动前　　　　　　　　　　　移动后

图 6-7

 在 Flash CC 中，一般情况下，利用方向键进行图形对象移动，一次可以移动 1 个像素，在按住方向键的同时，按住 Shift 键，这样则可以一次移动 8 个像素。

2. 利用鼠标移动对象

在 Flash CC 中，使用鼠标移动对象是最为快捷的方法，在场景中选中图形，按住鼠标左键，并向相应的位置进行拖动，这样即可完成利用鼠标移动对象的操作，如图 6-8 所示。

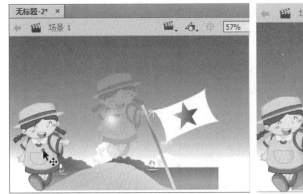

图 6-8

3. 利用【属性】面板移动对象

在场景中，选择准备移动的图形，在【属性】面板的【位置和大小】区域中，在 X 和 Y 文本框中，输入相应的数值，然后按下 Enter 键，这样即可完成利用【属性】面板进行移动对象的操作，如图 6-9 所示。

图 6-9

4. 利用【信息】面板移动对象

在场景中，选择准备移动的图形，在【信息】面板中，在 X 和 Y 文本框中，输入相应的数值，然后按下 Enter 键，这样即可完成利用【信息】面板进行移动对象的操作，如图 6-10 所示。

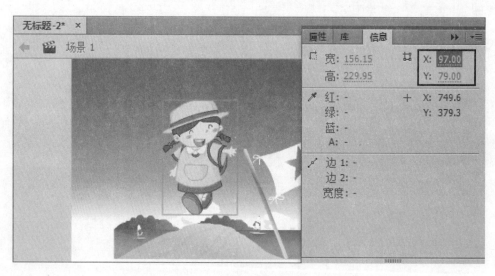

图 6-10

6.2.2 复制对象

在制作 Flash 动画时，用户经常需要复制对象，以便制作出需要的效果，下面介绍复制对象的操作方法。

step 1 在场景中，选中准备复制的图形对象的同时，按住 Alt 键进行拖动，如图 6-11 所示。

step 2 可以看到已经复制出了一个选择的对象，这样即可完成复制对象的操作，如图 6-12 所示。

图 6-11

图 6-12

6.2.3 删除对象

在制作 Flash 动画的过程中，用户可以将不需要的图形对象删除，下面介绍删除对象的操作方法。

step 1 在场景中，选中准备删除的图形对象，然后在键盘上按下 Delete 键，如图 6-13 所示。

step 2 可以看到选择的对象已被删除，这样即可完成删除对象的操作，如图 6-14 所示。

图 6-13

图 6-14

第 6 章　操作与编辑对象

125

　　在 Flash CC 中，预览图形对象的模式有很多种，在菜单栏中选择【视图】→【预览模式】菜单项，即可看到 5 种预览模式，包括轮廓预览、高速显示、消除锯齿、消除文字锯齿和整个预览模式。本节将介绍图形预览模式方面的知识。

6.3.1　以轮廓预览图形对象

　　轮廓预览图形对象是指图形在舞台中以"边线轮廓"显示，复杂的图形将变为细线显示，下面介绍以轮廓预览图形对象的操作方法。

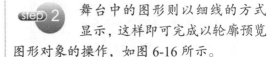

<table>
<tr><td>step 1</td><td>在菜单栏中选择【视图】→【预览模式】→【轮廓】菜单项，如图 6-15 所示。</td><td>step 2</td><td>舞台中的图形则以细线的方式显示，这样即可完成以轮廓预览图形对象的操作，如图 6-16 所示。</td></tr>
</table>

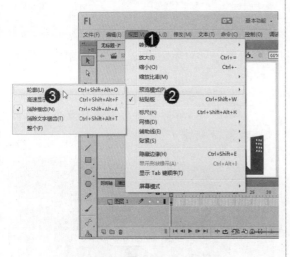

图 6-15

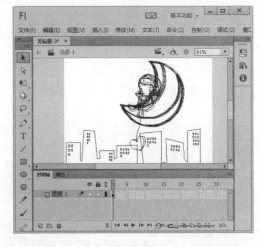

图 6-16

6.3.2　高速显示图形对象

　　在 Flash CC 中，高速显示模式是 Flash 中显示文档速度最快的模式，但显示的图形锯齿感非常明显，把图像放大可以看出锯齿效果，如图 6-17 所示。

图 6-17

6.3.3　消除动画对象锯齿

在 Flash CC 中，消除锯齿(消除动画锯齿)是最常使用的预览模式，可以很明显地看到图中的形状和线条，被消除了锯齿的线条和图像的边缘会更加平滑，如图 6-18 所示。

图 6-18

6.3.4　消除文字锯齿

消除文字锯齿也是最常用的预览模式，可以很方便地将文字消除锯齿，但对于大量的文字，选择【消除文字锯齿】预览模式后，显示速度会变得很慢，如图 6-19 所示。

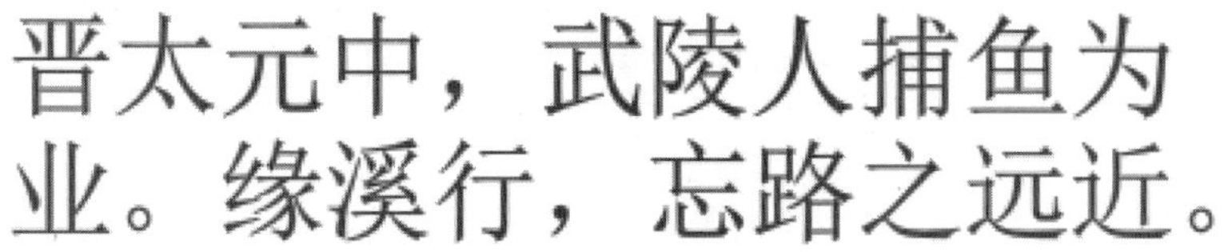

晋太元中，武陵人捕鱼为
业。缘溪行，忘路之远近。

图 6-19

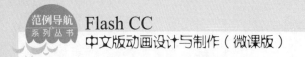

6.3.5 显示整个图形对象

使用整个显示模式可以显示舞台中的所有内容，包括图形、边线和文字都会以消除锯齿的方式显示，但对于复杂图形，会增加计算机运算时间，操作中会显示得比较慢，如图 6-20 所示。

图 6-20

Section 6.4 变形对象

手机扫描下方二维码，观看本节视频课程

使用 Flash CC 软件，在创建动画的过程中，用户可以通过使用扭曲、旋转和缩放等方法对图形对象进行变形操作，从而完善编辑中的图形对象。本节将详细介绍变形对象方面的知识与操作方法。

6.4.1 什么是变形点

在图形对象进行变形时，用户可以使用变形点作为变形参考，通过变形点位置的改变，从而改变旋转或者对齐的操作，不同的变形点位置产生的效果也不同，如图 6-21 所示。

图 6-21

6.4.2 自由变形对象

自由变形可以使图形自由随意地变形，如缩放、倾斜、旋转等操作，下面详细介绍在 Flash CC 中进行自由变形的操作方法。

1. 倾斜对象

倾斜用于改变图形形状，当光标移动到图形锚点之间的直线时，光标变成 ⇔ 形状，此时，单击并拖曳鼠标左键，可以看到图形倾斜的轮廓线，释放鼠标左键，轮廓线倾斜的形状就是图形倾斜的形状，如图 6-22 所示。

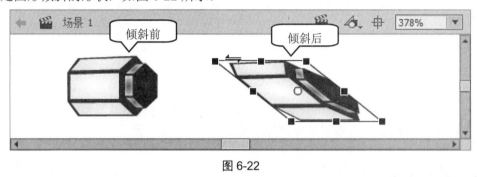

图 6-22

2. 旋转对象

旋转用于改变图形角度，当光标移动到图形边角的锚点外侧时，光标变成 ↻ 形状，单击并拖曳鼠标左键，可以看到图形对象旋转的轮廓线，释放鼠标左键，轮廓线旋转的形状就是图形旋转的形状，如图 6-23 所示。

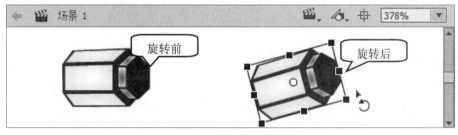

图 6-23

6.4.3 缩放对象

在 Flash CC 中，缩放对象可以改变对象的大小，以便将编辑的图形对象缩放至合适的比例，下面详细介绍缩放对象的操作方法。

 在 Flash CC 工作区中，选择要缩放的对象，然后在菜单栏中选择【修改】→【变形】→【缩放】菜单项，如图 6-24 所示。

step 2 在场景中，单击并拖动其中一个变形点，图形对象可以沿 X 轴和 Y 轴两个方向进行缩放，如图 6-25 所示。

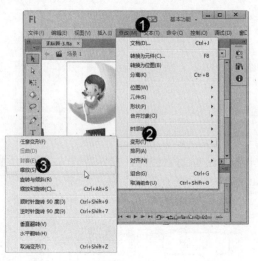

图 6-24　　　　　　　　　　　　　　　　　图 6-25

知识精讲

　　缩放对象可以沿水平方向、垂直方向，或者同时沿两个方向对图形对象进行放大或缩小。当使用任意变形工具对图形对象进行缩放操作时，同时在键盘上按住 Shift 键，则可以对图形对象进行等比例的缩放。

6.4.4　封套对象

　　在 Flash CC 中，封套对象功能可以使图形对象的变形效果更加完美，弥补了扭曲变形在某些局部无法完全照顾的缺点，下面介绍封套对象的操作方法。

step 1　　在 Flash CC 工作区中，选择要封套的对象，然后在菜单栏中选择【修改】→【变形】→【封套】菜单项，如图 6-26 所示。

step 2　　此时，对象的周围出现变换框，变换框上交错分布方形和圆形两种变形手柄，如图 6-27 所示。

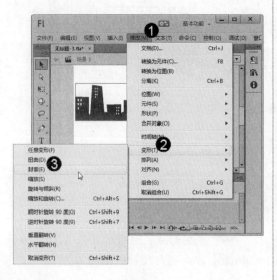

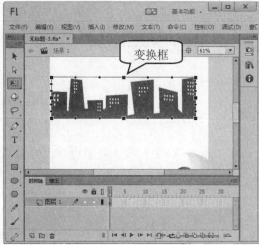

图 6-26　　　　　　　　　　　　　　　　　图 6-27

step 3 单击鼠标左键并拖动，这样即可对图形局部的点进行变形，如图 6-28 所示。

step 4 变形完成后，在舞台空白处单击，即完成封套对象的操作，效果如图 6-29 所示。

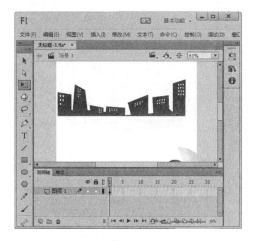

图 6-28　　　　　　　　　　图 6-29

 在 Flash CC 中，【封套】命令不能修改元件、位图、视频、声音和渐变等对象，若要修改文本，需要先将文本转换为形状对象。

6.4.5　扭曲对象

在 Flash CC 中，扭曲对象功能可以更改对象变换框上的控制点位置，从而改变对象的形状，下面介绍扭曲对象的操作方法。

step 1 在 Flash CC 工作区中，选择要扭曲的对象，然后在菜单栏中选择【修改】→【变形】→【扭曲】菜单项，如图 6-30 所示。

step 2 对象周围出现变形框，移动鼠标指针放置在控制点上，当鼠标指针变成 形状时，单击并拖动变形框上的变形点至指定位置，即可对图形对象进行扭曲操作，如图 6-31 所示。

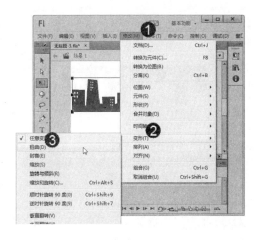

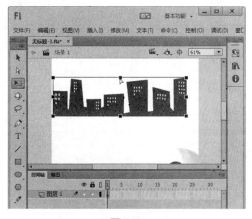

图 6-30　　　　　　　　　　图 6-31

step 3 拖动变形框的中点，则可以移动整个图形的边，通过以上方法即可移动该点完成扭曲对象的操作，如图 6-32 所示。

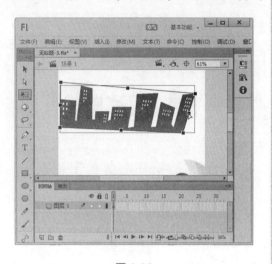

图 6-32

智慧锦囊

在 Flash CC 中，在键盘上按下 Shift 键并拖动角点，可以锥化该对象，使相邻两个角沿彼此相反的方向移动相同的距离。

考考您

请您根据上述方法扭曲一个对象，测试一下您的学习效果。

6.4.6　翻转对象

在 Flash CC 中，可以通过翻转功能，将图形对象沿水平或垂直方向进行翻转，下面以垂直翻转为例，介绍翻转对象的操作方法。

step 1 在 Flash CC 工作区中，选择要翻转的对象，然后在菜单栏中选择【修改】→【变形】→【垂直翻转】菜单项，如图 6-33 所示。

step 2 通过以上步骤即可完成垂直翻转图形对象的操作，垂直翻转后的效果如图 6-34 所示。

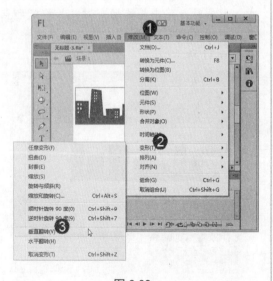

图 6-33

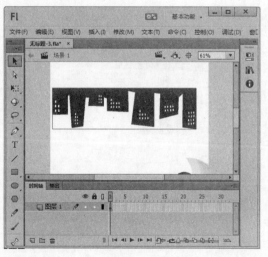

图 6-34

6.4.7 缩放和旋转对象

在 Flash CC 中，使用缩放和旋转功能，可以非常精确地对图形对象同时进行缩放和旋转操作，下面介绍缩放和旋转对象的操作方法。

step 1 在 Flash CC 工作区中，选择要缩放和旋转的对象，然后在菜单栏中选择【修改】→【变形】→【缩放和旋转】菜单项，如图 6-35 所示。

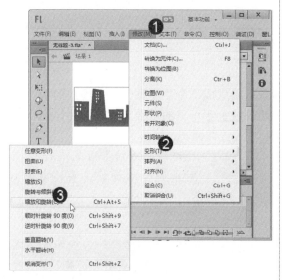

图 6-35

step 3 缩放和旋转对象操作完成，效果如图 6-37 所示。

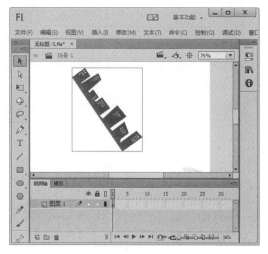

图 6-37

step 2 弹出【缩放和旋转】对话框，① 在【缩放】文本框中输入缩放比，② 在【旋转】文本框中输入角度值，③ 单击【确定】按钮，如图 6-36 所示。

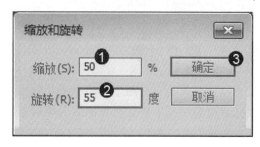

图 6-36

智慧锦囊

在 Flash CC 中，选择【修改】菜单下的【变形】菜单项，在弹出的级联菜单中选择【顺时针旋转 90 度】或【逆时针旋转 90 度】菜单项时，可以将图形快速旋转 90 度。

考考您

请您根据上述方法缩放和旋转一个对象，测试一下您的学习效果。

通过合并对象操作可以改变现有对象来创建新形状。在一些特殊情况下，所选对象的堆叠顺序决定了操作的工作方式。合并的方式包括联合对象、裁切对象、交集对象和打孔对象。本节将详细介绍合并对象方面的知识。

6.5.1 联合对象

联合对象是合并两个或多个形状或绘制对象。将生成一个"对象绘制"模式形状，它由联合前面形状上所有可见的部分组成。将删除形状上不可见的重叠部分，下面详细介绍联合对象的具体操作方法。

step 1 在 Flash CC 工作区中，选中绘制的两个对象，然后在菜单栏中选择【修改】→【合并对象】→【联合】菜单项，如图 6-38 所示。

step 2 通过以上方法即可完成将 2 个对象联合的操作，最终效果如图 6-39 所示。

图 6-38

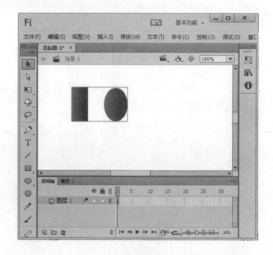

图 6-39

6.5.2 裁切对象

裁切对象是使用一个绘制对象的轮廓裁切另一个绘制对象。所得到的对象仍然是独立的，不会合并为单个对象，下面详细介绍裁切对象的操作方法。

step 1 在 Flash CC 工作区中，在舞台中，绘制并选中两个准备裁切的图形对象，这两个对象应相交在一起，如图 6-40 所示。

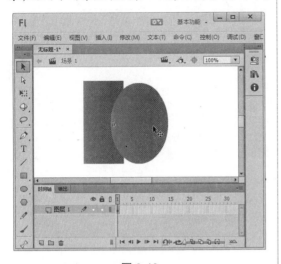

图 6-40

step 3 通过以上方法即可完成裁切对象的操作，裁切后的效果如图 6-42 所示。

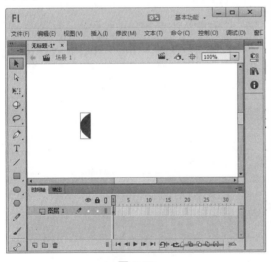

图 6-42

step 2 选择对象后，在菜单栏中选择【修改】→【合并对象】→【裁切】菜单项，如图 6-41 所示。

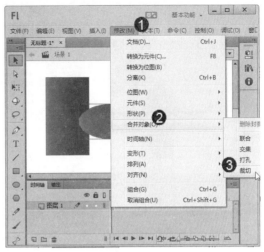

图 6-41

智慧锦囊

在 Flash CC 中，在绘制合并对象之前，需要在【工具】面板中，选中【对象绘制】按钮 ，这样绘制的对象才能进行合并操作。

考考您

请您根据上述方法进行裁切对象的操作，测试一下您的学习效果。

6.5.3 交集对象

交集是指两个或两个以上的图形重叠的部分被保留，而其余部分被剪裁掉的过程，下面详细介绍交集对象的操作方法。

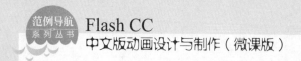
step 1 在 Flash CC 工作区中，在舞台中，绘制并选中两个准备交集的图形对象，这两个对象应相交在一起，如图 6-43 所示。

step 2 选择对象后，在菜单栏中，选择【修改】→【合并对象】→【交集】菜单项，如图 6-44 所示。

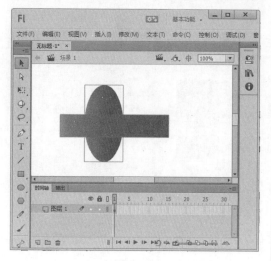

图 6-43

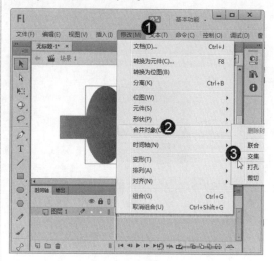

图 6-44

step 3 这样即可完成交集对象的操作，两个交集后的图形效果如图 6-45 所示。

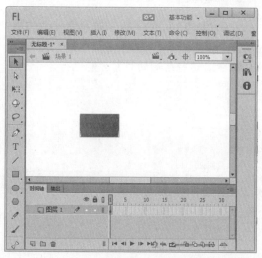

图 6-45

智慧锦囊

使用【交集】命令，生成的"对象绘制"形状由合并形状的重叠部分组成。将删除形状上任何不重叠的部分，生成的形状使用堆叠中最上面的形状和填充与笔触。

考考您

请您根据上述方法进行交集对象的操作，测试一下您的学习效果。

6.5.4 打孔对象

打孔是将选定绘制对象的某些部分删除，删除的是该对象与另一个对象的公共部分，得到的图形对象为单个对象，下面详细介绍打孔对象的操作方法。

在 Flash CC 工作区中，在舞台中，选中准备打孔的对象，如图 6-46 所示。

 选择对象后，在菜单栏中，选择【修改】→【合并对象】→【打孔】菜单项，如图 6-47 所示。

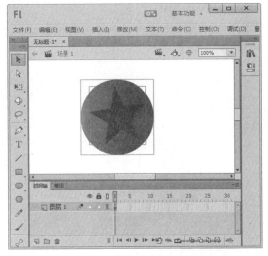

图 6-46

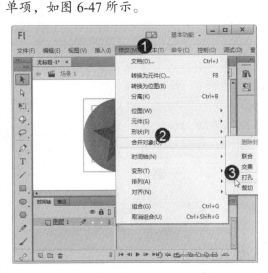

图 6-47

 这样即可完成打孔对象的操作，打孔后的图形效果如图 6-48 所示。

图 6-48

 智慧锦囊

使用【打孔】命令，将删除绘制对象中由最上面的对象所覆盖的所有部分，并完全删除最上面的对象，所得到的对象仍是独立的，不会合并为单个对象。

考考您

请您根据上述方法进行打孔对象的操作，测试一下您的学习效果。

Section 6.6　编组、排列与分离

手机扫描下方二维码，观看本节视频课程

在 Flash CC 中，用户可以根据工作的需求，对图形对象进行编组、分离和排列等操作，调整图形对象的堆叠顺序可以控制图形对象部分内容的显示与隐藏，从而制作出满意的效果。本节将详细介绍编组、排列与分离对象的相关知识及操作方法。

6.6.1 编组对象

为方便将多个对象进行处理，可以将这些对象组合在一起，作为一个整体进行移动或选择操作，下面详细介绍编组对象的操作方法。

 在 Flash CC 工作区的舞台中，绘制并选中准备组合的图形对象，如图 6-49 所示。

在菜单栏中，选择【修改】→【组合】菜单项，如图 6-50 所示。

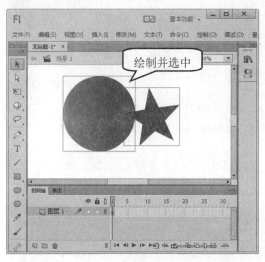

图 6-49

图 6-50

 这样即可完成编组对象的操作，组合后的图形效果如图 6-51 所示。

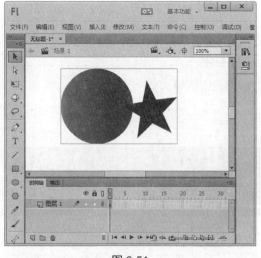

图 6-51

 智慧锦囊

在 Flash CC 中，在键盘上按下组合键 Ctrl+G，同样可以进行组合图形对象的操作，取消组合可以在键盘上按下组合键 Ctrl+Shift+G。

考考您

请您根据上述方法进行编组对象的操作，测试一下您的学习效果。

6.6.2 分离对象

使用分离对象功能，可以将文本区域、图形图像或是组合的对象分离出来，转换为可编辑对象，下面介绍分离对象的操作方法。

step 1 在 Flash CC 工作区中，在舞台中，选择准备分离的图形对象，然后在菜单栏中选择【修改】→【分离】菜单项，如图 6-52 所示。

step 2 可以看到选择的对象已被分离开来，这样即可完成分离对象的操作，如图 6-53 所示。

图 6-52

图 6-53

知识精讲

在 Flash CC 中，当对一个群组对象或多个整体对象进行分离时，需要执行多次分离操作，才能将其完全的分离。分离与取消组合是不同的对象分开方式，取消组合不会分离位图、实例或文字，也不能将文字转换成轮廓。

6.6.3 对齐对象

在 Flash CC 中，可以将多个图形按水平或垂直方向等进行对齐，下面介绍对齐对象的操作方法。

step 1 在 Flash CC 工作区中，在舞台中，绘制并选中准备排列的图形对象，如图 6-54 所示。

step 2 在菜单栏中选择【窗口】→【对齐】菜单项，如图 6-55 所示。

图 6-54

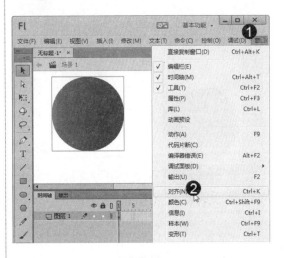

图 6-55

step 3　在【对齐】面板中，① 选中【与舞台对齐】复选框，② 单击【垂直中齐】按钮 ▯▮▯，如图6-56所示。

step 4　可以看到选择的对象，已经按照垂直中齐进行排列，这样即可完成对齐对象的操作，如图6-57所示。

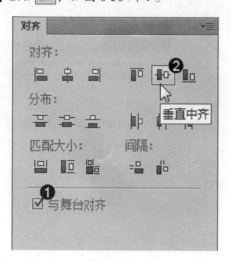

图 6-56

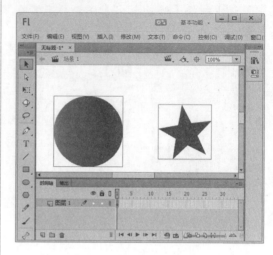

图 6-57

6.6.4　层叠对象

在 Flash CC 中，Flash 程序会根据创建图形对象的顺序层叠对象，将最新创建的对象放在最上，为更好地显示效果，用户可以调整对象的层叠顺序，下面介绍层叠对象的操作方法。

step 1　在 Flash CC 工作区中，在舞台中，选择要层叠的对象，然后在菜单栏中，选择【修改】→【排列】→【移至顶层】菜单项，如图6-58所示。

step 2　可以看到选择的对象，已被移至顶层，这样即可完成层叠对象的操作，如图6-59所示。

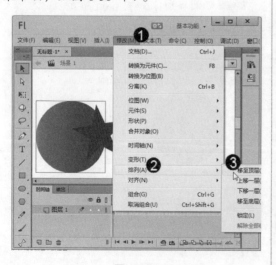

图 6-58

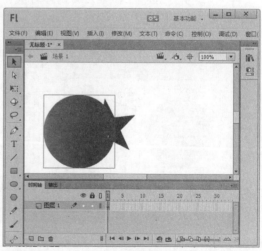

图 6-59

Section 6.7 使用辅助工具

手机扫描下方二维码，观看本节视频课程

为了使 Flash 动画设计与制作工作更加精确,在 Flash CC 中提供了标尺、辅助线和网格等工具,这些工具具有很好的辅助作用,从而提高设计的质量和效率。本节将详细介绍使用辅助工具的相关知识及操作方法。

6.7.1 使用标尺参考线

在 Flash CC 中,为了快速精确定位图形位置,用户可以使用标尺功能,在舞台中设置参考线,下面介绍使用标尺的操作方法。

step 1 在 Flash CC 工作区中,在菜单栏中,选择【视图】→【标尺】菜单项,如图 6-60 所示。

step 2 在舞台水平和垂直方向显示标尺,在显示的标尺上单击鼠标左键并拖动,即可创建标尺参考线,如图 6-61 所示。

图 6-60

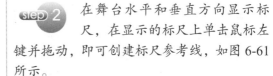
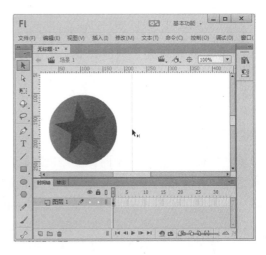

图 6-61

6.7.2 设置参考线

参考线也称为辅助线,主要起到参考作用。在制作动画时,使用参考线使对象和图形都对齐到舞台中的某一条横线或纵线上。

在菜单栏中选择【视图】→【辅助线】→【编辑辅助线】菜单项,即可弹出【辅助线】对话框,在该对话框中可以修改辅助线的颜色等参数,如图 6-62 所示。

图 6-62

- 颜色：用来设置辅助线填充颜色，默认的辅助线颜色为蓝色。
- 显示辅助线：当选中该复选框时，则显示辅助线；当取消选中该复选框时，则隐藏辅助线。
- 贴紧至辅助线：当选中该复选框时，可以使对象贴紧至辅助线；当取消选中该复选框时，则关闭贴紧至辅助线功能。
- 锁定辅助线：选中该复选框和在绘制对象时，辅助线不可移动。
- 贴紧精确度：用来设置"对齐精确度"。可以从弹出的菜单中选择【必须接近】、【一般】和【可以远离】三种类别。
- 全部清除：用来删除当前场景中的所有辅助线。
- 保存默认值：用来将当前设置保存为默认值。

知识精讲

用户也可以在菜单栏中选择【视图】→【辅助线】→【显示辅助线】\【锁定辅助线】\【清除辅助线】菜单项来显示隐藏辅助线、锁定辅助线和删除辅助线。

6.7.3 使用网格

在制作一些规范图形时，使用网格功能，可以使操作变得更加方便，提高绘制图形的精确度。在菜单栏中选择【视图】→【网格】→【显示网格】菜单项，即可看到舞台中布满了网格线，如图 6-63 所示。在菜单栏中再次选择【视图】→【网格】→【显示网格】菜单项，即可隐藏网格，或者按下键盘上的 Ctrl+"'"组合键，来隐藏或显示网格。

在菜单栏中选择【视图】→【网格】→【编辑网格】菜单项，即可弹出【网格】对话框，如图 6-64 所示。通过该对话框可以对网格进行详细的编辑。

- 颜色：用来设置网格的颜色。
- 显示网格：当选中此复选框时，将在文档中显示网格。
- 在对象上方显示：若选中此复选框，即可在创建的元件上显示出网格。默认情况下为取消状态。
- 贴紧至网格：用于将场景中的元件贴紧至网格。
- 水平间距：用来设置网格填充中所用元件之间的水平距离，以像素为单位。
- 垂直间距：用来设置网格填充中所用元件之间的竖直距离，以像素为单位。

- 贴紧精确度：用来决定对象必须距离网格多近，才会发生的动作。在此下拉列表框中包括 4 种类型：【必须接近】、【一般】、【可以远离】、【总是贴紧】。
- 保存默认值：用来将当前设置保存为默认值。

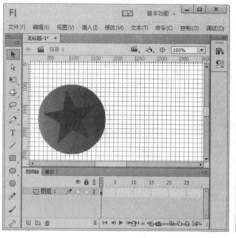

图 6-63

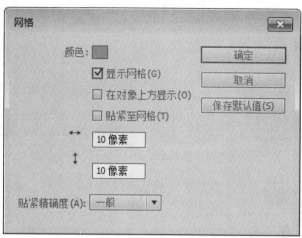

图 6-64

Section 6.8 范例应用与上机操作

手机扫描下方二维码，观看本节视频课程

通过本章的学习，读者基本可以掌握使用 Flash CC 操作与编辑对象的基本知识和操作技巧。下面介绍"绘制蘑菇""使用【变形】面板制作花朵"和"绘制南瓜灯"范例应用，上机操作练习一下，以达到巩固学习、拓展提高的目的。

6.8.1 绘制蘑菇

在创建动画的过程中，用户可以通过扭曲功能来绘制图形，下面介绍使用扭曲功能来绘制蘑菇腿部的操作方法。

| 素材文件※ | 第 6 章\素材文件\蘑菇顶部.fla |
| 效果文件※ | 第 6 章\效果文件\完整蘑菇.fla |

step 1 打开素材文件，在 Flash CC 工作区中，① 在【工具】面板中，单击【椭圆工具】按钮 ，② 设置笔触颜色和填充色，如图 6-65 所示。

step 2 在舞台中，绘制一个椭圆形，如图 6-66 所示。

第 6 章　操作与编辑对象

143

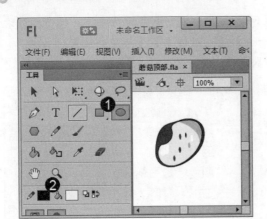

图 6-65

图 6-66

step 3 在菜单栏中，选择【修改】→【变形】→【扭曲】菜单项，如图 6-67 所示。

step 4 返回到舞台中，当鼠标指针变为 ▷ 形状时，拖动鼠标对椭圆形进行扭曲操作，如图 6-68 所示。

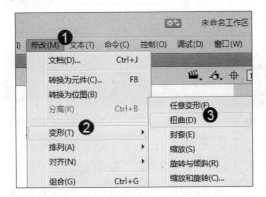

图 6-67

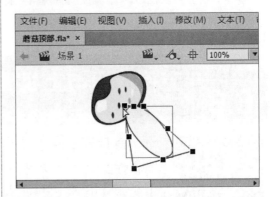

图 6-68

step 5 在【工具】面板中，使用【部分选取工具】按钮 ▷ 调整椭圆形，如图 6-69 所示。

step 6 选中调整好的图形，然后在菜单栏中，选择【修改】→【排列】→【移至底层】菜单项，如图 6-70 所示。

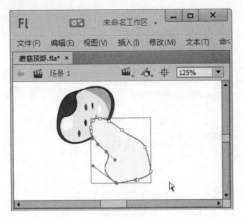

图 6-69

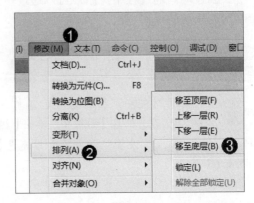

图 6-70

step 7　这样即可完成绘制蘑菇的操作，最终效果如图 6-71 所示。

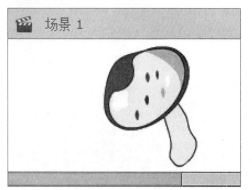

图 6-71

智慧锦囊

　　在进行层叠操作的过程中，如果选择了多个组，这些组会移动到所有未选中的组的前面或后面，而这些组之间的相对顺序保持不变。

考考您

　　请您根据上述方法绘制一个蘑菇图形，测试一下您的学习效果。

6.8.2　使用【变形】面板制作花朵

　　在 Flash CC 中，用户可以运用本章所学的知识，使用【变形】面板制作花朵，有效减少操作时间，提高绘制效率，下面介绍使用【变形】面板制作花朵的操作方法。

素材文件　　第6章\素材文件\使用变形面板制作花朵.jpg
效果文件　　第6章\效果文件\使用变形面板制作花朵.fla

step 1　① 新建文档，在菜单栏中，选择【文件】菜单，② 在弹出的下拉菜单中，选择【导入】菜单项，③ 在弹出的下拉菜单中，选择【导入到舞台】菜单项，如图 6-72 所示。

step 2　① 弹出【导入】对话框，选择准备导入的素材背景图像，如"使用变形面板制作花朵.jpg"，② 单击【打开】按钮 ，如图 6-73 所示。

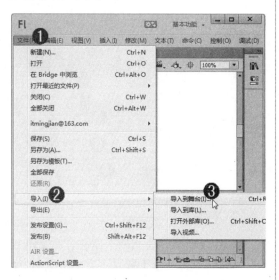

图 6-72

图 6-73

step 3　插入背景图像，然后在舞台中调整其大小，如图 6-74 所示。

图 6-74

step 4　① 单击【时间轴】面板左下角的【新建图层】按钮，② 新建一个图层，如图 6-75 所示。

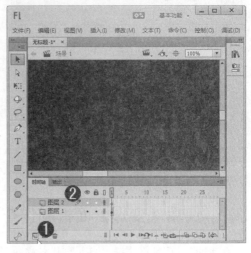

图 6-75

step 5　① 在【工具】面板中，设置【笔触颜色】为白色，② 设置【填充颜色】为红色，③ 选中【多角星形工具】按钮 ◯ ，④ 在【属性】面板中，单击【选项】按钮，如图 6-76 所示。

图 6-76

step 6　① 弹出【工具设置】对话框，在【样式】下拉列表框中，选择【星形】选项，② 在【边数】文本框中，设置多边形的边数，如 "6"，③ 在【星形顶点大小】文本框中，设置顶点大小的数值，如 "1"，④ 单击【确定】按钮 确定 ，如图 6-77 所示。

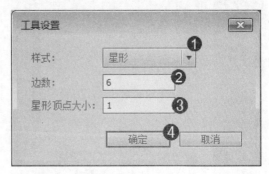

图 6-77

step 7　在舞台中，单击并拖动鼠标左键，到合适大小后，松开鼠标左键，绘制一个六角星，如图 6-78 所示。

step 8　① 选择绘制的六角星，在菜单栏中，选择【窗口】菜单，② 在弹出的下拉菜单中，选择【变形】菜单项，如图 6-79 所示。

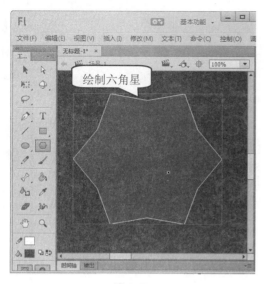

图 6-78

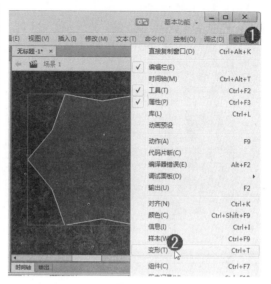

图 6-79

step 9 ① 打开【变形】面板后,设置【缩放宽度】为 80%,② 设置【缩放高度】为 80%,③ 在【旋转】微调框中,设置图形旋转的角度值,如"25",如图 6-80 所示。

step 10 在舞台中,绘制的六角星已经被调整,如图 6-81 所示。

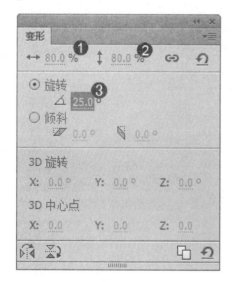

图 6-80

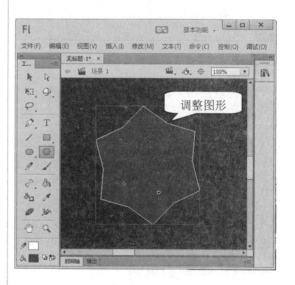

图 6-81

step 11 在【变形】面板中,单击【重制选区和变形】按钮 ,如图 6-82 所示。

step 12 舞台中,复制出一个六角星,如图 6-83 所示。

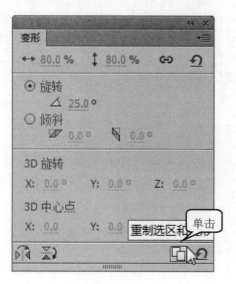

图 6-82

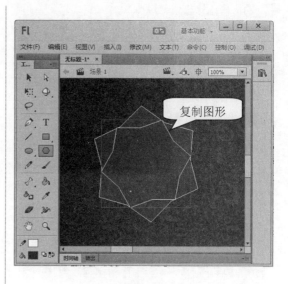

复制图形

图 6-83

 在【变形】面板中，多次单击【重制选区和变形】按钮 ，如图 6-84 所示。

step 14 舞台中，复制出多个六角星，制作出花朵重叠的效果，通过上述方法即可完成使用【变形】面板制作花朵的操作，如图 6-85 所示。

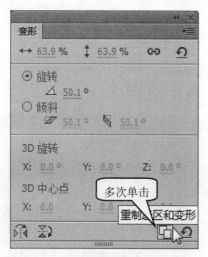

多次单击

图 6-84

绘制的花朵

图 6-85

6.8.3 绘制南瓜灯

在 Flash CC 中，使用打孔对象可以绘制出各种各样的图形，下面介绍使用【打孔】命令绘制南瓜灯的操作方法。

素材文件 ✿ 第6章\素材文件\南瓜灯.fla

效果文件 ✿ 第6章\效果文件\绘制南瓜灯.fla

step 1　打开"南瓜灯.fla"素材文件，① 在 【工具】面板中，单击【选择工具】按钮 ，② 选择第一个要打孔的对象，如图 6-86 所示。

图 6-86

step 3　第一个对象打孔完成，单击鼠标左键选中第二个要打孔的对象，如图 6-88 所示。

图 6-88

step 5　第二个对象打孔完成，重复步骤 3 与步骤 4 的操作，将其他对象进行打孔操作，如图 6-90 所示。

图 6-90

step 2　在菜单栏中，选择【修改】→【合并对象】→【打孔】菜单项，如图 6-87 所示。

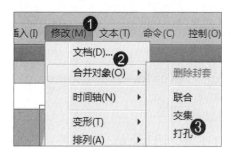

图 6-87

step 4　在菜单栏中，选择【修改】→【合并对象】→【打孔】菜单项，如图 6-89 所示。

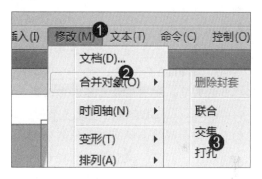

图 6-89

step 6　此时舞台中的图形已完成打孔操作，通过以上步骤即可完成使用【打孔】命令绘制南瓜灯的操作，如图 6-91 所示。

图 6-91

　　在 Flash CC 中，使用合并功能对图形进行打孔、交集和裁切操作时，所绘制的图形必须为【绘制】模式下的工具所绘制的形状，因此在【工具】面板中，选择绘图工具后，应在【选项】选区中单击【对象绘制】按钮 ，来绘制形状。

第 5 章　操作与编辑对象

<table>
<tr><td>Section
6.9</td><td colspan="2">**课后练习与上机操作**
本节内容无视频课程，习题参考答案在本书附录</td></tr>
</table>

6.9.1 课后练习

1. 填空题

(1) 使用 Flash CC 软件，用户还可以执行命令进行快速选择对象，在菜单栏中选择【编辑】→【全选】菜单项，即可将舞台中的对象_____状态。

(2) 如果想取消选取的全部对象，可以在菜单栏中选择【编辑】→_____菜单项。

(3) 在 Flash CC 中，用户还可以通过使用部分选取工具来选择对象，在修改_____时，使用部分选取工具会更加得心应手。

(4) 在 Flash CC 中，移动对象的方法多种多样，其中包括利用_____、方向键、【属性】面板和_____面板等进行移动。

(5) _____是指图形在舞台中以"边线轮廓"显示，复杂的图形将变为细线显示。

(6) 在 Flash CC 中，_____是 Flash 中显示文档速度最快的模式，但显示的图形锯齿感非常明显，把图像放大可以看出锯齿效果。

(7) _____是合并两个或多个形状或绘制对象。将生成一个"对象绘制"模式形状，它由联合前面形状上所有可见的部分组成。

(8) _____是使用一个绘制对象的轮廓裁切另一个绘制对象。所得到的对象仍然是独立的，不会合并为单个对象。

(9) _____是指两个或两个以上的图形重叠的部分被保留，而其余部分被剪裁掉的过程。

(10) _____是将选定绘制对象的某些部分删除，删除的是该对象与另一个对象的公共部分，得到的图形对象为单个对象。

(11) 在 Flash CC 中，为了快速精确定位图形位置，用户可以使用____功能，在舞台中设置_____。

2. 判断题

(1) 套索工具和选择工具的使用方法相似，不同的是，套索工具可以选择不规则形状。
(   )

(2) 在 Flash CC 中，消除锯齿(消除动画锯齿)是最常使用的预览模式，可以很明显地看到图中的形状和线条，被消除了锯齿的线条和图像的边缘会更加平滑。(   )

(3) 消除文字锯齿也是最常用的预览模式，可以很方便地将文字消除锯齿，但对于大量的文字，选择"消除文字锯齿"预览模式后，显示速度会变得很快。(   )

(4) 使用整个显示模式可以显示舞台中的所有内容，包括图形、边线和文字都会以消除锯齿的方式显示，但对于复杂图形，会增加计算机运算时间，操作中会显示得比较慢。

（　　）

(5)　使用分离对象功能，可以将文本区域、图形图像或是组合的对象分离出来，转换为可编辑对象。　　　　　　　　　　　　　　　　　　　　　　　（　　）

(6)　在 Flash CC 中，Flash 程序会根据创建图形对象的顺序层叠对象，将最新创建的对象放在最下，为更好地显示效果，用户可以调整对象的层叠顺序。　　　（　　）

(7)　参考线也称为辅助线，主要起到参考作用。在制作动画时，使用参考线使对象和图形都对齐到舞台中的某一条横线或纵线上。　　　　　　　　　　　（　　）

(8)　在制作一些规范图形时，使用网格功能，可以使操作变得更加方便，提高绘制图形的精确度。　　　　　　　　　　　　　　　　　　　　　　　　（　　）

3. 思考题

(1)　如何使用部分选取工具？

(2)　如何复制对象？

(3)　如何缩放对象？

(4)　如何联合对象？

(5)　如何编组对象？

6.9.2　上机操作

(1)　通过本章的学习，读者基本可以掌握操作与编辑对象方面的知识，下面通过练习制作立体变形文字，达到巩固与提高的目的。

(2)　通过本章的学习，读者基本可以掌握操作与编辑对象方面的知识，下面通过练习绘制圣诞树，达到巩固与提高的目的。

第 6 章　操作与编辑对象

第7章

元件、实例和库

本章主要介绍了元件、实例和库方面的知识与技巧，主要内容包括元件与实例、创建 Flash 元件、编辑元件、使用元件实例和库的管理等知识及操作方法，通过本章的学习，读者可以掌握元件、实例和库基础操作方面的知识，为深入学习 Flash 知识奠定基础。

 本 章 要 点

1. 元件与实例
2. 创建 Flash 元件
3. 编辑元件
4. 使用元件实例
5. 库的管理

Section 7.1　元件与实例

手机扫描下方二维码，观看本节视频课程

在 Flash CC 中，元件和实例是组成动画的基本元素，一般来说，元件都保存在【库】面板中，当将元件拖到舞台中则被称为实例，元件在 Flash 中起着很大的作用，文档中的任何地方都可以创建元件实例。下面将重点介绍元件与实例方面的知识。

7.1.1　什么是元件

元件是在 Flash 中创建的图形、按钮或影片剪辑，只需要创建一次，即可在整个文档中重复使用，如图 7-1 所示。

按钮元件

图形元件

影片剪辑元件

图 7-1

7.1.2　元件的类型

Flash 元件有三种类型，分别是图形元件、按钮元件和影片剪辑元件，下面分别介绍这三种元件。

- 图形元件：可以应用于静态图像，依赖主时间轴播放的动画剪辑，不可以加入动作代码，如声音、交互式控件等。
- 按钮元件：在制作 Flash 动画时有很大作用，可以创建响应、滑过或其他动作按钮，有【弹起】、【指针经过】、【按下】和【点击】四个不同状态，可以加入动作代码。
- 影片剪辑元件：可以创建动画，并且能够在主场景中重复使用，是独立于主时间轴播放的动画剪辑，可以加入动作代码。

7.1.3　元件与实例的区别

元件和实例两者相互联系，但两者又不完全相同。

首先，元件决定了实例的基本形状，这使得实例不能脱离元件的原形而进行无规则的变化，一个元件可以有多个实例相联系，但每个实例只能对应于一个确定的元件。

其次，一个元件的多个实例可以有一些自己的特别属性，这使得和同一元件对应的各个实例可以变得各不相同，实现了实例的多样性，但无论怎样变，实例在基本形状上是与元件相一致的，这一点是不可以改变的。

最后，元件必须有与之相对应的实例存在才有意义，如果一个元件在动画中没有相对应的实例存在，那么这个元件是多余的。

Section 7.2 创建 Flash 元件

手机扫描下方二维码，观看本节视频课程

在 Flash CC 中，要想使用元件则需要创建元件。创建元件有两种方式，一种是直接创建新的元件，另一种是将工作区中的对象转换为元件。元件的类型分为图形、按钮和影片剪辑几种，不同的类型有着不同的功能，用户可以根据需要创建不同类型的元件。本节将详细介绍创建元件方面的知识与操作方法。

7.2.1 创建图形元件

在 Flash CC 中，图形元件主要用于创建动画中的静态图像或动画片段，图形元件与主时间轴同步进行，但交互式控件和声音，在图形元件动画序列中不起任何作用，下面介绍创建图形元件的操作方法。

step 1 在 Flash CC 工作区中，在菜单栏中选择【插入】→【新建元件】菜单项，如图 7-2 所示。

step 2 弹出【创建新元件】对话框，① 在【名称】文本框中输入新元件名称，② 在【类型】下拉列表框中，选择【图形】选项，③ 单击【确定】按钮 确定 ，如图 7-3 所示。

图 7-2

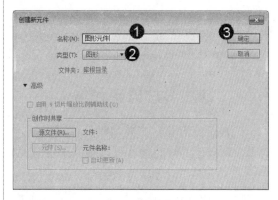

图 7-3

step 3 在 Flash CC 工作区中，在菜单栏中选择【文件】→【导入】→【导入到舞台】菜单项，如图 7-4 所示。

step 4 弹出【导入】对话框，① 选择要导入的文件，② 单击【打开】按钮 打开(O) ，如图 7-5 所示。

图 7-4

图 7-5

step 5 此时，在【库】面板中即可显示创建的图形元件，通过以上步骤即可完成创建图形元件的操作，如图 7-6 所示。

图 7-6

7.2.2 创建影片剪辑元件

在 Flash CC 中，影片剪辑元件可以创建可重复使用的动画片段，影片剪辑类似一个小动画，有自己的时间轴，可以独立于主时间轴播放，下面介绍如何创建影片剪辑元件。

智慧锦囊

元件在舞台中被选中时，周围会出现一个边框，用户可以在菜单栏中选择【视图】→【隐藏边缘】菜单项，将边缘隐藏，以便更清楚地查看操作效果。

考考您

请您根据上述方法创建一个图形元件，测试一下您的学习效果。

step 1 在 Flash CC 工作区中，在菜单栏中选择【插入】→【新建元件】菜单项，如图 7-7 所示。

step 2 弹出【创建新元件】对话框，① 在【名称】文本框中输入新元件名称，② 在【类型】下拉列表框中，选择【影片剪辑】选项，③ 单击【确定】按钮 ，如图 7-8 所示。

图 7-7

图 7-8

step 3 在舞台中，① 使用【矩形工具】按钮 ▣ 绘制一个矩形，② 在【时间轴】面板上，选中第 15 帧，在键盘上按下快捷键 F6，插入一个关键帧，如图 7-9 所示。

step 4 插入关键帧后，将绘制的矩形删除，① 选中【椭圆形工具】按钮 ⬭，② 在舞台上绘制一个椭圆，如图 7-10 所示。

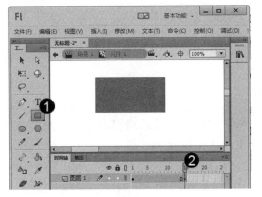

图 7-9

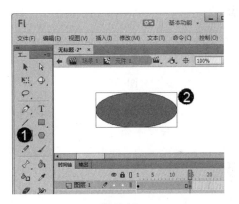

图 7-10

step 5 鼠标右键单击第 1～15 帧中的任意一帧，在弹出的快捷菜单中，选择【创建补间形状】菜单项，如图 7-11 所示。

step 6 此时，在【库】面板中，单击【播放】按钮 ▶，这样即可播放影片剪辑元件，通过以上方法即可完成创建影片剪辑元件的操作，如图 7-12 所示。

图 7-11

图 7-12

第 7 章 元件、实例和库

7.2.3 创建按钮元件

在 Flash CC 中，按钮元件实际上是四帧的交互影片剪辑，前三帧显示按钮的三种状态，第四帧定义按钮的活动区域，是对指针运动和动作做出反应并跳转到相应的帧，下面介绍创建按钮元件的操作方法。

step 1 在 Flash CC 工作区中，在菜单栏中选择【插入】→【新建元件】菜单项，如图 7-13 所示。

step 2 弹出【创建新元件】对话框，① 在【名称】文本框中输入新元件名称，② 在【类型】下拉列表框中，选择【按钮】选项，③ 单击【确定】按钮 确定 ，如图 7-14 所示。

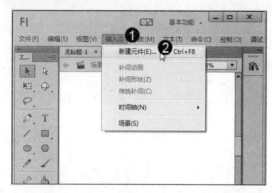

图 7-13

图 7-14

step 3 在【时间轴】面板中，① 使用鼠标左键单击【弹起】帧，② 在舞台中，绘制一个图形，并添加文字，如图 7-15 所示。

step 4 在【时间轴】面板中，① 用鼠标左键单击【指针经过】帧，然后在键盘上按下快捷键 F6，插入一个关键帧，② 在舞台中，改变绘制图形的颜色，如图 7-16 所示。

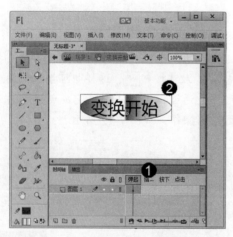

图 7-15

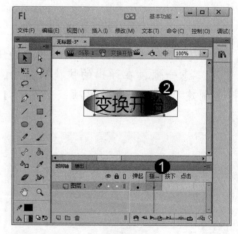

图 7-16

step 5 在【时间轴】面板中，① 单击【按下】帧，然后在键盘上按下快捷键 F6，插入一个关键帧，② 在舞台中，删除"开始"文字，如图 7-17 所示。

step 6 此时，在【库】面板中，显示刚刚创建的按钮元件，通过以上方法即可完成创建按钮元件的操作，如图 7-18 所示。

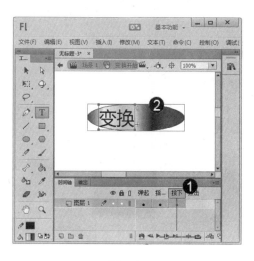

图 7-17

图 7-18

7.2.4　将现有对象转换为元件

在 Flash CC 中，可以将舞台中一个或多个元素转换为元件，元素包括文字、图形等，下面以图形为例，介绍将元素转换为元件的操作方法。

step 1 在 Flash CC 工作区中，选中舞台中的图形，然后在菜单栏中选择【修改】→【转换为元件】菜单项，如图 7-19 所示。

step 2 弹出【转换为元件】对话框，① 在【名称】文本框中，输入准备使用的元件名称，② 在【类型】下拉列表框中，选择【图形】选项，③ 单击【确定】按钮 确定 ，如图 7-20 所示。

图 7-19

step 3 在【库】面板中，可以看到选择的图形已经转换为元件，这样即可完成将现有对象转换为元件的操作，如图 7-21 所示。

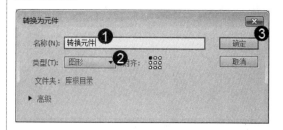

图 7-20

智慧锦囊

用户可以在舞台中使用鼠标右键单击对象，在弹出的快捷菜单中选择【转换为元件】菜单项，或者在舞台中选择对象，然后将其拖到【库】面板上转换为元件。创建元件后，如需要对元件进行修改，可以选择【编辑】菜单下的【编辑元件】菜单项，或者选择【在当前位置编辑】菜单项，返回舞台中编辑元件。

图 7-21

考考您

请您根据上述方法将现有对象转换为元件，测试一下您的学习效果。

7.2.5 将动画转换为影片剪辑元件

在 Flash CC 中，可以将舞台中的动画转换为影片剪辑元件，下面介绍将动画转换为影片剪辑元件的操作方法。

step 1 在 Flash CC 工作区中，选中舞台中的动画，然后在菜单栏中选择【修改】→【转换为元件】菜单项，如图 7-22 所示。

图 7-22

step 3 动画已经转换为影片剪辑元件，在【库】面板中即可看到刚转换的影片剪辑元件，通过以上操作方法即可完成将动画转换为影片剪辑元件的操作，如图 7-24 所示。

step 2 弹出【转换为元件】对话框，① 在【名称】文本框中，输入准备使用的元件名称，② 在【类型】下拉列表框中，选择【影片剪辑】选项，③ 单击【确定】按钮 确定 ，如图 7-23 所示。

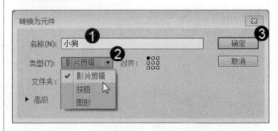

图 7-23

智慧锦囊

用户可以将"图形"和"按钮"实例放在"影片剪辑"元件中，也可以将"影片剪辑"实例放在"按钮"元件中创建动画按钮。影片剪辑还支持 ActionScript 脚本语言控制动画。

图 7-24

考考您

请您根据上述方法将动画转换为影片剪辑元件，测试一下您的学习效果。

Section

7.3

编辑元件

手机扫描下方二维码，观看本节视频课程

在 Flash 动画制作过程中，经常需要对特定的元件进行编辑操作，Flash CC 中对元件的编辑提供了在当前位置编辑元件、在新窗口中编辑元件和在元件的编辑模式下编辑元件的方式。本节将详细介绍编辑元件方面的知识。

7.3.1 在当前位置编辑元件

使用在当前位置编辑元件时，其他元件以灰色显示的状态出现，正在编辑的元件名称出现在编辑栏左侧场景名称的右侧，下面介绍在当前位置编辑元件的操作方法。

step 1 在 Flash CC 工作区中，在舞台中，选中要编辑的元件，在菜单栏中选择【编辑】→【在当前位置编辑】菜单项，如图 7-25 所示。

step 2 此时，正在编辑的元件名称出现在场景名称的右侧，通过以上方法即可完成在当前位置编辑元件的操作，如图 7-26 所示。

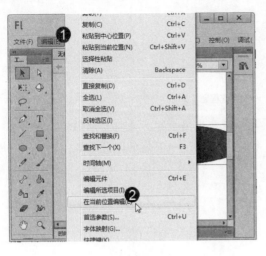

图 7-25

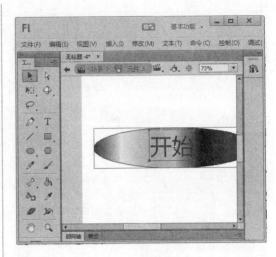

图 7-26

7.3.2　在新窗口中编辑元件

在 Flash CC 中，在新窗口中编辑元件时，Flash 会为元件新建一个编辑窗口，元件名称显示在编辑栏里，下面详细介绍在新窗口中编辑元件的操作方法。

step 1 在 Flash CC 工作区中，在舞台中，使用鼠标右键单击要编辑的元件，在弹出的快捷菜单中，选择【在新窗口中编辑】菜单项，如图 7-27 所示。

step 2 此时，Flash 已经为元件新建一个编辑窗口，且正在编辑的元件名称出现在编辑栏里，通过以上方法即可完成在新窗口中编辑元件的操作，如图 7-28 所示。

图 7-27

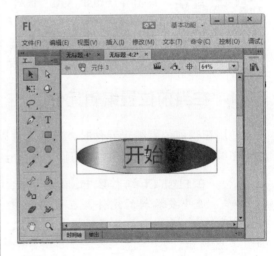

图 7-28

7.3.3　在元件的编辑模式下编辑元件

在 Flash CC 中，元件编辑模式与新建元件时的编辑模式是一样的，下面介绍具体的操作方法。

step 1 在 Flash CC 工作区中，在舞台中，选中要编辑的元件，然后在菜单栏中选择【编辑】→【编辑元件】菜单项，如图 7-29 所示。

step 2 此时，正在编辑的元件名称出现在场景名称的右侧，通过以上方法即可完成在元件的编辑模式下编辑元件的操作，如图 7-30 所示。

图 7-29

图 7-30

 在 Flash CC 中，一般情况下，用户可以直接双击元件，进入到编辑模式，用户可以根据自身的习惯选择方便的编辑元件方式。

Section 7.4 使用元件实例

 手机扫描下方二维码，观看本节视频课程

 元件实例是指位于舞台上或嵌套在另一个元件内的元件副本。在 Flash CC 中，创建元件之后，可以在文档中的任何地方，包括其他元件内创建该元件的实例，当修改元件时，Flash 会更新元件的所有实例。本节将详细介绍使用元件实例的知识。

7.4.1 创建元件的新实例

实例是 Flash 动画组成的基础，把要应用的元件从【库】面板中拖曳到舞台中，这里舞台中的对象被称为实例，下面介绍创建实例的操作方法。

 启动 Flash CC 应用程序，新建一个空白文档，如图 7-31 所示。

 打开【库】面板，选中面板中的元件，拖动到舞台中，创建元件实例操作完成，如图 7-32 所示。

图 7-31

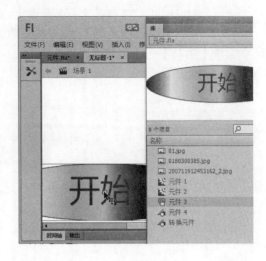

图 7-32

7.4.2 删除实例

删除实例的操作非常简单，选中舞台实例，如图 7-33 所示。然后按下键盘上的 Delete
键，即可将其删除，如图 7-34 所示。

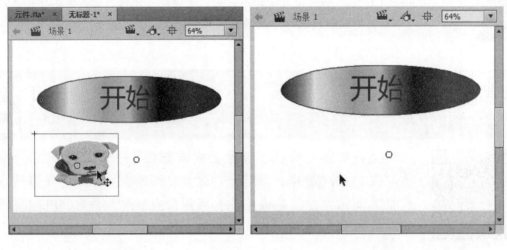

图 7-33   图 7-34

7.4.3 隐藏实例

通过取消选中【可见】复选框可以在舞台上显示元件实例。与将元件的 Alpha 属性设
置为 0 相比，使用【可见】复选框可以更快地呈现性能。

在舞台上选择一个实例，在【属性】面板的【显示】区域，取消选中【可见】复选框，
如图 7-35 所示。

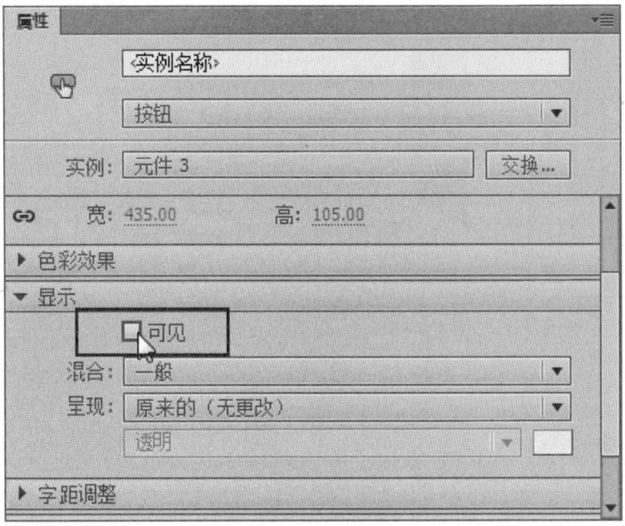

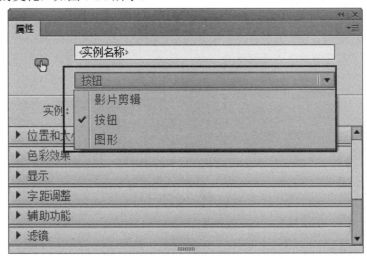

图 7-35

7.4.4　更改实例的类型

在 Flash CC 中，实例的类型是可以相互转换的，在【属性】面板中，用户可以通过【按钮】、【图形】和【影片剪辑】3 种类型进行实例的转换，当转化实例类型后，【属性】面板也会有相应的变化，如图 7-36 所示。

图 7-36

下面详细介绍在实例【属性】面板中，这 3 种类型的知识点及其相应的变化。

- 【按钮】：选择该选项后，在【交换】按钮的后面会出现下拉列表。
- 【图形】：在选择该选项后，【交换】按钮旁会出现播放模式下拉列表。
- 【影片剪辑】：在选择该选项后，会出现文本框实例名称。在其中可以为实例添加名称，方便下次使用。

打开【库】面板，使用鼠标右键单击元件，在弹出的快捷菜单中选择【属性】菜单项，如图 7-37 所示，在弹出的【元件属性】对话框中修改其类型也可以改变实例的类型，

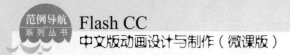
如图 7-38 所示。

图 7-37   图 7-38

7.4.5 改变实例的颜色和透明度

在 Flash CC 中，在【属性】面板中，用户可以为不同实例设置不同的样式，如【亮度】、【色调】、【高级】、Alpha 和【无】等样式，下面以【色调】为例，介绍改变实例颜色和透明度的操作方法。

step 1 在 Flash CC 工作区中，① 选择要更改的实例，② 在【属性】面板中，在【色彩效果】区域中，在【样式】下拉列表框中选择【色调】选项，如图 7-39 所示。

step 2 调整色调的值以及红绿蓝的颜色值，改变实例颜色和透明度的操作完成，如图 7-40 所示。

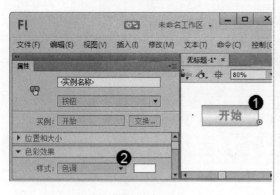

图 7-39   图 7-40

7.4.6 设置图形实例的循环

在 Flash CC 中，选中准备进行更改的实例，在【属性】面板中，在【循环】区域中，在【选项】下拉列表框中选择【循环】选项，即可设置图形实例的循环，如图 7-41 所示。

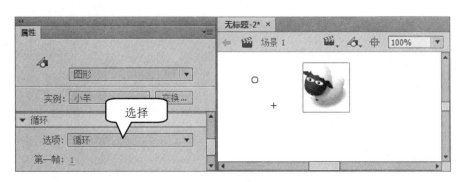

图 7-41

在 Flash CC 中，实例的循环属性分为循环、播放一次和单帧三种，在指定要显示的实例帧时，可以在【第一帧】文本框中输入帧编辑。

7.4.7 分离元件实例

在 Flash CC 中，当需要对实例部分内容进行修改时，可以将元件与实例进行分离，下面介绍分离元件实例的操作方法。

选中准备进行分离的实例，单击【修改】菜单，在弹出的下拉菜单中，选择【分离】选项，即可将舞台中的实例与【库】面板中的元件进行分离，如图 7-42 所示。

图 7-42

在 Flash CC 中，将实例与元件分离之后，可以对实例的局部内容进行修改，【分离】功能的快捷键为 Ctrl+B。

7.4.8 替换实例

在应用实例时，用户可以替换实例引用的元件，使新的实例沿用原实例的属性，而不需要重新设置属性，下面介绍替换实例引用元件的操作方法。

step 1 在 Flash CC 工作区中，选中要替换的实例，在菜单栏中选择【修改】→【元件】→【交换元件】菜单项，如图 7-43 所示。

step 2 弹出【交换元件】对话框，① 选择替换的元件，② 单击【确定】按钮 确定 ，如图 7-44 所示。

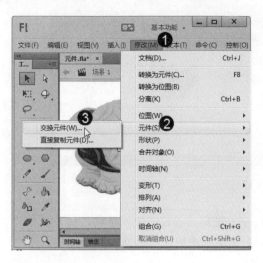

图 7-43

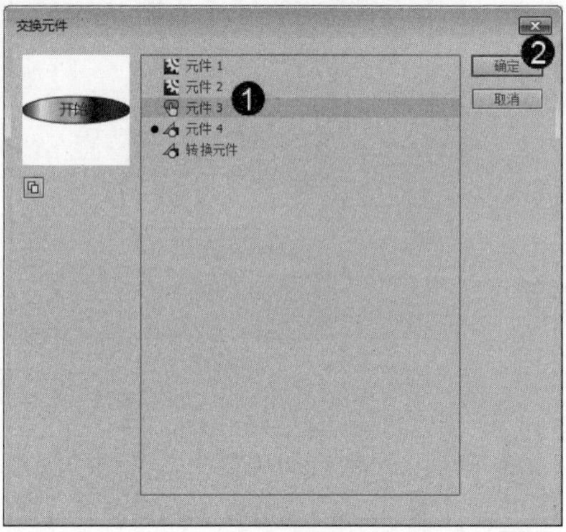

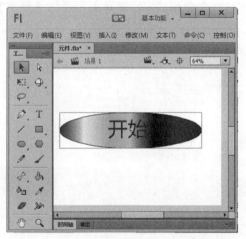

图 7-44

step 3 返回到舞台中，替换实例引用元件的操作已经成功，通过以上方法即可完成替换实例引用元件的操作，如图 7-45 所示。

智慧锦囊

实例的属性是和实例保存在一起的。如果对实例进行了编辑或者将实例重新链接到其他元件，那么任何已修改过的实例属性依然作用于实例的本身。

考考您

请您根据上述方法替换实例，测试一下您的学习效果。

图 7-45

7.4.9 调用其他影片中的元件

在 Flash CC 中，可以调用其他影片中的元件，以便使用更多的素材来进行动画制作，下面介绍调用其他影片中元件的操作方法。

step 1 在 Flash CC 工作区中，在菜单栏中选择【文件】→【导入】→【打开外部库】菜单项，如图 7-46 所示。

step 2 弹出【打开】对话框，① 选择文件存储的位置，② 选择准备打开的文件，③ 单击【打开】按钮 打开(O)，如图 7-47 所示。

图 7-46

图 7-47

step 3　在弹出的【库-元件】面板中，① 选择准备调用的元件，② 将元件拖曳到舞台中，即可完成调用其他影片中元件的操作，如图 7-48 所示。

图 7-48

智慧锦囊

按 Ctrl+Shift+O 组合键可以快速执行【打开外部库】命令。

考考您

请您根据上述方法调用其他影片中的元件，测试一下您的学习效果。

Section 7.5　库的管理

手机扫描下方二维码，观看本节视频课程

在 Flash CC 的【库】面板中可以存放元件、插图、视频和声音等元素，使用【库】面板可以对库资源进行合理有效的管理。【库】面板显示一个滚动列表，其中包含库中所有项目的名称，可以在工作时查看并组织这些元素。本节将详细介绍库的管理方面的知识及操作方法。

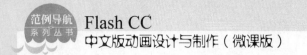

7.5.1 认识【库】面板

在菜单栏中选择【窗口】→【库】菜单项，或按下键盘上的 Ctrl+L 组合键，即可打开【库】面板。使用【库】面板，用户可以对库中的资源进行管理，下面详细介绍【库】面板组成方面的知识，如图 7-49 所示。

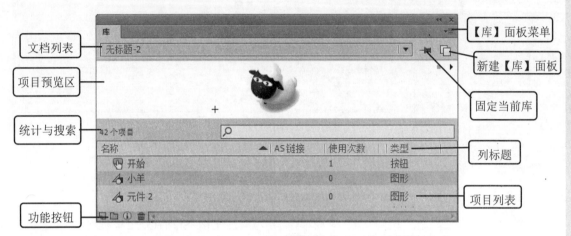

图 7-49

- 【库】面板菜单：单击该按钮，弹出【库】面板菜单，菜单中包括【新建元件】、【新建文件夹】、【新建字形】等菜单项。
- 文档列表：单击该按钮，可显示打开文档的列表，用于切换文档库。
- 固定当前库：用于切换文档的时候，【库】面板不会随文档的改变而改变，而是固定显示指定文档。
- 新建【库】面板：单击该按钮，可以同时打开多个【库】面板，每个面板显示不同文档的库。
- 项目预览区：在库中选中一个项目，在项目预览区中就会有相应的显示。
- 统计与搜索：该区域左侧是一个项目计算器，用于显示当前库中所包含的项目数，在右侧文本框中输入项目关键字，快速锁定目标项目。
- 列标题：在列标题中，包括【名称】、【AS 链接】、【使用次数】、【修改日期】、【类型】五项信息。
- 项目列表：罗列出指定文档下的所有资源项目，包括插图、元件、音频等，从名称前面的图标可快速地识别项目类型。
- 功能按钮：包含不同的功能，单击任意按钮，显示的功能则不同。

7.5.2 导入对象到库

在 Flash CC 软件中，可将其他程序创建的对象导入到 Flash 库中，下面介绍将对象导入到库的方法。

step 1 在 Flash CC 工作区中,在菜单栏中选择【文件】→【导入】→【导入到库】菜单项,如图 7-50 所示。

图 7-50

step 3 返回到【库】面板中,即可看到该文件已经导入到【库】面板中,通过以上方法即可完成导入对象到库的操作,如图 7-52 所示。

图 7-52

step 2 弹出【导入到库】对话框,① 选择文件存储的位置,② 选择准备打开的文件,③ 单击【打开】按钮 ,如图 7-51 所示。

图 7-51

智慧锦囊

库文件可以反复出现在影片的不同画面中,并对整个影片的尺寸影响不大,被拖曳到舞台的元件就成为了实例。

考考您

请您根据上述方法导入对象到库,测试一下您的学习效果。

7.5.3 调用库文件

当需要使用【库】面板中的文件时,只需将要使用的文件拖动到舞台中即可,选中要调用的库文件,从预览空间中拖到舞台中,或者在文件列表中拖动文件名至舞台中,即可调用库文件,如图 7-53 所示。

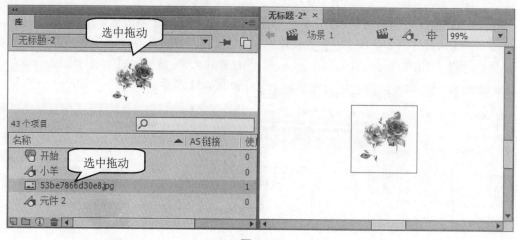

图 7-53

7.5.4　使用组件库

Flash CC 中附带的范例库资源称为组件，可以利用组件的按钮、影片剪辑等向文档添加按钮或声音等，下面介绍使用组件库的操作方法。

step 1　在 Flash CC 工作区中，在菜单栏中选择【窗口】→【组件】菜单项，如图 7-54 所示。

step 2　弹出【组件】面板，① 选择适合的元件，② 将其拖曳到舞台中，即可完成使用组件库的操作，如图 7-55 所示。

图 7-54

图 7-55

知识精讲

在 Flash CC 中，通过【组件】面板拖动到舞台中使用的按钮等元件，可以在【属性】面板的【属性】区域中设置按钮名称。

7.5.5 共享库资源

Flash 的共享库资源有两种方式,运行时共享资源和创作期间共享资源,它们都是基于网络传输而实现共享的,但所使用的网络环境却有不同,下面详细介绍共享库资源方面的知识。

1. 在源文档中创建共享库资源

实现共享库资源的前提是,首先要在源文档中定义共享的资源要发布的 URL 地址,下面介绍在源文档中创建共享库资源的操作方法。

step 1 在 Flash CC 工作区中,选择要共享的元件资源,并单击鼠标右键,然后在弹出的快捷菜单中,选择【属性】菜单项,如图 7-56 所示。

step 2 弹出【元件属性】对话框,① 展开【高级】按钮,② 选中【启用 9 切片缩放比例辅助线】复选框,③ 在【运行时共享库】区域中,选中【为运行时共享导出】复选框,④ 在 URL 文本框中,输入资源所在的 SWF 文件所在的位置,⑤ 单击【确定】按钮 ,如图 7-57 所示。

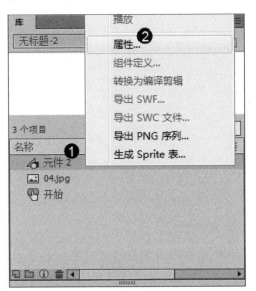

图 7-56

图 7-57

step 3 弹出【ActionScript 类警告】对话框,单击【确定】按钮 ,通过以上方法即可完成在源文档中创建共享库资源的操作,如图 7-58 所示。

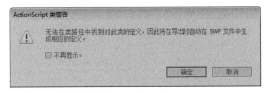

图 7-58

智慧锦囊

URL 地址仅支持 http 协议,源文档都必须发布到指定的 URL,使共享资源可供目标文档使用。

考考您

请您根据上述方法共享库资源,测试一下您的学习效果。

2. 在目标文档中使用共享资源

在目标文档中使用共享资源，就是将定义好的共享资源在任意目标文档中都可以调用，下面介绍在目标文档中使用共享资源的操作方法。

step 1 在 Flash CC 工作区中，选择要共享的元件资源，并单击鼠标右键，然后在弹出的快捷菜单中，选择【属性】菜单项，如图 7-59 所示。

图 7-59

step 2 弹出【元件属性】对话框，① 展开【高级】按钮，② 在【运行时共享库】区域中，选中【为运行时共享导入】复选框，③ 在 URL 文本框中，输入资源所在的 SWF 文件所在的位置，④ 单击【确定】按钮 确定 ，如图 7-60 所示。

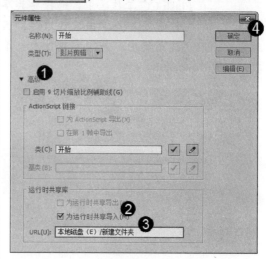

图 7-60

step 3 弹出【ActionScript 类警告】对话框，单击【确定】按钮 确定 ，即可完成在目标文档中使用共享资源的操作，如图 7-61 所示。

图 7-61

智慧锦囊

对于非元件类型的资源定义共享与此类似，SWF 文件地址可以是绝对地址也可以是相对地址。

考考您

请您根据上述方法共享库资源，测试一下您的学习效果。

范例应用与上机操作

手机扫描下方二维码，观看本节视频课程

通过本章的学习，读者基本可以掌握元件、实例和库的基本知识和操作技巧。下面介绍"制作菜单按钮"、"复制实例"和"交换多个元件"范例应用，上机操作练习一下，以达到巩固学习、拓展提高的目的。

7.6.1 制作菜单按钮

元件和实例是动画最基本的元素之一，利用按钮元件可以创建按钮，下面详细介绍制作菜单按钮的操作方法。

素材文件 第 7 章\素材文件\制作菜单按钮.jpg
效果文件 第 7 章\效果文件\制作菜单按钮.fla

step 1 ① 新建文档，在菜单栏中，选择【文件】→【导入】→【导入到库】菜单项，如图 7-62 所示。

step 2 ① 弹出【导入到库】对话框，选择素材背景图，② 单击【打开】按钮 打开(O) ，将图形导入到【库】面板中，如图 7-63 所示。

图 7-62

图 7-63

step 3 将图形导入到【库】面板中，在【库】面板中，选中导入的背景图，如图 7-64 所示。

step 4 将选中的背景图片拖曳到舞台上并调整其位置和大小，如图 7-65 所示。

第 7 章 元件、实例和库

选中准备拖入舞台的背景图片

图 7-64

调整图像的大小和位置

图 7-65

step 5 ① 在【时间轴】面板上，单击【新建图层】按钮，② 创建一个新图层，如图 7-66 所示。

step 6 ① 创建新图层，在【工具】面板中，选中【矩形工具】按钮，② 在舞台上绘制一个矩形并调整其旋转角度，如图 7-67 所示。

图 7-66

图 7-67

step 7 ① 选中创建的矩形，在键盘上按下 F8 键，弹出【转换为元件】对话框，在该对话框中，输入元件名称，② 在【类型】下拉列表框中，选择【按钮】选项，③ 单击【确定】按钮 确定，如图 7-68 所示。

step 8 在【库】面板中，双击创建的按钮元件，进入元件编辑模式，如图 7-69 所示。

图 7-68

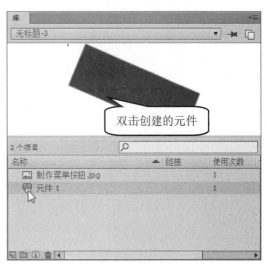

双击创建的元件

图 7-69

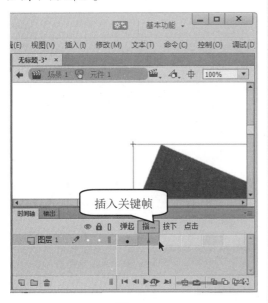

图 7-70

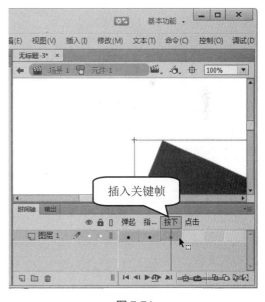

插入关键帧

图 7-71

step 9 在【时间轴】面板上，单击【指针经过】帧，按下 F6 键插入关键帧，如图 7-70 所示。

step 10 插入关键帧后，单击【按下】帧，按下 F6 键插入关键帧，如图 7-71 所示。

step 11 使用颜料桶工具在图形上单击，改变矩形的颜色，如图 7-72 所示。

step 12 在舞台中，单击【场景 1】选项，返回至场景中，如图 7-73 所示。

第 7 章 元件、实例和库

177

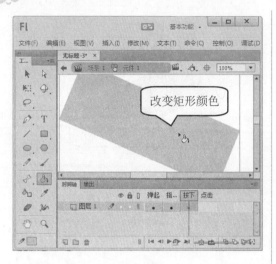

图 7-72

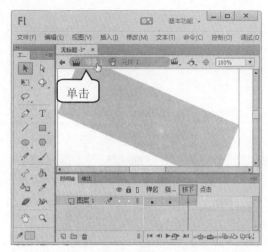

图 7-73

step 13 ① 返回至场景后，在【工具】面板中，选中【文本工具】按钮 T ，② 在图像上输入文字，如"枫叶"，如图 7-74 所示。

step 14 ① 在【工具】面板中，选中【任意变形工具】按钮 ，② 旋转创建的文字，如图 7-75 所示。

图 7-74

图 7-75

step 15 ① 在菜单栏中，选择【控制】菜单项，② 在弹出的下拉菜单中，选择【测试】菜单项，如图 7-76 所示。

step 16 测试动画效果，通过以上方法即可完成制作菜单按钮的操作，如图 7-77 所示。

图 7-76

图 7-77

7.6.2 复制实例

在 Flash CC 中，创建实例后，还可以通过复制实例来制作图形效果，下面介绍复制实例制作图形效果的操作方法。

| 素材文件※ | 第 7 章\素材文件\奔跑的小羊.fla |
| 效果文件※ | 第 7 章\效果文件\复制实例.fla |

step 1 打开"奔跑的小羊.fla"素材文件，打开【库】面板，单击鼠标左键选中元件并将其拖曳到舞台中，如图 7-78 所示。

step 2 在舞台中使用鼠标左键单击实例，同时按住键盘上的 Alt 键，拖动实例至合适位置，释放鼠标左键，复制一个实例，如图 7-79 所示。

图 7-78

图 7-79

step 3 在【工具】面板中，① 单击【任意变形工具】按钮，② 在舞台中，单击复制的实例，并调整其大小，如图 7-80 所示。

step 4 在【属性】面板中，① 在【色彩效果】折叠菜单中，选择【样式】下拉列表框中的 Alpha 选项，② 在 Alpha 文本框中，输入透明度值，这样即可完成复制实例制作图形效果的操作，如图 7-81 所示。

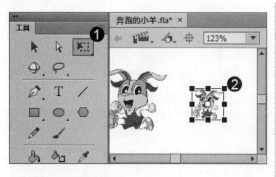

图 7-80

图 7-81

7.6.3　交换多个元件

在 Flash CC 中用户还可以在不改变原实例所有属性的情况下交换多个元件，下面详细介绍交换多个元件的操作方法。

素材文件	第 7 章\素材文件\花园.fla
效果文件	第 7 章\效果文件\交换多个元件.fla

step 1　打开"花园.fla"素材文件，按住键盘上的 Shift 键将文档中的所有气球选中，如图 7-82 所示。

step 2　在【属性】面板中单击【交换】按钮，如图 7-83 所示。

图 7-82

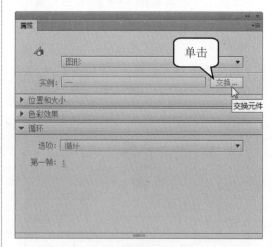

图 7-83

step 3　在弹出的【交换元件】对话框中，① 选择【元件 2】图形元件，② 单击【确定】按钮 ，如图 7-84 所示。

step 4　这样即可交换文档中所有的气球元件，完成交换多个元件的操作，图形效果如图 7-85 所示。

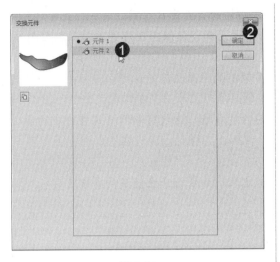

图 7-84

图 7-85

<table>
<tr><td>Section
7.7</td><td>课后练习与上机操作
本节内容无视频课程，习题参考答案在本书附录</td></tr>
</table>

7.7.1　课后练习

1．填空题

(1) _____是在 Flash 中创建的图形、按钮或影片剪辑，只需要创建一次，即可在整个文档中重复使用。

(2) Flash 元件有三种类型，分别是_____、按钮元件和_____元件。

(3) 使用在当前位置编辑元件时，其他元件以_____显示的状态出现，正在编辑的元件名称出现在编辑栏的左侧_____的右侧。

(4) Flash CC 中附带的范例库资源称为_____，可以利用组件的按钮、影片剪辑等向文档添加按钮或声音等。

(5) Flash 的共享库资源有两种方式，_____和_____，它们都是基于网络传输而实现共享的，但所使用的网络环境却不同。

(6) 实现共享库资源的前提是，首先要在源文档中定义要共享的资源要发布的_____。

2．判断题

(1) 在 Flash CC 中，图形元件主要用于创建动画中的静态图像或动画片段，图形元件与主时间轴同步进行，但交互式控件和声音，在图形元件动画序列中不起任何作用。
（　　）

(2) 在 Flash CC 中，按钮元件可以创建可重复使用的动画片段，影片剪辑类似一个小动画，有自己的时间轴，可以独立于主时间轴播放。
（　　）

（3）在 Flash CC 中，影片剪辑元件实际上是四帧的交互影片剪辑，前三帧显示按钮的三种状态，第四帧定义按钮的活动区域，是对指针运动和动作做出反应并跳转到相应的帧。

（　　）

（4）元件决定了实例的基本形状，这使得实例不能脱离元件的原形而进行无规则的变化，一个元件可以有多个实例相联系，但每个实例只能对应于一个确定的元件。　（　　）

（5）一个元件的多个实例可以有一些自己的特别属性，这使得和同一元件对应的各个实例可以变得各不相同，实现了实例的多样性，但无论怎样变，实例在基本形状上是不一致的，这一点是不可以改变的。　　　　　　　　　　　　　　　　　（　　）

（6）元件必须有与之相对应的实例存在才有意义，如果一个元件在动画中没有相对应的实例存在，那么这个元件就是多余的。　　　　　　　　　　　　　　　（　　）

3．思考题

（1）如何将现有对象转换为元件？

（2）如何设置图形实例的循环？

（3）如何调用库文件？

7.7.2　上机操作

（1）通过本章的学习，读者基本可以掌握元件、实例和库方面的知识，下面通过练习使用【库】面板重制元件，达到巩固与提高的目的。

（2）通过本章的学习，读者基本可以掌握元件、实例和库方面的知识，下面通过练习制作变换图形，达到巩固与提高的目的。

第 **8** 章

应用图片、声音和视频

本章主要介绍了应用图片、声音和视频方面的知识与技巧，主要内容包括导入图片、位图的处理、在 Flash 中使用及编辑声音、声音的导出与控制和应用外部视频，通过本章的学习，读者可以掌握应用图片、声音和视频基础操作方面的知识，为深入学习 Flash CC 知识奠定基础。

本 章 要 点

1. 导入图片

2. 位图的处理

3. 了解声音

4. 在 Flash 中使用声音

5. 在 Flash 中编辑声音

6. 声音的导出与控制

7. 应用外部视频

Section

8.1

导入图片

手机扫描下方二维码，观看本节视频课程

在制作 Flash 动画的过程中，使用绘图工具绘制的图形不能完全满足对素材的需要，用户可以根据编辑的需要，在 Flash CC 中，导入各种格式的图片文件，以满足制作动画的要求。本节将详细介绍导入图片文件方面的知识及操作方法。

8.1.1 常见的图像文件格式

一个 Flash 影片是由一个个画面组成的，而每个画面又是由一张张图片构成，可以说，图片是构成动画的基础。

在 Flash CC 中，用户可以导入的图片格式有：JPG、GIF、BMP、WMF、EPS、DXF、EMF、PNG 等。通常情况下，推荐使用矢量图形，如 WMF、EPS 等格式的文件。

根据图像显示原理的不同，图形可以分为位图和矢量图。

位图，是指用点来描述的图形，如 JPG、BMP 和 PNG 等格式。

矢量图，是指用矢量化元素描绘的图形，如在 Flash 中绘制的图形都是矢量图，另外，EPS 和 WMF 等格式的图像也是矢量图，如表 8-1 所示。

表 8-1　Flash CC 可导入的文件格式

文件类型	扩展名
Adobe Illustrator	.ai
Adobe Photoshop	.psd
AutoCAD DXF	.dxf
位图	.bmp
增强的 Windows 元文件	.emf
FreeHand	.fh7、.fh8、.fh9、.fh10、.fh11
Future Splash 播放文件	.spl
GIF 和 GIF 动画	.gif
JPEG	.jpg
PNG	.png
Flash Player 6/7	.swf
Windows 元文件	.wmf

8.1.2 导入图片到舞台

在 Flash CC 中，用户可以将图片导入到舞台中，以便对导入的图片进行编辑和修改，下面以导入位图为例，介绍导入图片到舞台的操作方法。

step 1 在 Flash CC 工作区中，在菜单栏中选择【文件】→【导入】→【导入到舞台】菜单项，如图 8-1 所示。

图 8-1

step 3 此时在舞台中显示导入的位图图像，这样即可完成在舞台中导入位图图像的操作，如图 8-3 所示。

图 8-3

step 2 弹出【导入】对话框，① 选择文件存储的位置，② 选择准备打开的图片文件，③ 单击【打开】按钮，如图 8-2 所示。

图 8-2

智慧锦囊

用户可以用各种方式将多种位图导入到 Flash 中，并且可以从 Flash 中启动 Fireworks 或其他外部图像编辑器，从而在这些编辑应用程序中修改导入的位图。

考考您

请您根据上述方法导入一张图片到舞台中，测试一下您的学习效果。

第 08 章 应用图片、声音和视频

8.1.3　导入图片到库

在 Flash CC 中，用户可以将图片先导入库，以便在【库】面板中编辑导入的图片文件，下面以导入位图为例，介绍导入图片到库的操作方法。

step 1 在 Flash CC 工作区中，在菜单栏中选择【文件】→【导入】→【导入到库】菜单项，如图 8-4 所示。

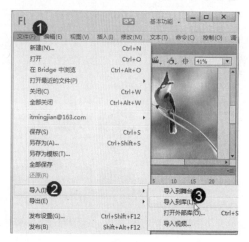

图 8-4

step 2 弹出【导入到库】对话框，① 选择文件存储的位置，② 选择准备打开的图片文件，③ 单击【打开】按钮 ，如图 8-5 所示。

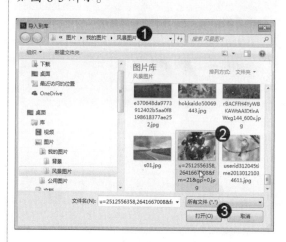

图 8-5

step 3 此时在【库】面板中显示导入的位图图像，这样即可完成将位图图像导入【库】面板的操作，如图 8-6 所示。

图 8-6

智慧锦囊

用户可以对导入的位图应用压缩和消除锯齿功能，以控制位图在 Flash 中的大小和外观，还可以将导入的位图作为填充应用到对象中。

考考您

请您根据上述方法导入一张图片到库中，测试一下您的学习效果。

8.1.4　将位图应用为填充

在 Flash CC 中，位图还可以以填充的方式应用到 Flash 动画制作中，从而更加丰富自己绘制的图形，下面介绍将位图应用为填充的操作方法。

step 1 在 Flash CC 工作区中，打开【颜色】面板，在【颜色类型】下拉列表框中，选择【位图填充】选项，如图 8-7 所示。

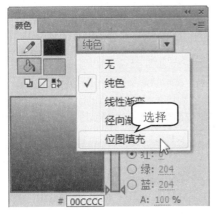

图 8-7

step 3 在【工具】面板中，① 单击【椭圆工具】按钮，② 在舞台中绘制一个椭圆，此时可以看到位图被应用于填充，如图 8-9 所示。

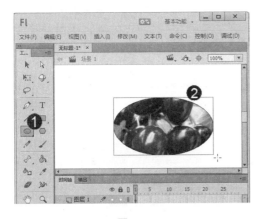

图 8-9

step 2 弹出【导入到库】对话框，① 选择要应用的位图，② 单击【打开】按钮 ，如图 8-8 所示。

图 8-8

智慧锦囊

将位图填充在所绘制的形状后，如果用户还想更改为颜色填充，可以单击【工具】面板下方的【填充颜色】按钮 ，然后在弹出的【颜色】面板中选择准备填充的颜色即可。

考考您

请您根据上述方法将位图应用为填充，测试一下您的学习效果。

Section
8.2 位图的处理

手机扫描下方二维码，观看本节视频课程

位图因为每个像素都是单独定义的，所以这种格式对于含复杂细节的照片图像很棒。矢量图的文件格式不像位图文件那样记载的是每个像素的亮度和色彩，而是记录了一组指令，也可以说是记录了图形具体的绘制过程。本节介绍位图的处理。

8.2.1 将位图转换为矢量图

在 Flash 动画制作的过程中，用户可以将位图转换为矢量图，以便更好地制作出各种位图转换为矢量图的效果，下面详细介绍将位图转换为矢量图的操作方法。

step 1 新建 Flash 空白文档，并导入一张位图到舞台中，① 在【工具】面板中，单击【选择工具】按钮，② 在舞台中单击鼠标左键选择位图，如图 8-10 所示。

step 2 在菜单栏中，选择【修改】→【位图】→【转换位图为矢量图】菜单项，如图 8-11 所示。

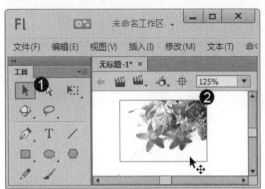

图 8-10

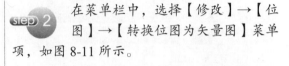

图 8-11

step 3 弹出【转换位图为矢量图】对话框，① 设置【颜色阈值】、【最小区域】、【角阈值】和【曲线拟合】等参数，② 单击【确定】按钮，如图 8-12 所示。

step 4 返回到舞台中，可以看到转换后的矢量图，这样即可完成将位图转换为矢量图的操作，如图 8-13 所示。

图 8-12

图 8-13

知识精讲

在【转换位图为矢量图】对话框中，【颜色阈值】文本框中的数值越低，颜色转换越丰富；在【最小区域】文本框中的数值越小，矢量图的精确度越高；在【曲线拟合】与【角阈值】下拉列表框中，可以设置曲线和图像上尖角转换的平滑度值。

8.2.2　位图属性设置

位图在图像质量和真实度上有它的优势，所以并不一定都要将位图转换为矢量图。许多时候，我们也会在 Flash 中使用位图。在使用位图的时候，可以对它的属性进行一些调整，使它更适应影片的需要。下面详细介绍位图属性设置的相关操作及知识。

step 1　在菜单栏中选择【文件】→【导入】→【导入到舞台】菜单项，将一个位图文件导入到舞台中，如图 8-14 所示。

step 2　此时位图也已经导入到 Flash 的库中，在【库】面板中，双击导入的位图图标，如图 8-15 所示。

图 8-14

图 8-15

step 3　这样即可弹出【位图属性】对话框，用户可以在该对话框中对位图的相关属性进行详细的设置，如图 8-16 所示。

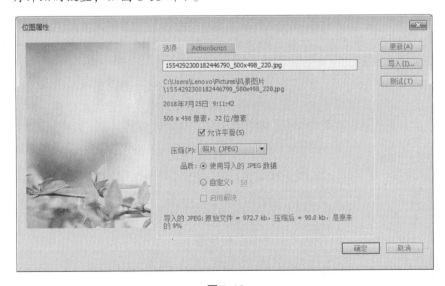

图 8-16

第8章　应用图片、声音和视频

189

【位图属性】对话框中的选项含义如下。

- 允许平滑：选中该复选框后，将平滑或抖动图像。如果取消选中该复选框，图像会出现锯齿状或缺口。
- 压缩：对图形的压缩方式。压缩方式有两种，一种是照片(JPEG)，可以设置压缩比，在输入框中可以键入压缩值，压缩结果对图像质量有损。另一种是无损(PNG/GIF)，即无损压缩，图像质量有保证，但不可调整压缩比。

如果采用照片，下面会出现使用文档默认品质选项。若选择位图，则使用默认的压缩比，如不选择，代表自定义压缩的结果。百分比的数值表示图像的质量，数值越高，质量越好，文件也越大。80%以上的压缩比已经可以很好地保证图像的品质了。

Section 8.3 了解声音

手机扫描下方二维码，观看本节视频课程

Flash 提供了多种使用声音的方式，影响声音质量的主要因素包括声音的采样率、声音的位深、声道和声音的保存格式等。其中，声音的采样率和声音的位深直接影响到声音的质量。本节将详细介绍有关声音的相关知识。

8.3.1 声音的格式

在 Flash CC 中，支持的声音类型包括 Adobe 声音(.asnd)、MP3、WAV 和 AIFF 几种。在众多声音类型里，应尽可能使用 MP3 格式的素材文件，因为 MP3 格式的素材既能够保持高保真的音效，还可以在 Flash 中得到更好的压缩效果，下面介绍 Flash 支持的常见声音类型方面的知识。

- Adobe 声音 (.asnd)：是 "Adobe® Soundbooth" 本身的声音格式。
- WAV：该音频文件直接保存对声音波形的采样数据，数据没有经过压缩，支持立体声和单声道，也可以是多种分辨率和采样率。
- AIFF：苹果公司开发的声音文件格式，支持 MAC 平台，支持 16 位 44kHz 立体声。
- MP3：MP3 是最熟悉的一种数字音频格式，相同长度的音频文件用 MP3 格式存储，一般只有 WAV 格式的 1/10，具有体积小、传输方便的特点，拥有较好的声音质量。

8.3.2 采样率

采样率指单位时间内对音频信号采样的次数，即在一秒钟的声音中采集了多少声音样本，用赫兹(Hz)来表示，在一定的时间内，采集的声音样本越多，声音就与原始声音越接近，采样率越高，声音越好，但是相对占用的空间也越大。

在日常听到的声音中，CD 音乐的采样率是 44.1kHz(每秒采样 44100 次)，而广播的采样率只有 22.5kHz。

声音采样率与声音品质的关系如表 8-2 所示。

表 8-2　声音采样率与声音品质的关系

采 样 率	声音品质
48kHz	演播质量，用于数字媒体上的声音或音乐
44.1kHz	CD 品质，高保真声音和音乐
32kHz	接近 CD 品质，用于专业数字摄像机音频
22.05kHz	FM 收音品质效果，用于较短的高质量音乐片段
11kHz	作为声效可以接收，用于演讲、按钮声音等效果
5kHz	可接收简单的演讲、电话

声音的位深是指录制每一个声音样本的精确程度。位深就是位的数量，如果以级数来表示，则级数越多，样本的精确程度就越高，声音的质量就越好。声音品质的好坏决定于声音样本质量，而决定样本质量的因素是位深，如表 8-3 所示。

表 8-3

位 深	声音品质
24 位	专业录音棚效果，用于制作音频母带
16 位	CD 效果，高保真声音或音乐
12 位	接近 CD 效果，用于效果好的音乐片段
10 位	FM 收音品质效果，用于较短的高质量音乐片段
8 位	可接收简单的人声演讲、电话

知识精讲　　　几乎所有声卡内置的采样频率都是 44.1kHz，所以在 Flash 动画中播放的声音的采样率应该是 44.1 的倍数，如 22.05 和 11.025 等。如果使用了其他采样率的声音，Flash 会对它们进行重新采样，虽然可以播放，但是最终播放出来的声音可能会比原始声音的声调偏高或偏低。

8.3.3　声道

声道也就是声音通道。把一个声音分解成多个声音通道，再分别进行播放，各个通道的声音在空间进行混合，就模拟出了声音的立体效果。

人耳是非常灵敏的，具有立体感，能够辨别声音的方向和距离。数字声音为了给人的耳朵提供具有立体感的声音，因此引入了声道的概念。

通常所说的立体声，其实就是双声道，即左声道和右声道。随着科技的发展，已经出现了四声道、五声道，甚至更多声道的数字声音了。每个声音的信息量几乎是一样的，因此增加一个声道也就意味着多一倍的信息量，声音文件也相应大一倍，这对 Flash 动画作品的发布有很大的影响，为减小声音文件大小，在 Flash 动画中通常使用单声道就可以了。

Section 8.4 在 Flash 中使用声音

手机扫描下方二维码，观看本节视频课程

制作一部优秀的 Flash 动画作品，仅仅有一些图形动画效果是不够的，为图形、按钮乃至整个动画配上合适的背景声音，这样能使整个作品更加精彩，起到画龙点睛的作用，给观众带来全方位的艺术享受。本节将介绍在 Flash 中使用声音的方法。

8.4.1 在 Flash 库中导入声音

Flash CC 提供了多种使用声音的方式，当声音导入到文档后，将与位图、元件等一起保存在【库】面板中，下面将介绍在 Flash 中导入声音的操作方法。

step 1 新建 Flash 空白文档，在菜单栏中选择【文件】→【导入】→【导入到舞台】菜单项，如图 8-17 所示。

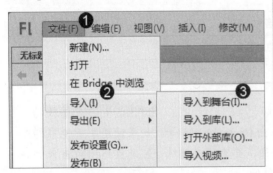

图 8-17

step 2 弹出【导入到库】对话框，① 选择声音文件存储的位置，② 选择要导入的声音文件，③ 单击【打开】按钮，如图 8-18 所示。

图 8-18

step 3 打开【库】面板，即可看到导入的声音文件，通过以上步骤即可完成在 Flash 中导入声音的操作，如图 8-19 所示。

图 8-19

智慧锦囊

在【导入到库】对话框中，选择多个声音文件，单击【打开】按钮，可以同时导入多个声音。

考考您

请您根据上述方法在 Flash 库中导入声音，测试一下您的学习效果。

8.4.2　为按钮添加声音

在 Flash CC 中，会经常使用到按钮元件，在单击按钮时，美妙的音乐随之响起，会让浏览者心情愉悦，下面介绍为按钮添加声音的操作方法。

step 1　打开"添加按钮声音.fla"素材文件，打开【库】面板，使用鼠标双击声音元件，如图 8-20 所示。

图 8-20

step 2　进入元件编辑窗口，在【时间轴】面板中，选中按下帧，在键盘上按下 F6 键，插入关键帧，如图 8-21 所示。

图 8-21

step 3　在菜单栏中，选择【文件】→【导入】→【导入到库】菜单项，如图 8-22 所示。

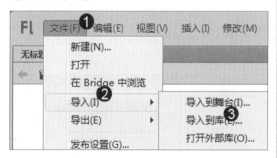

图 8-22

step 4　弹出【导入到库】对话框，① 选择要应用的文件名称，② 单击【打开】按钮 打开(O) ，如图 8-23 所示。

图 8-23

step 5　选中【库】面板中的声音文件，拖曳至舞台并释放鼠标左键，如图 8-24 所示。

图 8-24

step 6　这样即可完成为按钮添加声音的操作，如图 8-25 所示。

图 8-25

8.4.3 为影片添加与删除声音

制作 Flash 动画时会经常使用影片剪辑，而在播放影片剪辑的同时若伴随着声音，则会让动画作品更生动形象。在 Flash CC 中，将声音添加到影片中，这个声音将贯穿整个动画，当添加的声音不适合动画播放要求时，可以将其删除，下面将详细介绍为影片添加声音与删除声音的操作方法。

step 1 打开"添加声音.fla"素材文件，打开【库】面板，并将声音文件导入到库中，如图 8-26 所示。

图 8-26

step 3 在【库】面板中选中声音文件，并将其拖曳到舞台中，释放鼠标左键，如图 8-28 所示。

图 8-28

step 5 在【时间轴】面板中，单击鼠标左键选中包含声音的一个帧，如图 8-30 所示。

step 2 在【时间轴】面板中，在【图层 1】中，单击鼠标左键选中第 1 帧，如图 8-27 所示。

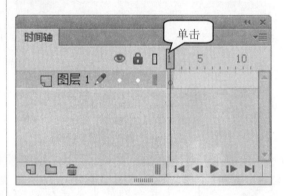

图 8-27

step 4 此时在【时间轴】面板中，可以看到添加的声音，为影片添加声音的操作完成，如图 8-29 所示。

图 8-29

step 6 打开【属性】面板，在【声音】折叠菜单中，选择【名称】下拉列表框中的【无】选项，这样即可完成删除声音的操作，如图 8-31 所示。

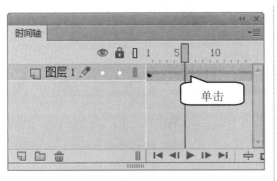

图 8-30

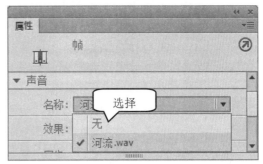

图 8-31

Section
8.5

在 Flash 中编辑声音

手机扫描下方二维码，观看本节视频课程

　　在 Flash 中，用户可以定义声音的起始点或在播放时控制声音的音量，还可以改变声音开始播放和停止播放的位置，这对于通过删除声音文件的无用部分来减小文件的大小是很有用的。本节将详细介绍在 Flash 中编辑声音的相关知识及方法。

8.5.1　设置声音的属性

　　设置声音的方式有两种：第一种方式是打开【库】面板，在声音文件上单击鼠标右键，然后在弹出的快捷菜单中选择【属性】菜单项；另一种方式是双击【库】面板中的声音文件前的【声音】图标 🔊，可以弹出【声音属性】对话框，如图 8-32 所示。

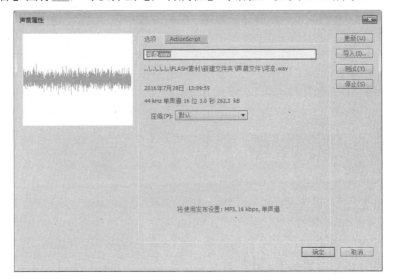

图 8-32

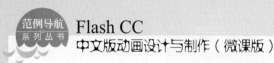

- **名称：** 显示当前声音文件的名称，也可以自己手动输入，为声音设置新的名称。
- **压缩：** 用来设置声音文件在 Flash 中的压缩方式，在该下拉列表框中提供了默认、ADPCM、MP3、RAW 和语音 5 种压缩方式。
- **更新：** 如果声音文件已经被编辑过了，单击该按钮，可以按照新的设置更新声音文件的属性。
- **导入：** 单击该按钮，可以导入新的声音文件，导入的声音文件将替换原有的声音文件，但是声音文件的名称不发生改变。
- **测试：** 单击该按钮，可以对声音文件进行测试。
- **停止：** 单击该按钮，可以停止正在播放的声音。

8.5.2 设置声音的重复次数

在播放声音时，如果需要延长声音的播放时间，可以在【属性】面板中，指定播放的次数，下面介绍设置声音重复次数的操作方法。

 创建添加声音的 Flash 文档，在【时间轴】面板中，选中包含声音的任意一帧，如图 8-33 所示。

 在【属性】面板中，① 在【声音循环】下拉列表框中，选择【重复】选项，② 在【循环次数】文本框中输入 30，这样即可完成设置声音重复次数的操作，如图 8-34 所示。

图 8-33

图 8-34

 在 Flash CC 中，在【时间轴】面板中，选中添加声音文件的帧，打开【属性】面板，在【声音】折叠菜单下的【声音循环】下拉列表框中，选择【循环】选项，即可连续播放声音。由于循环播放会增加文件大小，一般不建议将声音设置为循环播放。

8.5.3 声音与动画同步

在 Flash CC 中，用户可以将声音与动画同步，通过设置声音开始的关键帧和停止关键帧来实现，下面介绍声音与动画同步的操作方法。

选择声音文件，在【属性】面板中，在【声音】区域选择【同步】下拉列表中的【事件】选项即可，如图 8-35 所示。

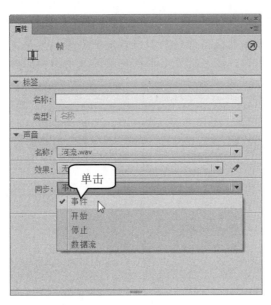

图 8-35

【同步】下拉列表中各选项介绍如下。

- 事件：同步声音和一个事件的发生过程，在关键帧开始时播放，会播放整个声音，即使动画停止播放，声音也会继续播放。
- 开始：开始播放声音，在播放过程中新的声音不会进行播放。
- 停止：使正在播放的声音停止。
- 数据流：主要在互联网同步播放声音，Flash 软件自身会控制动画与声音流，声音流会随着播放动画结束而停止播放。

8.5.4　声音编辑器

使用声音编辑器可以定义声音的起始点、终止点及播放时间以及音量大小。除此之外，使用这一功能还可以去除声音中多余部分以减小声音文件的大小。

单击选中需要编辑声音的动画帧，在【属性】面板中的【效果】下拉列表框中选择【自定义】选项，或直接单击【编辑声音封套】按钮，都会弹出【编辑封套】对话框，在该对话框中可以进行声音文件的各种编辑，如图 8-36 所示。

- 封套手柄：通过拖动封套手柄可以更改声音在播放时的音量高低，如图 8-37 所示。封套线显示了声音播放时的音量，单击封套线可以增加封套手柄，最多可达到 8 个手柄，如果想要将手柄删除，可以将封套线拖动至窗口外面。
- 【开始时间】和【停止时间】：拖动【开始时间】和【停止时间】控件，可以改变声音播放的开始点和终止点的时间位置。拖动【开始时间】控件，声音将从所拖到的位置开始播放，如图 8-38 所示。同理，拖动【停止时间】控件，将使声音在拖到的位置结束，如图 8-39 所示。通过此操作不仅可以去除声音中多余的部分，还可以使同一声音的不同部分产生不同的效果。
- 放大/缩小：使用缩放按钮可以使窗口中的声音波形图样以放大或缩小模式显示。通过这些按钮可以对声音进行微调。

■ 秒/帧：秒/帧按钮可以以秒数或帧数为度量单位转换窗口中的标尺。如果想要计算声音的持续时间，可以选择以秒为单位；如果要在屏幕上将可视元素与声音同步，可以选择帧为单位，这样就可以轻松确切地显示出时间轴上声音播放的实际帧数。

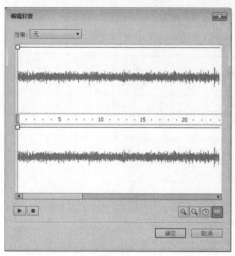

图 8-36

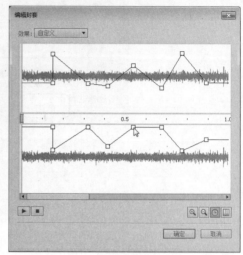

图 8-37

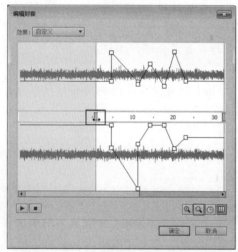

图 8-38

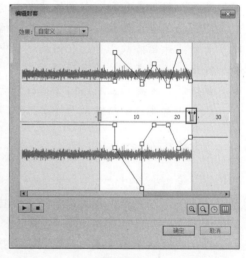

图 8-39

8.5.5　为声音添加效果

在 Flash CC 中，用户可以为导入的声音设置某些特殊的效果，如声道的选择，音量的变化等，打开【属性】面板，在【声音】折叠菜单下的【效果】下拉列表框中，可以选择要使用的效果，如图 8-40 所示。

■ 【无】选项：不设置声道效果。

■ 【左声道】选项：控制声音在左声道播放。

■ 【右声道】选项：控制声音在右声道播放。

■ 【向右淡出】选项：主要控制声音从左声道过渡到右声道播放的声音，降低左声道的声音，同时提高右声道的声音。

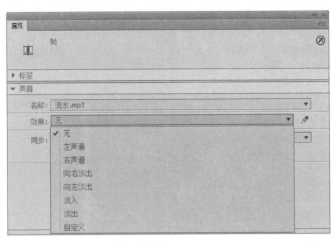

图 8-40

- ■ 【向左淡出】选项：主要控制声音从右声道过渡到左声道播放的声音，降低右声道的声音，同时提高左声道的声音。
- ■ 【淡入】选项：在声音播放的持续时间内逐渐增强其幅度。
- ■ 【淡出】选项：在声音播放的持续时间内逐渐减小其幅度。
- ■ 【自定义】选项：允许创建用户的声音效果，选择该选项后，将弹出【编辑封套】对话框，可以在该对话框中创建自定义的声音淡入和淡出点。

Section 8.6 声音的导出与控制

手机扫描下方二维码，观看本节视频课程

如果将 Flash 动画导入到网页中，由于网络速度的限制，必须考虑制作的 Flash 动画的大小，尤其是带有声音的文件。在导出时压缩声音可以在不影响动画效果的同时减少数据量。使用 ActionScript 脚本，可以在运行时控制声音。本节将详细介绍声音的导出与控制的相关知识及操作方法。

8.6.1 压缩声音导出

可以选择单个事件声音的压缩选项，然后用这些设置导出声音，也可以给单个音频流选择压缩选项。但是，文档中的所有音频流都将导出为单个的流文件，而且所用的设置是所有应用于单个音频流的设置中的最高级别，这包括视频对象中的音频流。

在【声音属性】对话框的【压缩】下拉列表框中可以选择不同的压缩选项，从而控制单个声音文件的导出质量，如图 8-41 所示。

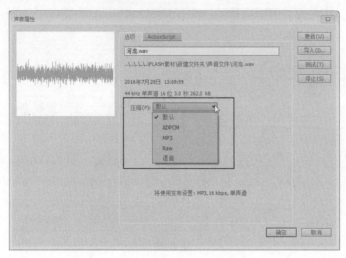

图 8-41

如果没有定义声音的压缩设置，可以在菜单栏中选择【文件】→【发布设置】菜单项，弹出【发布设置】对话框，在该对话框中按自己的需求进行设置，如图 8-42 所示。

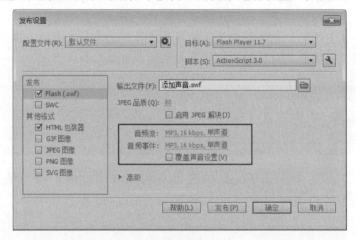

图 8-42

在导出影片的时候，采样和压缩比将显著影响声音和大小，压缩比越高，采样率越低，则文件越小，音质越差，要想取得最好的效果，必须要经过不断尝试才能获得最佳平衡。

8.6.2 使用代码片断控制声音

在 Flash CC 中，通过使用代码片断，可以将声音添加至文档并控制声音的播放，使用这些代码添加声音将会创建声音的实例，然后使用该实例控制声音。

 在菜单栏中选择【文件】→【打开】菜单项，打开"樱桃.fla"素材文件，如图 8-43 所示。

新建图层，将名称为【音乐按钮】的元件拖曳到舞台中，并适当调整其位置和大小，如图 8-44 所示。

图 8-43

图 8-44

step 3 保持该元件为选中状态，打开【属性】面板，修改【实例名称】为"button"，如图 8-45 所示。

图 8-45

step 4 在菜单栏中选择【窗口】→【代码片断】菜单项，如图 8-46 所示。

图 8-46

step 5 弹出【代码片断】对话框，展开【音频和视频】选项，选择【单击以播放/停止声音】选项，如图 8-47 所示。

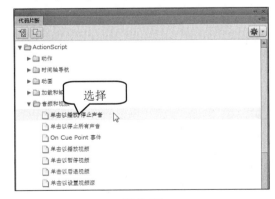

图 8-47

step 6 双击该选项，弹出【动作】面板，如图 8-48 所示。

图 8-48

step 7　返回到【时间轴】面板中，可以看到已经多了一个代码图层，如图8-49所示。

step 8　按下键盘上的 Ctrl+Enter 组合键即可测试动画效果，如图8-50所示。

图 8-49

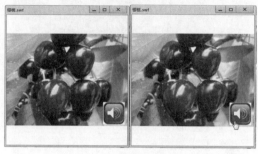

图 8-50

8.6.3　使用代码片断停止声音

选择要用于触发行为的对象，如按钮，在【代码片断】面板中选择【单击以停止所有声音】选项，如图8-51所示。

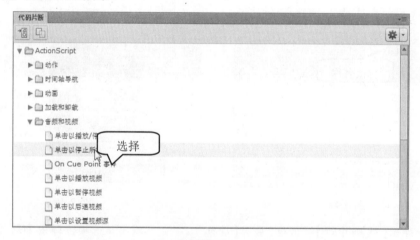

图 8-51

双击弹出提示框，如图8-52所示。

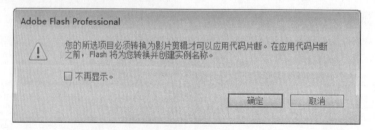

图 8-52

单击【确定】按钮 确定 ，弹出【动作】面板，如图8-53所示，【时间轴】面板如图8-54所示。触发该事件后就可以停止播放音乐。

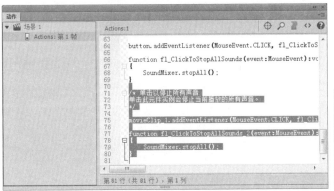

图 8-53

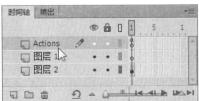

图 8-54

Section 8.7 应用外部视频

手机扫描下方二维码，观看本节视频课程

在 Flash CC 中，用户不但可以导入矢量图形和位图，还可以导入视频，但并不是所有格式的视频都可以导入到 Flash 中，视频的导入可以使 Flash 作品更加生动、精彩。本节将详细介绍应用外部视频方面的知识及操作方法。

8.7.1　Flash CC 支持的视频类型

在 Flash CC 中，导入 Flash CC 中的视频格式必须是 FLV 或 F4V，如图 8-55 所示。用户还可以将视频和数据、图形和声音等融合在一起使用，当视频格式不是 FLV 或 F4V 时，可以使用 Adobe Flash Video Encoder 将其转换为需要的格式。

图 8-55

8.7.2　视频导入向导

视频导入向导简化了将视频导入到 Flash 文档中的操作，它可以指引用户选择现有的视频文件，然后导入该文件，以用于三种不同视频播放方案中的其中一种。视频导入向导为所选的导入和播放方法提供了基本级别的配置，之后可以进行修改以满足特定的要求。

在 Flash CC 中，在菜单栏中选择【文件】菜单项，在弹出的下拉菜单中，选择【导入】菜单下的【导入视频】菜单项，即可打开【导入视频】对话框，如图 8-56 所示。

图 8-56

【导入视频】对话框提供了以下视频导入选项。

■ 使用播放组件加载外部视频：导入视频并创建 FLVPlayback 组件的实例以控制视频播放。

■ 在 SWF 中嵌入 FLV 并在时间轴中播放：将 FLV 嵌入 Flash 文档中。这样导入视频时，该视频放置于时间轴中可以看到时间轴帧所表示的各个视频帧的位置。嵌入的 FLV 视频文件会成为 Flash 文档的一部分。

8.7.3 导入渐进式下载视频

在 Flash CC 中，使用渐进式下载视频可以将外部的 FLV 格式视频加载到 SWF 文件中，并且可以控制视频的播放和回放，下面介绍导入渐进式视频的操作方法。

step 1 新建 Flash 空白文档，在菜单栏中选择【文件】→【导入】→【导入视频】菜单项，如图 8-57 所示。

step 2 弹出【导入视频】对话框，单击【浏览】按钮 浏览... ，如图 8-58 所示。

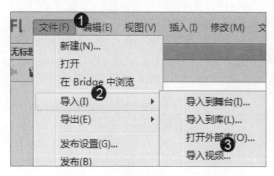

图 8-57

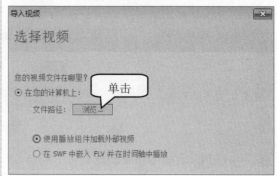

图 8-58

step 3 弹出【打开】对话框，① 选择准备导入的视频文件，② 单击【打开】按钮 打开(O) ，如图 8-59 所示。

step 4 返回【导入视频】对话框，① 选中【使用播放组件加载外部视频】单选按钮，② 单击【下一步】按钮 下一步 > ，如图 8-60 所示。

图 8-59

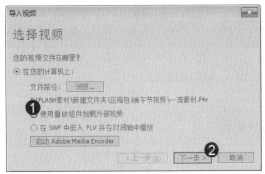

图 8-60

step 5 进入【设定外观】界面，① 在【外观】下拉列表框中，选择外观样式，② 单击【下一步】按钮 下一步>，如图 8-61 所示。

step 6 进入【完成视频导入】界面，可以看到视频位置等信息，单击【完成】按钮 完成，如图 8-62 所示。

图 8-61

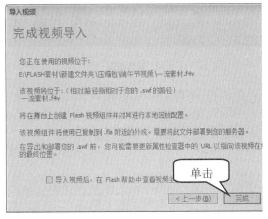

图 8-62

step 7 返回到舞台中，可以看到导入的视频动画，在键盘上按下组合键 Ctrl+Enter 测试影片，如图 8-63 所示。

step 8 此时可以看到导入的视频效果，通过以上步骤即可完成导入渐进式下载视频的操作，如图 8-64 所示。

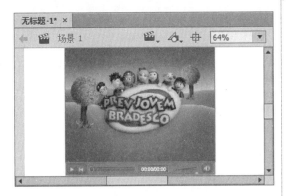

图 8-63

图 8-64

第 8 章 应用图片、声音和视频

8.7.4 嵌入视频

嵌入视频是指将视频直接嵌入到 Flash 文件中，在 Flash 中常用的视频文件格式是.flv，目前主流的视频网站使用的文件格式基本是.fla 的，下面详细介绍在 Flash 中嵌入视频的操作方法。

step 1 新建 Flash 空白文档，在菜单栏中选择【文件】→【导入】→【导入视频】菜单项，如图 8-65 所示。

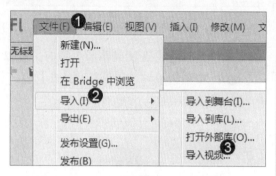

图 8-65

step 2 弹出【导入视频】对话框，单击【浏览】按钮 浏览...，如图 8-66 所示。

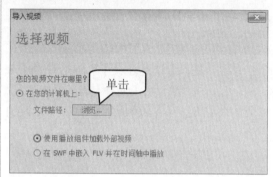

图 8-66

step 3 弹出【打开】对话框，① 选择准备嵌入的视频文件，② 单击【打开】按钮 打开(O)，如图 8-67 所示。

图 8-67

step 4 返回【导入视频】对话框，① 选中【在 SWF 中嵌入 FLV 并在时间轴中播放】单选按钮，② 单击【下一步】按钮 下一步 >，如图 8-68 所示。

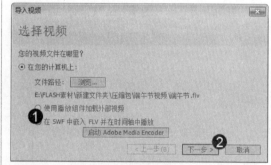

图 8-68

step 5 进入【嵌入】界面，① 在【符号类型】下拉列表框中，选择【嵌入的视频】选项，② 单击【下一步】按钮 下一步 >，如图 8-69 所示。

step 6 进入【完成视频导入】界面，可以看到视频位置等信息，单击【完成】按钮 完成，如图 8-70 所示。

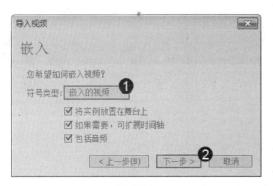

图 8-69

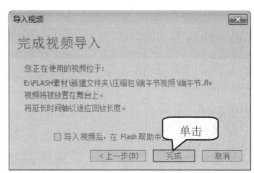

图 8-70

 step 7　返回到舞台中，可以看到导入的视频动画，在键盘上按下组合键 Ctrl+Enter 测试影片，如图 8-71 所示。

step 8　此时可以看到导入的视频效果，通过以上步骤即可完成嵌入视频的操作，如图 8-72 所示。

图 8-71

图 8-72

　　在 Flash CC 中，嵌入的视频文件不宜过大，否则会因占用过多资源导致无法播放，嵌入到舞台中的视频，无法进行编辑与修改，只能重新导入视频文件，导入的视频文件长度要低于 16000 帧。

8.7.5　更改视频剪辑属性

　　在 Flash 文档中导入视频后，可以根据需要更改视频剪辑的属性，选中嵌入的视频剪辑，在【属性】面板中，可以为视频剪辑指定实例名称，为其设置宽度、高度和舞台的坐标位置等，如图 8-73 所示。

图 8-73

范例应用与上机操作

手机扫描下方二维码，观看本节视频课程

通过本章的学习，读者基本可以掌握在 Flash CC 中应用图片、声音和视频的基本知识和操作技巧。下面介绍"更换视频""绘制声音播放按钮"和"制作音乐播放器"范例应用，上机操作练习一下，以达到巩固学习、拓展提高的目的。

8.8.1　更换视频

在 Flash CC 中，当觉得嵌入到舞台中的视频不能完整地表达动画内容时，可以更换视频，下面介绍更换视频的操作方法。

> 素材文件🌼　第8章\素材文件\更换视频.fla
> 效果文件🌼　第8章\效果文件\更换视频.fla

step 1　打开"更换视频.fla"素材文件，① 在【工具】面板中，单击【选择工具】按钮🔺，② 在舞台中单击鼠标左键选择原始视频实例，如图 8-74 所示。

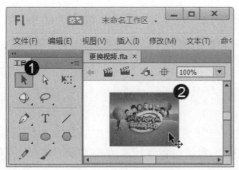

图 8-74

step 2　打开【属性】面板，单击【实例】选项右侧的【交换】按钮 交换... ，如图 8-75 所示。

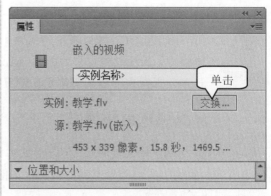

图 8-75

step 3　弹出【交换视频】对话框，① 选择准备替换的视频实例，② 单击【确定】按钮 确定 ，如图 8-76 所示。

step 4　返回到舞台中，此时可以看到选定的视频已经被更换，通过以上步骤即可完成更换视频的操作，如图 8-77 所示。

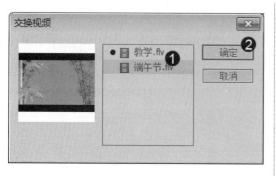

図 8-76

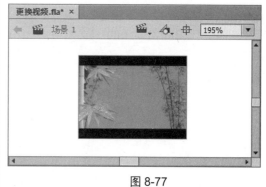

図 8-77

8.8.2 绘制声音播放按钮

在制作 Flash 动画时，会经常用到播放按钮，当用户单击该按钮时，伴随着音乐的动画则开始播放，下面介绍绘制声音播放按钮的操作方法。

素材文件❀ 第8章\素材文件\播放按钮.fla
效果文件❀ 第8章\效果文件\更换视频.fla

step 1 打开"播放按钮.fla"素材文件，在舞台中选中按钮图形，在菜单栏中，选择【修改】→【转换为元件】菜单项，如图 8-78 所示。

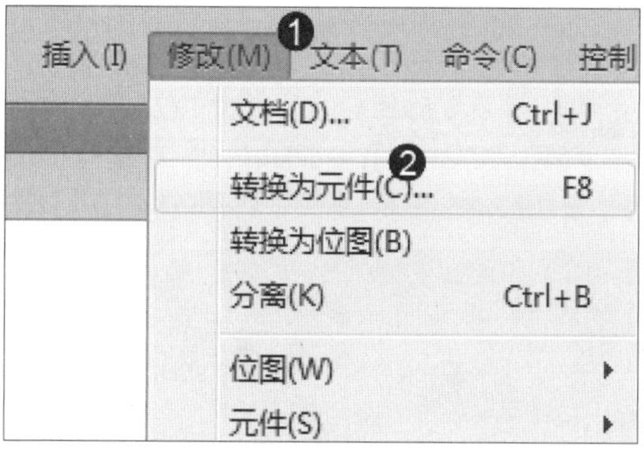

step 2 弹出【转换为元件】对话框，① 在【名称】文本框中，输入元件名称，② 在【类型】下拉列表框中，选择【按钮】选项，③ 单击【确定】按钮 `确定`，如图8-79 所示。

图 8-78

图 8-79

step 3 在【库】面板中，鼠标双击该元件，如图 8-80 所示。

step 4 进入元件编辑窗口，在【时间轴】面板中，选中【指针经过】帧，在键盘上按下 F6 键，插入关键帧，如图 8-81所示。

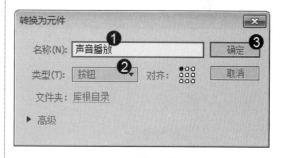

图 8-80

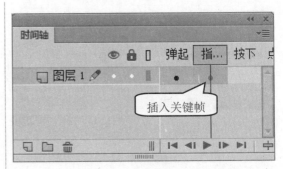

图 8-81

 在【属性】面板中，调整按钮的背景颜色为绿色，如图 8-82 所示。

 在【时间轴】面板中，选中【按下】帧，在键盘上按下 F6 键，插入关键帧，如图 8-83 所示。

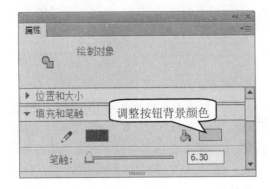

图 8-82

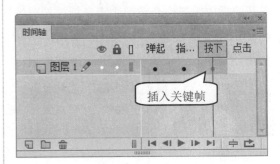

图 8-83

step 7 在舞台中，删除三角形，使用矩形工具绘制两个矩形，如图 8-84 所示。

step 8 在【时间轴】面板中，① 单击【新建图层】按钮，② 新建一个图层，如图 8-85 所示。

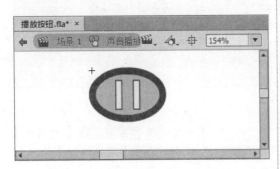

图 8-84

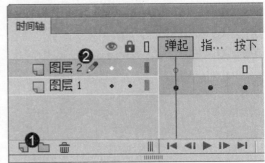

图 8-85

step 9 在【时间轴】面板中，选中【图层2】的【按下】帧，在键盘上按下 F6 键，插入关键帧，如图 8-86 所示。

step 10 在【库】面板中，选择声音文件，并将其拖曳到舞台中，如图 8-87 所示。

图 8-86

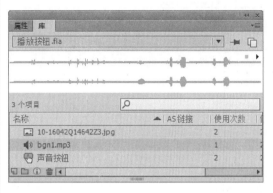

图 8-87

step11 返回到舞台中，单击鼠标左键选中【库】面板中的按钮元件，将其拖曳至舞台中，然后释放鼠标左键，如图8-88所示。

step12 在键盘上按下 Ctrl+Enter 组合键，测试影片效果，通过以上步骤即可完成绘制声音播放按钮的操作，如图8-89所示。

图 8-88

图 8-89

8.8.3 制作音乐播放器

在 Flash CC 中，用户可以结合本章知识绘制一个音乐播放器并使之播放音乐，下面介绍制作音乐播放器的操作方法。

素材文件 第8章\素材文件\制作音乐播放器.wav
效果文件 第8章\效果文件\制作音乐播放器.fla

step1 新建文档，使用矩形工具在舞台中绘制一个带有圆角的矩形，作为音乐播放器的轮廓，如图8-90所示。

step2 使用矩形工具在舞台中绘制一个矩形，作为音乐播放器显示屏幕的轮廓，如图8-91所示。

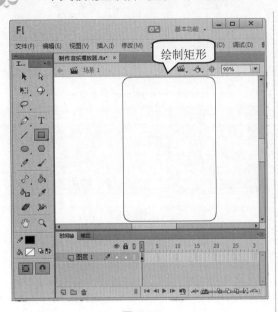

图 8-90

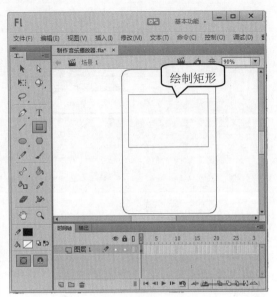

图 8-91

step 3 使用颜料桶工具为作为显示屏幕轮廓的矩形填充颜色，如"蓝色"，如图 8-92 所示。

step 4 ① 在菜单栏中，选择【插入】主菜单，② 在弹出的下拉菜单中，选择【新建元件】菜单项，如图 8-93 所示。

图 8-92

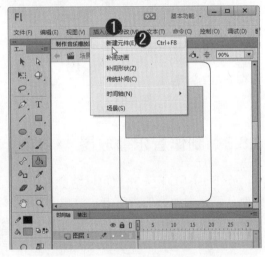

图 8-93

step 5 ① 弹出【创建新元件】对话框，在【名称】文本框中，输入新元件名称，如"音柱"，② 在【类型】下拉列表框中，选择【影片剪辑】选项，③ 单击【确定】按钮 **确定**，如图 8-94 所示。

step 6 在元件舞台中，使用矩形工具在舞台中绘制多个不规则的矩形，作为音柱，如图 8-95 所示。

图 8-94

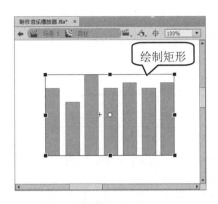

图 8-95

step 7 在【时间轴】面板上，选中第 20 帧，按下快捷键 F6，插入一个关键帧，如图 8-96 所示。

图 8-96

step 8 使用选择工具调整音柱矩形的大小，如图 8-97 所示。

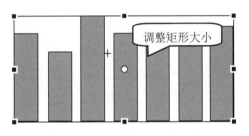

图 8-97

step 9 在【时间轴】面板中，在第 1~20 帧之间任意一帧上右击，在弹出的快捷菜单中，选择【创建补间形状】菜单项，如图 8-98 所示。

图 8-98

step 10 在【时间轴】面板上，选中第 40 帧，按下快捷键 F6，插入一个关键帧，如图 8-99 所示。

图 8-99

step 11 使用选择工具调整音柱矩形的大小，如图 8-100 所示。

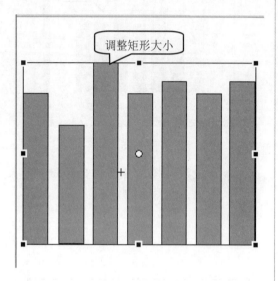

图 8-100

step 13 创建矩形音柱后，单击【场景 1】选项，返回至主场景中，如图 8-102 所示。

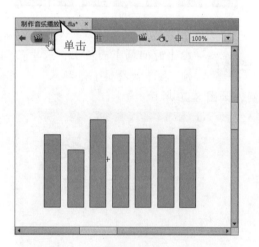

图 8-102

step 15 ① 在菜单栏中，选择【插入】菜单项，② 在弹出的下拉菜单中，选择【新建元件】菜单项，如图 8-104 所示。

step 12 在【时间轴】面板中，在第 21~40 帧之间任意一帧上右击，在弹出的快捷菜单中，选择【创建补间形状】菜单项，如图 8-101 所示。

图 8-101

step 14 返回到舞台中，将创建的音柱元件从【库】面板中拖动至舞台中合适的位置并调整其大小，如图 8-103 所示。

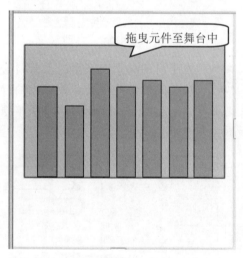

图 8-103

step 16 ① 弹出【创建新元件】对话框，在【名称】文本框中，输入元件名称，② 在【类型】下拉列表框中，选择【按钮】选项，③ 单击【确定】按钮 确定 ，如图 8-105 所示。

图 8-104

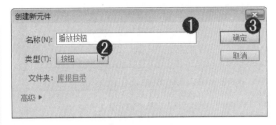

图 8-105

step17 在【时间轴】面板中，选中【弹起】帧，如图 8-106 所示。

step18 在【工具】面板中，使用基本椭圆工具，在舞台中，绘制一个椭圆图形，如图 8-107 所示。

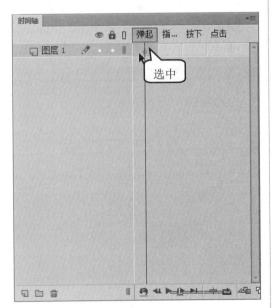

图 8-106

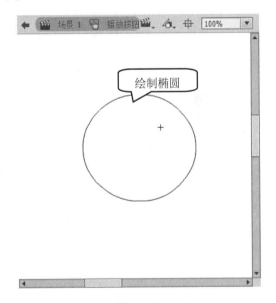

图 8-107

step19 使用线条工具，在舞台中，绘制一个三角图形并将椭圆和三角形都填充颜色，如"灰蓝色"，如图 8-108 所示。

step20 在【时间轴】面板中，选中【指针经过】帧，在键盘上按下 F6 键插入关键帧，如图 8-109 所示。

第8章 应用图片、声音和视频

215

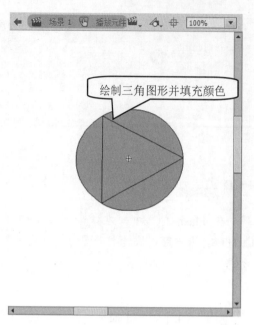

图 8-108

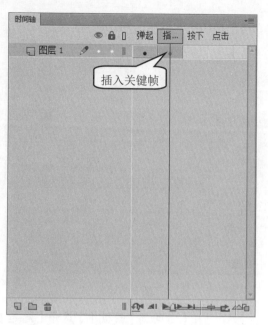

图 8-109

step21 使用颜料桶工具，在舞台中，将椭圆和三角形颜色进行更改，如填充为"亮绿色"，如图 8-110 所示。

step22 在【时间轴】面板中，选中【按下】帧，在键盘上按下 F6 键插入关键帧，如图 8-111 所示。

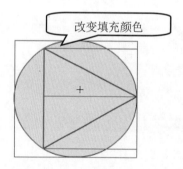

图 8-110

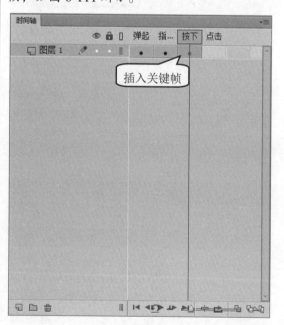

图 8-111

step23 使用颜料桶工具，在舞台中，将椭圆和三角形颜色进行更改，如填充为"橙黄色"，如图 8-112 所示。

step24 ① 在【时间轴】面板上，单击面板底部的【新建图层】按钮，② 新建一个图层，如图 8-113 所示。

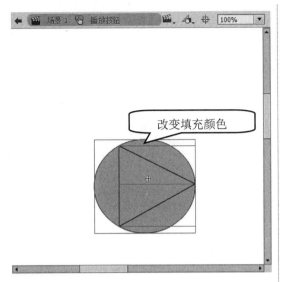

图 8-112

图 8-113

step25 ① 新建图层后，在菜单栏中，选择【文件】菜单，② 在弹出的下拉菜单中，选择【导入】菜单项，③ 在弹出的下拉菜单中，选择【导入到库】菜单项，如图 8-114 所示。

step26 弹出【导入到库】对话框，① 选择准备导入的声音文件，② 单击【打开】按钮 打开(O) ，将声音文件导入到库中，如图 8-115 所示。

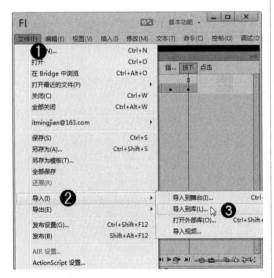

图 8-114

图 8-115

step27 在【时间轴】面板中，选中【图层2】的【按下】帧，按下 F6 键插入关键帧，如图 8-116 所示。

step28 插入关键帧后，将导入的声音文件拖曳到舞台中的椭圆图形中，如图 8-117 所示。

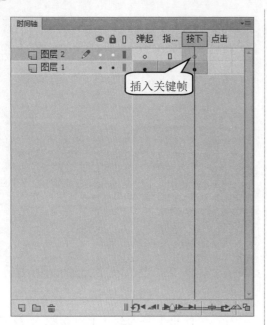

图 8-116

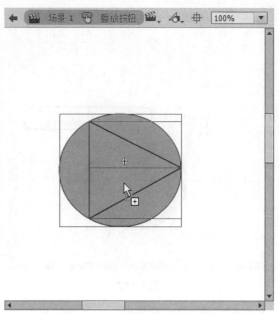

图 8-117

 29 单击舞台中的【场景 1】选项，返回到主场景中，如图 8-118 所示。

30 返回到主场景中，将创建的按钮元件从【库】面板中拖曳至舞台合适的位置并调整其大小，如图 8-119 所示。

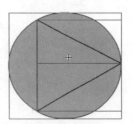

图 8-118

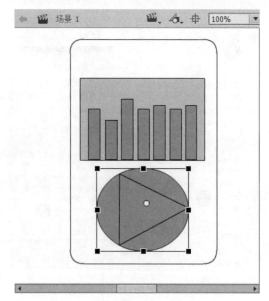

图 8-119

31 按下组合键 Ctrl+Enter，在弹出的窗口中，将鼠标指针指向【播放】按钮并单击，检测音乐播放的效果，如图 8-120 所示。

32 通过以上方法即可完成制作音乐播放器的操作，舞台中的最终效果如图 8-121 所示。

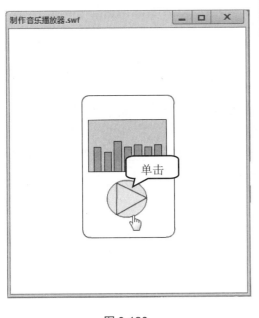

图 8-120

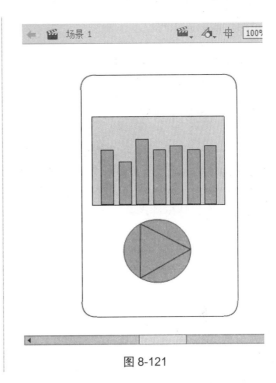

图 8-121

Section 8.9　课后练习与上机操作

本节内容无视频课程，习题参考答案在本书附录

8.9.1　课后练习

1．填空题

(1)　一个 Flash 影片是由一个个画面组成的，而每个画面又是由一张张图片构成，可以说，_____是构成动画的基础。

(2)　_____，是指用点来描述的图形，如 JPG、BMP 和 PNG 等格式。

(3)　_____，是指用矢量化元素描绘的图形，如在 Flash 中绘制的图形都是矢量图，另外，EPS 和 WMF 等格式的图像也是矢量图。

2．判断题

(1)　在 Flash CC 中，用户可以导入的图片格式有：JPG、GIF、BMP、WMF、EPS、DXF、EMF、PNG 等。通常情况下，推荐使用矢量图形，如 WMF、EPS 等格式的文件。（　）

(2)　位图在图像质量和真实度上有它的优势，所以并不一定都要将位图转换为矢量图。许多时候，我们也会在 Flash 中使用位图。在使用位图的时候，不可以对它的属性进行调整。

（　）

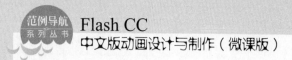
3．思考题

（1）如何将位图应用为填充？

（2）如何导入图片到库？

8.9.2　上机操作

（1）通过本章的学习，读者基本可以掌握应用图片、声音和视频方面的知识，下面通过练习为 Flash 动画片头添加声音，达到巩固与提高的目的。

（2）通过本章的学习，读者基本可以掌握应用图片、声音和视频方面的知识，下面通过练习制作冰酷饮料广告，达到巩固与提高的目的。

第 **9** 章

时间轴和帧

本章主要介绍了时间轴和帧方面的知识与技巧，主要内容包括【时间轴】面板、帧、帧的基本操作、转换帧、动画播放控制和绘图纸外观的相关知识及操作方法。通过本章的学习，读者可以掌握时间轴和帧基础操作方面的知识，为深入学习 Flash CC 知识奠定基础。

本 章 要 点

1. 【时间轴】面板
2. 帧
3. 帧的基本操作
4. 转换帧
5. 动画播放控制
6. 绘图纸外观

Section 9.1 【时间轴】面板

手机扫描下方二维码，观看本节视频课程

时间轴是编辑 Flash 动画的最重要、最核心的部分，所有的动画顺序、动作行为、控制命令以及声音等都是在时间轴中编排的。要将一幅静止的画面按照某种顺序快速地播放，需要用时间轴和帧来为它们完成时间和顺序的安排。本节将详细介绍【时间轴】面板方面的知识。

9.1.1　【时间轴】面板的构成

时间轴是用于组织和控制动画中的帧和图层在一定时间内播放的坐标轴。时间轴主要由图层控制区、帧和播放控制区等部分组成，如图 9-1 所示。

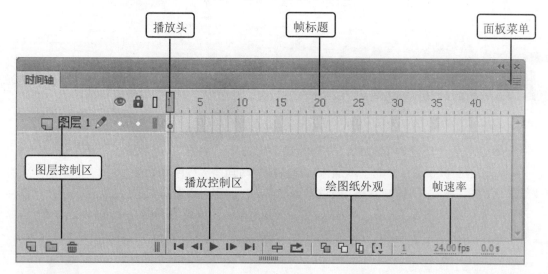

图 9-1

【时间轴】面板组成部分介绍如下。

- 图层控制区：可以新建、删除和编辑图层等，用于将不同的图片和文字等元素放在不同的层中，方便管理操作。
- 播放头：指示在舞台中当前显示的帧，可以进行单击或拖动播放头的操作。
- 播放控制区：控制动画的播放，可以进行播放、转到第一帧、后退一帧、前进一帧和转到最后一帧开始播放。
- 帧标题：显示帧的编号，在时间轴的顶部。
- 绘图纸外观：同时查看当前帧与前后若干帧里的内容，以方便前后多帧对照编辑。
- 帧速率：动画播放的速率，即每秒钟播放的帧数，单位是 fps。
- 面板菜单：更改时间轴和帧的属性面板菜单，可以更改时间轴的位置和帧大小。

9.1.2　在时间轴中标识不同类型的动画

在 Flash CC 中，用户可以通过使用不同的颜色或时间轴元素，将不同的动画类型进行区分，下面介绍在时间轴中标识不同类型动画方面的知识。

1.　补间动画

补间动画的背景显示为淡蓝色，指在一个关键帧上放置一个元件，然后在另一个关键帧改变这个元件的大小、颜色、位置、透明度等，如图 9-2 所示。

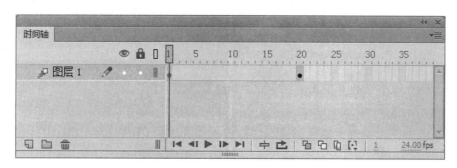

图 9-2

2.　补间形状

补间形状是在时间轴的一个特定帧上，绘制一个矢量形状，然后更改该形状，或绘制另一个形状，背景显示为浅绿色，关键帧之间用黑色箭头连接，如图 9-3 所示。

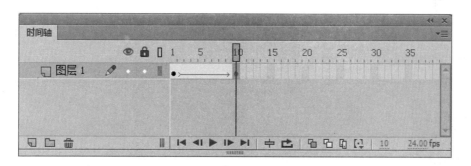

图 9-3

3.　传统补间

传统补间动画是指在时间轴上的不同时间点设置好关键帧，将一个影片剪辑从一个点匀速移动到另外一个点，没有速度变化，没有路径偏移(弧线)，背景显示为紫色，关键帧之间用黑色箭头连接，如图 9-4 所示。

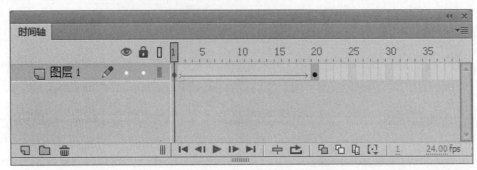

图 9-4

4. 逐帧动画

逐帧动画(Frame By Frame)是一种常见的动画形式，是在连续的关键帧中分解动画动作，即在时间轴的每帧上逐帧绘制不同的内容，使其连续播放而成为动画，如图 9-5 所示。

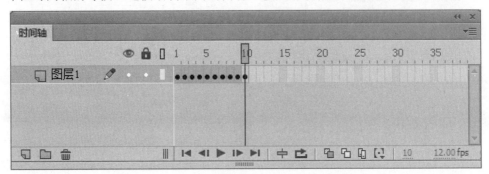

图 9-5

Section 9.2 帧

手机扫描下方二维码，观看本节视频课程

帧是 Flash 动画的重要组成部分，也是构建动画最基本的元素之一，在【时间轴】面板中可以很明显地看出帧与图层是一一对应的，在 Flash CC 中，帧还分为关键帧、空白关键帧和帧三种类型。本节将详细介绍关于帧方面的知识。

9.2.1 帧、关键帧和空白关键帧

帧是组成动画的基本元素，任何复杂的动画都是由帧构成的，在 Flash CC 中，帧可以分为帧、关键帧和空白关键帧三种类型，在时间轴中，不同类型的帧显示的方式也不相同，下面介绍这三种类型帧的区别。

1. 帧

在 Flash CC 中，帧称为普通帧，一般添加在关键帧的后面，也称为过渡帧，指在起始和结束关键帧之间的帧，如图 9-6 所示。

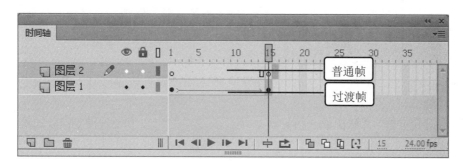

图 9-6

2. 关键帧

在 Flash CC 中，当舞台中存在图形或文字等内容时，插入一个关键帧，关键帧用一个实心的圆点表示，如图 9-7 所示。

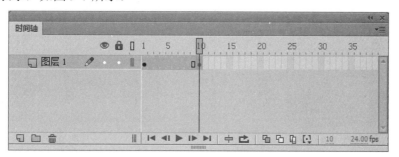

图 9-7

3. 空白关键帧

在 Flash CC 中，新建 Flash 空白文档，或者新建图层时，时间轴上默认图层的第一帧即为空白关键帧，用一个空心圆表示，如图 9-8 所示。

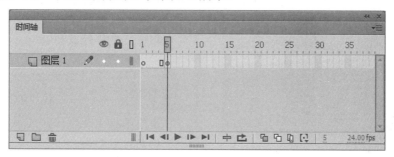

图 9-8

9.2.2 帧的频率

帧的频率是动画播放的速度，以每秒播放的帧数为度量。帧频太慢会使动画看起来不连贯，帧频太快会使动画的细节变得模糊。每秒 12 帧的帧频通常会得到较好的效果。而对于比较精致的动画来说，如 MTV，可以设置到 24 帧以上，得到非常流畅的视觉效果。

9.2.3 修改帧的频率

在 Flash CC 中，帧的频率是可以改变的，但不能改得过快或过慢，下面介绍修改帧频率的操作方法。

step 1 在 Flash CC 工作区中，在菜单栏中选择【修改】→【文档】菜单项，如图 9-9 所示。

step 2 弹出【文档设置】对话框，① 在【帧频】文本框中输入值，② 单击【确定】按钮 确定 ，如图 9-10 所示。

图 9-9

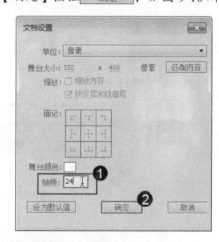

图 9-10

step 3 设置好的帧频率在【时间轴】面板的右下方即可看到，这样即可完成修改帧的频率的操作，如图 9-11 所示。

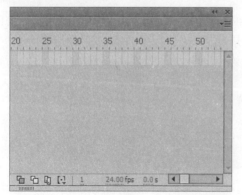

图 9-11

智慧锦囊

在 Flash 中，动画播放速度的快慢会影响动画的观看效果，并且一个文档只能拥有唯一的帧频率，所以为避免产生不好的效果，最好在制作动画之前设置好帧频率。在 Flash CC 中，也可以在【时间轴】面板的右下方文本框中，直接修改帧频率。

考考您

请您根据上述方法修改帧的频率，测试一下您的学习效果。

Section

9.3

帧的基本操作

手机扫描下方二维码，观看本节视频课程

在 Flash CC 中，每一个动画都是由帧组成的，用户可以对帧进行编辑，包括选择帧和帧列，插入帧，复制、粘贴与移动单帧，删除帧等操作。本节将详细介绍帧的编辑操作方面的知识。

9.3.1 选择帧和帧列

在【时间轴】面板上，选择某一个帧，只需要单击该帧即可。如果某个对象占据了整个帧列，并且此帧列是由一个关键帧开始和一个普通帧结束组成，那么只需要选中舞台中的这个对象就可以选中此帧列。下面介绍选择帧和帧列的具体操作方法。

1. 选择帧

如果要选择一组连续帧，选中起始的第 1 帧，然后按住键盘上的 Shift 键，单击选择的最后一帧，这样即可选择一组连续帧，如图 9-12 所示。

图 9-12

如果要选择一组非连续帧，用户在按住键盘上 Ctrl 键的同时，然后单击准备选择的帧即可，如图 9-13 所示。

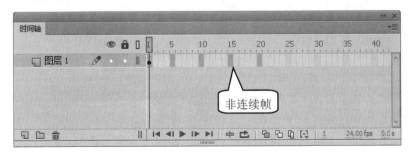

图 9-13

2. 选择帧列

要选择帧列，用户在键盘上按住 Shift 键的同时，单击该帧列的起始第一帧，然后再单击该帧列的终止最后一帧，这样即可选择该帧列，如图 9-14 所示。

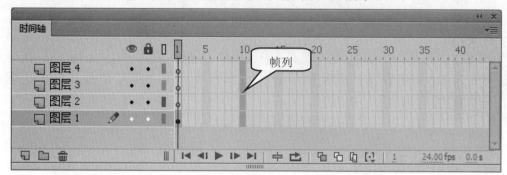

图 9-14

9.3.2 插入帧

在【时间轴】面板中，用户可以根据需要，在指定图层中插入普通帧、空白关键帧和关键帧等各种类型的帧，下面分别予以详细介绍插入帧的操作方法。

1. 插入关键帧

如果要插入关键帧，可以在菜单栏中选择【插入】→【时间轴】→【关键帧】菜单项，来插入一个关键帧，下面介绍具体的操作方法。

step 1 打开【时间轴】面板，在要插入关键帧的位置单击鼠标左键，如图 9-15 所示。

step 2 在菜单栏中，选择【插入】→【时间轴】→【关键帧】菜单项，如图 9-16 所示。

图 9-15

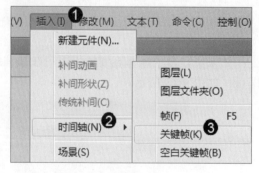

图 9-16

step 3 此时可以看到插入的关键帧，通过以上步骤即可完成插入帧的操作，如图 9-17 所示。

智慧锦囊

选中要插入关键帧的位置，在键盘上按下 F6 键，可以快速地插入关键帧。

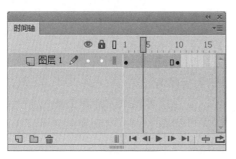

图 9-17

考考您

请您根据上述方法插入一个关键帧，测试一下您的学习效果。

2. 插入普通帧

如果要插入普通帧，可以在菜单栏中，选择【插入】→【时间轴】→【帧】菜单项，单击鼠标右键，在弹出的快捷菜单中，选择【帧】菜单项，来插入一个普通帧，下面介绍具体的操作方法。

step 1 打开【时间轴】面板，在要插入普通帧的位置单击鼠标左键，如图 9-18 所示。

step 2 在菜单栏中，选择【插入】→【时间轴】→【帧】菜单项，如图 9-19 所示。

图 9-18

图 9-19

step 3 此时可以看到插入的帧，插入帧的操作完成，通过以上步骤即可完成插入普通帧的操作，如图 9-20 所示。

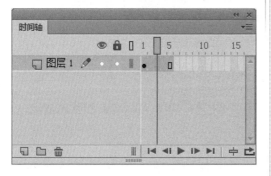

图 9-20

智慧锦囊

选中要插入帧的位置，在键盘上按下 F5 键，可以快速地插入普通帧。

55

请您根据上述方法插入一个普通帧，测试一下您的学习效果。

3. 插入空白关键帧

如果要插入空白关键帧，可以在菜单栏中，选择【插入】→【时间轴】→【空白关键帧】菜单项，来插入一个空白关键帧，下面介绍具体的操作方法。

step 1 打开【时间轴】面板，在要插入空白关键帧的位置处，单击鼠标左键，如图 9-21 所示。

step 2 在菜单栏中，选择【插入】→【时间轴】→【空白关键帧】菜单项，如图 9-22 所示。

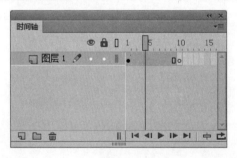

图 9-21

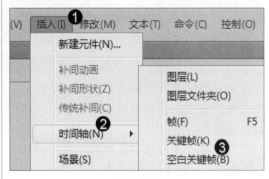

图 9-22

step 3 此时可以看到插入的空白关键帧，这样即可完成插入空白关键帧的操作，如图 9-23 所示。

考考您

请您根据上述方法插入一个空白关键帧，测试一下您的学习效果。

图 9-23

知识精讲
在 Flash CC 中，打开【时间轴】面板，在要插入关键帧的位置单击鼠标右键，在弹出的快捷菜单中，选择【插入空白关键帧】菜单项，这样也可以在选定的位置处，插入一个空白关键帧。

9.3.3 删除和清除帧

在制作 Flash 动画时，遇到不符合要求或者不需要的帧，用户可以将其删除或清除，下面将分别详细介绍删除和清除帧的操作方法。

1. 删除帧

在【时间轴】面板中，单击鼠标右键，选择准备删除的帧，在弹出的快捷菜单中，选择【删除帧】菜单项，即可完成删除帧的操作，如图 9-24 所示。

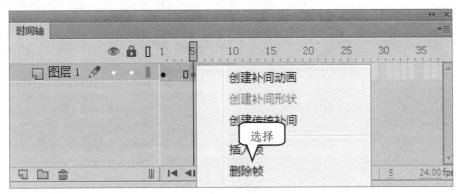

图 9-24

2. 清除帧

在【时间轴】面板中，选择准备清除的帧单击鼠标右键，在弹出的快捷菜单中，选择【清除帧】菜单项，即可完成清除帧的操作，如图 9-25 所示。

图 9-25

9.3.4 复制、粘贴与移动单帧

在 Flash CC 中，有时根据工作需要，可以对所创建的帧进行复制、粘贴和移动等操作，从而使制作的动画更加完美，下面详细介绍复制、粘贴与移动单帧的操作方法。

1. 复制帧

在【时间轴】面板中，选择单个帧，单击鼠标右键，在弹出的快捷菜单中，选择【复制帧】菜单项，即可完成复制帧的操作，如图 9-26 所示。

2. 粘贴帧

在【时间轴】面板中，选择单个帧，单击鼠标右键，在弹出的快捷菜单中，选择【粘贴帧】菜单项，即可完成粘贴帧的操作，如图 9-27 所示。

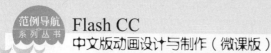
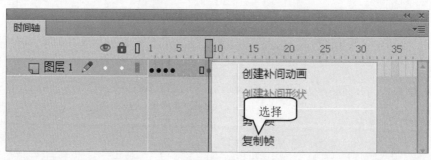

图 9-26

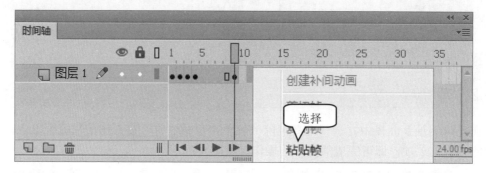

图 9-27

3. 移动帧

在 Flash CC 中，有时为了制作动画的需要，需要将选中的帧移动到其他位置，下面将介绍移动帧的操作方法。

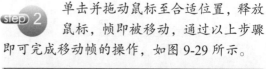

step 1 在【时间轴】面板中，单击鼠标左键选中要移动的帧，将光标移至帧上，变为右下角带矩形框形状，如图 9-28 所示。

step 2 单击并拖动鼠标至合适位置，释放鼠标，帧即被移动，通过以上步骤即可完成移动帧的操作，如图 9-29 所示。

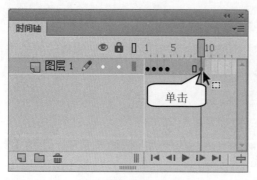

图 9-28

图 9-29

知识精讲

在 Flash CC 中，在【时间轴】面板中，选中动画中的关键帧，单击并拖动该关键帧向右移动至合适位置，释放鼠标左键，则会延长动画的播放长度；单击并拖动该关键帧向左移动至合适位置，释放鼠标左键，则会缩短画的播放长度。

Section
9.4
转换帧

手机扫描下方二维码，观看本节视频课程

在 Flash CC 的动画制作过程中，我们可以设定不同类型的帧，以此来实现不同的动画效果。为了制作更好的动画效果，可以在不同类型的帧之间进行互相转换。本小节将详细介绍将帧转换为关键帧、将帧转换为空白关键帧方面的知识。

9.4.1 将帧转换为关键帧

在【时间轴】面板中，选择要转换为关键帧的帧，单击鼠标右键，在弹出的快捷菜单中，选择【转换为关键帧】菜单项，即可完成将帧转换为关键帧的操作，如图 9-30 所示。

图 9-30

9.4.2 将帧转换为空白关键帧

在【时间轴】面板中，选择要转换为空白关键帧的帧，单击鼠标右键，在弹出的快捷菜单中，选择【转换为空白关键帧】菜单项，选中的帧将被转换为空白关键帧，这样即可完成将帧转换为空白关键帧的操作，如图 9-31 所示。

图 9-31

动画播放控制

手机扫描下方二维码，观看本节视频课程

在 Flash CC 中，使用【控制】菜单下的相应命令，或【时间轴】面板下的【播放控制】按钮组可以对当前制作的动画效果进行预览，以便发现不足随时进行修改。本节将详细介绍动画播放控制的相关知识及操作方法。

9.5.1　播放动画

在菜单栏中选择【控制】→【播放】菜单项，即可使时间轴中的动画从播放头所在的位置开始播放，如图 9-32 所示。也可以单击【时间轴】面板下方的【播放】按钮▶，如图 9-33 所示。

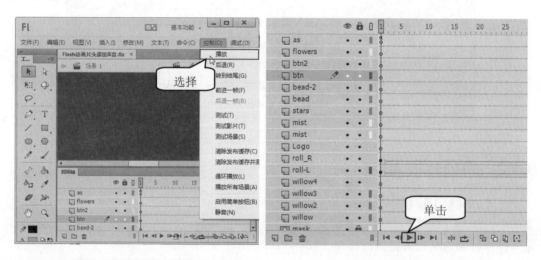

图 9-32 　　　　　　　　　　　　　　图 9-33

动画在时间轴播放的过程中，按下键盘上的 Enter 键可停止播放，再次按下键盘上的 Enter 键可继续播放动画。

9.5.2　转到第一帧

在菜单栏中选择【控制】→【后退】菜单项，播放头将转到第一帧位置，舞台中的画面也会相应地显示第一帧内容，如图 9-34 所示。也可以单击【时间轴】面板中的【转到第一帧】按钮◀，如图 9-35 所示。

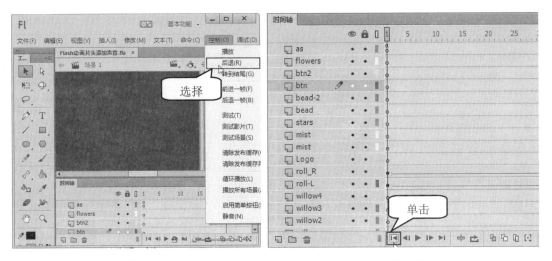

图 9-34 图 9-35

9.5.3 转到结尾

在菜单栏中选择【控制】→【转到结尾】菜单项，播放头将转到最后一帧位置，舞台中的画面也会相应地显示最后一帧内容，如图 9-36 所示。也可以单击【时间轴】面板中的【转到最后一帧】按钮，如图 9-37 所示。

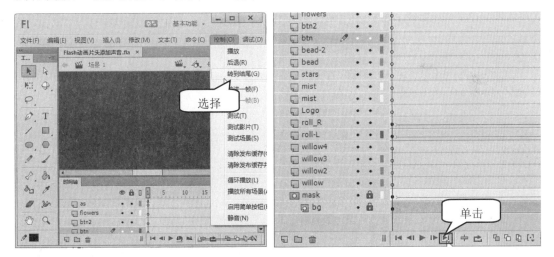

图 9-36 图 9-37

9.5.4 前进一帧

在菜单栏中选择【控制】→【前进一帧】菜单项，播放头将转到当前位置的前一帧，舞台中的画面也会相应改变，如图 9-38 所示。也可以单击【时间轴】面板中的【前进一帧】按钮，如图 9-39 所示。

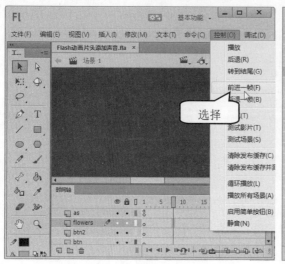
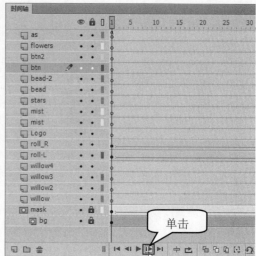

图 9-38   图 9-39

9.5.5 后退一帧

在菜单栏中选择【控制】→【后退一帧】菜单项，播放头将转到当前位置的后一帧，舞台中的画面也会相应改变，如图 9-40 所示。也可以单击【时间轴】面板中的【后退一帧】按钮，如图 9-41 所示。

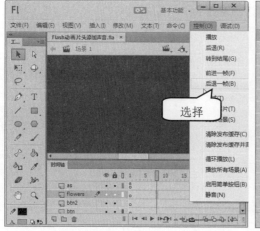

图 9-40   图 9-41

9.5.6 循环播放动画

在 Flash 文档中，如果需要对动画的某一片段进行反复预览，可以单击【时间轴】面板下方的【循环播放】按钮，选择的动画片段将在文档中进行循环播放。同时，在帧编辑上也会出现标记范围的洋葱皮。

分别拖动两段洋葱皮定义需要重复播放的帧片段，如图 9-42 所示。单击【播放】按钮，标记的区域就会重复循环播放，再次单击【播放】按钮▶，将会停止循环播放，洋葱皮会随之消失。

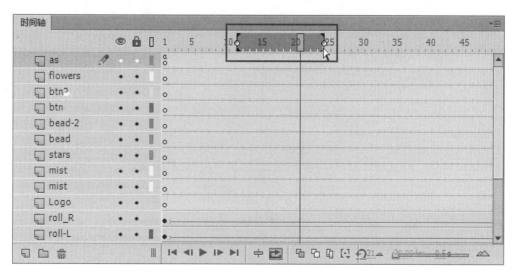

图 9-42

Section 9.6 绘图纸外观

手机扫描下方二维码，观看本节视频课程

通常情况下，在 Flash CC 中，在舞台上仅显示动画序列的一个帧。为便于定位和编辑动画，可以在舞台上一次查看两个或更多的帧。用户可以使用两段洋葱皮来定义需要同时显示的帧片段，播放头当前所在的帧会正常显示，而其他帧则会半透明显示，使用这种方法可以非常直观地看到物体的运动轨迹，可以帮助用户制作出更加流畅自然的动画效果。

9.6.1 使用绘图纸外观

单击【时间轴】面板下方的【绘图纸外观】按钮，在【起始绘图纸外观】和【结束绘图纸外观】标记之间的所有帧被重叠为【文档】窗口中的一个帧，如图 9-43 所示。

启用绘图纸外观后，可以将指定范围内多个帧的图像以半透明的方式显示在舞台中。如果当前帧是关键帧，则会被正常显示。只有当前播放头所在的关键帧内的元素可被编辑，其他帧的图像都只能被预览而无法被编辑。拖动时间轴中两端的标记可以调整帧显示的范围，如图 9-44 所示。

启用绘图纸外观后，文档中被隐藏或锁定的图层内容不会被显示，为避免大量图形线条对操作的影响，可酌情锁定或隐藏不希望对其使用绘图纸外观的图层。

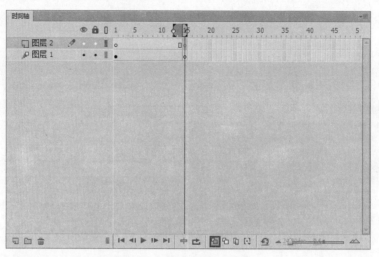

图 9-43

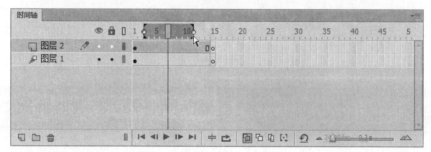

图 9-44

9.6.2 使用绘图纸外观轮廓

该功能类似于绘图纸外观，但是单击【绘图纸外观轮廓】按钮 后，可以同时显示多个帧的轮廓，而不是直接显示半透明的移动轨迹，如图 9-45 所示。

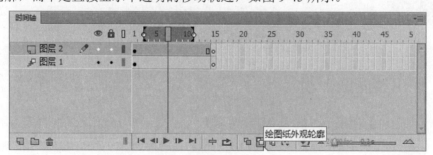

图 9-45

9.6.3 修改绘图纸标记

【修改标记】选项主要用于对绘图纸的标记范围进行修改，绘图纸标记会随着播放头的移动而移动。单击【修改标记】按钮 ，弹出下拉菜单，如图 9-46 所示。

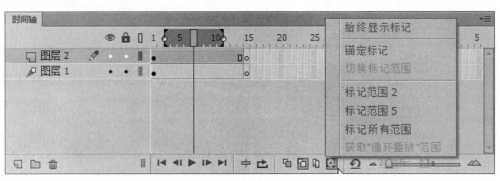

图 9-46

- 始终显示标记：选择该选项后，无论用户是否启用了绘图纸功能，都会在时间轴头部显示绘图纸标记范围。
- 锚定标记：选择该选项后，可以将时间轴上的绘图纸标记锁定在当前位置，不再跟随播放头的移动而发生位置上的改变。
- 标记范围 2：选中该选项后，在当前选定帧的两侧只显示两个帧。
- 标记范围 5：选中该选项后，在当前选定帧的两侧只显示 5 个帧。
- 标记所有范围：选择该选项后，会自动将时间轴标题上的标记范围扩大到包括整个时间轴上所有的帧。

Section 9.7　范例应用与上机操作

手机扫描下方二维码，观看本节视频课程

通过本章的学习，读者基本可以掌握时间轴和帧的基本知识和操作技巧。下面介绍"制作反转动画""制作小球弹起动画"和"制作变换形状动画"范例应用，上机操作练习一下，以达到巩固学习、拓展提高的目的。

9.7.1　制作反转动画

在 Flash CC 中，可以在【时间轴】面板中，选择帧序列，然后使用翻转帧功能对帧序列进行翻转操作，下面介绍使用翻转帧功能制作反转动画的操作方法。

素材文件 第 9 章\素材文件\反转帧动画.fla
效果文件 第 9 章\效果文件\制作反转帧动画.fla

step 1 打开"反转帧动画.fla"素材文件，① 在菜单栏中，选择【修改】菜单项，② 在弹出的下拉菜单中，选择【转换为元件】菜单项，如图 9-47 所示。

step 2 弹出【转换为元件】对话框，① 在【名称】文本框中，输入元件名称，② 在【类型】下拉列表框中，选择【图形】选项，③ 单击【确定】按钮 ，如图 9-48 所示。

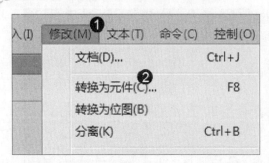

图 9-47

图 9-48

step 3 复制并粘贴元件，然后在菜单栏中，选择【修改】→【变形】→【垂直翻转】菜单项，如图 9-49 所示。

step 4 在【工具】面板中，使用任意变形工具将复制的元件进行旋转、缩放操作，如图 9-50 所示。

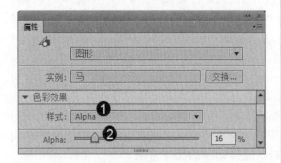

图 9-49

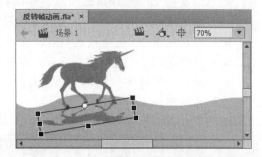

图 9-50

step 5 在【属性】面板中，① 在【样式】下拉列表框中，选择 Alpha 选项，② 设置 Alpha 的值，如图 9-51 所示。

step 6 在键盘上按下组合键 Ctrl+G，将两个图形元件进行编组，如图 9-52 所示。

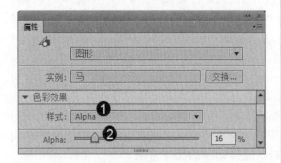

图 9-51

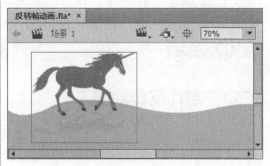

图 9-52

step 7 在【时间轴】面板中，选中【图层 1】的第 20 帧，在键盘上按下 F6 键，插入关键帧，如图 9-53 所示。

step 8 选中第 1~20 帧之间的任意帧，单击鼠标右键，在弹出的快捷菜单中，选择【创建传统补间】菜单项，如图 9-54 所示。

图 9-53

step 9 在【时间轴】面板中，选中第 1~5 帧，单击鼠标右键，在弹出的快捷菜单中，选择【复制帧】菜单项，如图 9-55 所示。

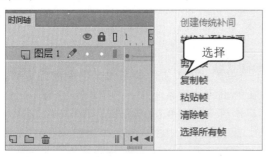

图 9-55

step 11 选中复制得到的帧，单击鼠标右键，在弹出的快捷菜单中，选择【翻转帧】菜单项，如图 9-57 所示。

图 9-57

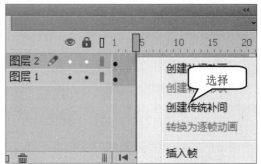

图 9-54

step 10 选中第 10 帧，单击鼠标右键，在弹出的快捷菜单中，选择【粘贴帧】菜单项，如图 9-56 所示。

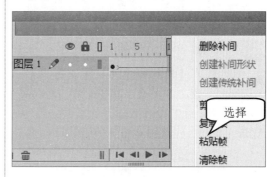

图 9-56

step 12 选中第 10 帧，在菜单栏中，选择【修改】→【变形】→【水平翻转】菜单项，即可完成使用翻转帧功能制作反转动画的操作，如图 9-58 所示。

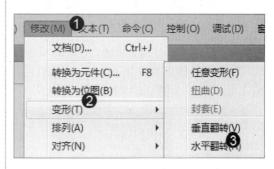

图 9-58

9.7.2 制作小球弹起动画

本小节将运用前面所学的帧的操作方面的知识，来详细介绍制作小球弹起动画的操作方法。

第9章 时间轴和帧

素材文件 ✿　　无

效果文件 ✿　　第9章\效果文件\小球弹起.fla

step 1 新建 Flash 空白文档，① 在【工具】面板中，单击【椭圆工具】按钮 ⬭，② 设置【径向渐变颜色】为灰色，如图 9-59 所示。

图 9-59

step 2 返回到舞台中，按住键盘上的 Shift 键，拖动鼠标绘制一个圆，释放鼠标，如图 9-60 所示。

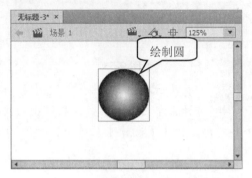

图 9-60

step 3 在【时间轴】面板中，选中第 15 帧，在键盘上按 F6 键，插入关键帧，并将圆向下移动至合适位置，如图 9-61 所示。

图 9-61

step 4 在【时间轴】面板中，选中第 1~15 帧之间的任意帧，单击鼠标右键，在弹出的快捷菜单中，选择【创建传统补间】菜单项，如图 9-62 所示。

图 9-62

step 5 选中第 1~15 帧列，单击鼠标右键，在弹出的快捷菜单中，选择【复制帧】菜单项，如图 9-63 所示。

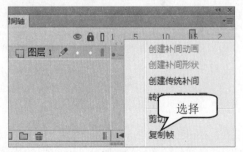

图 9-63

step 6 选中第 15 帧，单击鼠标右键，在弹出的快捷菜单中，选择【粘贴帧】菜单项，如图 9-64 所示。

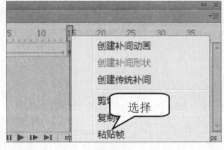

图 9-64

step 7　选中复制的第 15 以后的帧，单击鼠标右键，在弹出的快捷菜单中，选择【翻转帧】菜单项，如图 9-65 所示。

step 8　在键盘上按下组合键 Ctrl+Enter 测试影片，这样即可完成制作小球弹起动画的操作，最终效果如图 9-66 所示。

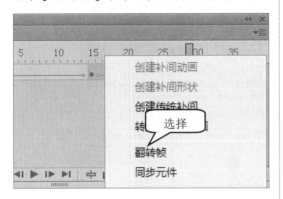

图 9-65

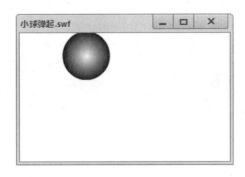

图 9-66

知识精讲　除了在快捷菜单中选择【翻转帧】菜单项，还可以在菜单栏中，选择【修改】菜单项，在弹出的下拉菜单中，选择【时间轴】→【翻转帧】菜单项，来调用【翻转帧】命令。

9.7.3　制作变换形状动画

在 Flash CC 中，可以通过插入帧与创建补间形状来制作动画，下面详细介绍制作变换形状动画的操作方法。

素材文件◈　无
效果文件◈　第 9 章\效果文件\变换形状动画.fla

step 1　新建 Flash 空白文档，① 在【工具】面板中，单击【椭圆工具】按钮◎，② 在舞台中绘制一个椭圆，如图 9-67 所示。

step 2　在【时间轴】面板中，选中第 15 帧，在键盘上按 F6 键，插入关键帧，如图 9-68 所示。

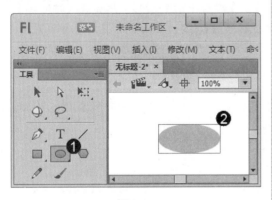

图 9-67

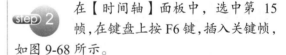

图 9-68

step 3　返回到【工具】面板中，① 单击
【选择工具】按钮 🅁，② 选中图形，在键盘上按下 Delete 键，删除舞台中的图形，如图 9-69 所示。

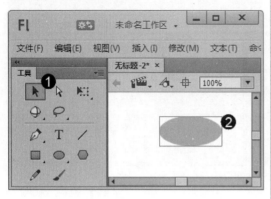

图 9-69

step 4　返回到【工具】面板中，① 单击【矩形工具】按钮 🔲，② 在舞台中绘制一个矩形，如图 9-70 所示。

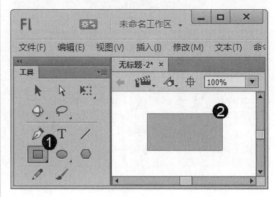

图 9-70

step 5　在【时间轴】面板中，选中第 1~15 帧之间的任意帧，单击鼠标右键，在弹出的快捷菜单中，选择【创建补间形状】菜单项，如图 9-71 所示。

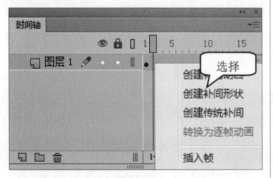

图 9-71

step 6　在键盘上按下组合键 Ctrl+Enter 测试动画效果，这样即可完成制作变换形状动画的操作，最终效果如图 9-72 所示。

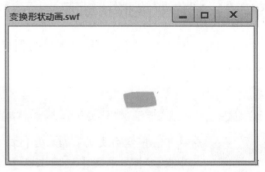

图 9-72

知识精讲

在【时间轴】面板中，选中第一帧，在舞台中绘制图形，然后在【时间轴】面板中，选中动画的终止帧，在键盘上按下 F6 键，插入关键帧，使用填充工具更改图形的颜色，鼠标右击第一帧与终止帧之间的任意帧，在弹出的快捷菜单中，选择【创建补间形状】菜单项，即可完成制作变换颜色动画的操作。

课后练习与上机操作

本节内容无视频课程，习题参考答案在本书附录

9.8.1 课后练习

1. 填空题

(1) 时间轴是用于组织和控制动画中的帧和图层在一定时间内播放的_____。时间轴主要由图层控制区、帧和播放控制区等部分组成。

(2) _____的背景显示为淡蓝色，指在一个关键帧上放置一个元件，然后在另一个关键帧改变这个元件的大小、颜色、位置、透明度等。

(3) _____是在时间轴的一个特定帧上，绘制一个矢量形状，然后更改该形状，或绘制另一个形状，背景显示为浅绿色，关键帧之间用黑色箭头连接。

(4) 在 Flash CC 中，新建 Flash 空白文档，或者新建图层时，时间轴上默认图层的第一帧即为_____，用一个_____表示。

(5) 帧是组成动画的基本元素，任何复杂的动画都是由帧构成的，在 Flash CC 中，帧可以分为帧、_____和_____三种类型，在时间轴中，不同类型的帧显示的方式也不相同。

(6) 在 Flash CC 中，帧称为普通帧，一般添加在关键帧的后面，也称为_____，指在起始和结束关键帧之间的帧。

2. 判断题

(1) 在 Flash CC 中，用户可以通过使用不同的颜色或时间轴元素，将不同的动画类型进行区分。 (   )

(2) 在 Flash CC 中，新建 Flash 空白文档，或者新建图层时，时间轴上默认图层的第一帧即为关键帧，用一个空心圆表示。 (   )

(3) 帧的频率是动画播放的速度，以每秒播放的帧数为度量。帧频太慢会使动画看起来不连贯，帧频太快会使动画的细节变得模糊。每秒 12 帧的帧频通常会得到较好的效果。而对于比较精致的动画来说，如 MTV，可以设置到 24 帧以上，得到非常流畅的视觉效果。
(   )

(4) 在 Flash CC 中，帧的频率是可以改变的，但不能改得过快或过慢。 (   )

(5) 启用绘图纸外观后，可以将指定范围内多个帧的图像以半透明的方式显示在舞台中。如果当前帧是关键帧，则会被正常显示。只有当前播放头所在的关键帧以内的元素可被编辑，其他帧的图像都只能被预览而无法被编辑。 (   )

(6) 启用绘图纸外观后，文档中被隐藏或锁定的图层内容会被显示，为避免大量图形线条对操作的影响，可酌情锁定或隐藏不希望对其使用绘图纸外观的图层。 (   )

第四章 时间轴和帧

3．思考题

(1) 如何修改帧的频率？

(2) 如何将帧转换为关键帧？

(3) 如何播放动画？

9.8.2 上机操作

(1) 通过本章的学习，读者基本可以掌握时间轴和帧方面的知识，下面通过练习制作放飞气球动画，达到巩固与提高的目的。

(2) 通过本章的学习，读者基本可以掌握时间轴和帧方面的知识，下面通过练习制作日月变换动画，达到巩固与提高的目的。

第 **10** 章

Flash 基本动画制作

本章主要介绍了 Flash 基本动画制作方面的知识与技巧，主要内容包括逐帧动画、形状补间动画、传统补间动画、补间动画和动画预设等相关知识及操作，通过本章的学习，读者可以掌握 Flash 基本动画制作方面的知识，为深入学习 Flash CC 知识奠定基础。

本 章 要 点

1. 逐帧动画
2. 形状补间动画
3. 传统补间动画
4. 补间动画
5. 动画预设

逐帧动画

手机扫描二维码，观看本节视频课程

逐帧动画在每一帧中都会更改舞台内容，它最适合于图像在每一帧中都在变化而不仅是在舞台上移动的复杂动画。逐帧动画增加文件大小的速度比补间动画快得多，在逐帧动画中，Flash 会存储每个完整帧的值。本小节将详细介绍逐帧动画的相关知识与操作技巧。

10.1.1　逐帧动画的基本原理

逐帧动画是一种常见的动画形式，其原理是在连续的关键帧中分解动画动作，并且每一帧都是关键帧，且都有实例内容。

逐帧动画没有设置任何补间，直接将连续的若干帧都设置为关键帧，然后在其中分别绘制内容，如图 10-1 所示。

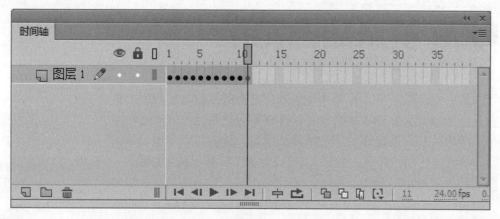

图 10-1

10.1.2　制作逐帧动画

在 Flash CC 中，用户可以根据制作动画的需求，自行创建逐帧动画，下面介绍制作逐帧动画的操作方法。

step 1 新建 Flash 空白文档，① 在【工具】面板中，单击【文字工具】按钮 T，② 在舞台中输入文字"1"，如图 10-2 所示。

step 2 在【时间轴】面板中，① 选中第 2 帧，在键盘上按 F6 键，插入关键帧，② 将文字修改为"2"，如图 10-3 所示。

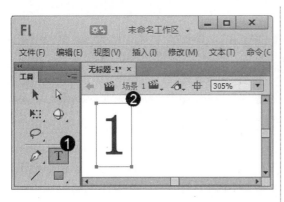

图 10-2

图 10-3

step 3　在【时间轴】面板中，① 选中第 3 帧，在键盘上按 F6 键，插入关键帧，② 将文字修改为"3"，如图 10-4 所示。

step 4　在【时间轴】面板中，① 选中第 4 帧，在键盘上按 F6 键，插入关键帧，② 将文字修改为"4"，如图 10-5 所示。

图 10-4

图 10-5

step 5　在【时间轴】面板中，① 选中第 5 帧，在键盘上按 F6 键，插入关键帧，② 将文字修改为"5"，如图 10-6 所示。

step 6　在键盘上按下组合键 Ctrl+Enter 测试效果，通过以上步骤即可完成制作逐帧动画的操作，效果如图 10-7 所示。

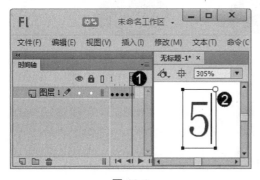

图 10-6

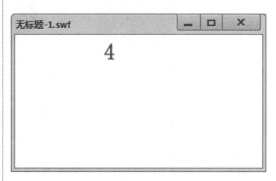

图 10-7

形状补间动画

手机扫描二维码，观看本节视频课程

形状补间动画适用于简单的形状图形，在两个关键帧之间可以创建形状变形的效果，使得一种形状可以随时变化成另一个形状，也可以对形状的位置和大小等进行设置。本节将详细介绍形状补间动画方面的知识及操作方法。

10.2.1　形状补间动画原理

形状补间动画原理，是指在时间轴上的某一帧绘制形状，然后在另一帧修改形状，或者重新绘制另一个对象，然后由 Flash 本身计算两帧之间的差距进行变形帧，在播放的过程中，形成动画。补间形状动画是补间动画的另一类，常用于形状发生变化的动画。

1.　形状补间动画的概念

形状补间动画的概念，是指在一个关键帧中绘制一个形状，然后在其他关键帧中更改该形状或绘制另一个形状，Flash CC 程序会根据二者之间帧的值或形状来创建动画。

2.　构成形状补间动画的元素

形状补间动画可以实现两个图形之间颜色、形状、大小、位置的相互变化，其变形的灵活性介于逐帧动画和动作补间动画二者之间，使用的元素多为用鼠标或压感笔绘制出的形状，如果使用图形元件、按钮、文字，则必先"打散""分离"才能创建变形动画，如图 10-8 所示。

图 10-8

3.　形状补间动画在【时间轴】面板上的表现

形状补间动画创建完成后，【时间轴】面板的背景色变为淡绿色，在起始帧和结束帧之间有一个长长的箭头。

10.2.2 制作形状补间动画

帧的频率是指动画播放的速度，在 Flash CC 中，帧的频率是可以改变的，但不能改得过快或过慢，下面介绍修改帧频率的操作方法。

step 1　新建 Flash 空白文档，① 在【工具】面板中，单击【矩形工具】按钮▢，② 在舞台中绘制矩形，如图 10-9 所示。

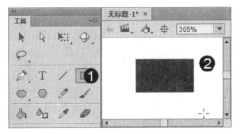

图 10-9

step 2　在【时间轴】面板中，选中第 15 帧，在键盘上按 F6 键，插入关键帧，如图 10-10 所示。

图 10-10

step 3　返回到【工具】面板中，① 单击【选择工具】按钮，② 在舞台中，选中图形并按下键盘上的 Delete 键删除，如图 10-11 所示。

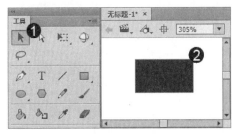

图 10-11

step 4　返回到【工具】面板中，① 单击【椭圆工具】按钮◯，② 在舞台中绘制一个圆形，如图 10-12 所示。

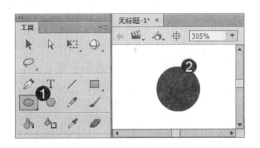

图 10-12

step 5　在【时间轴】面板中，选中第 1~15 帧之间的任意帧，单击鼠标右键，在弹出的快捷菜单中，选择【创建补间形状】菜单项，如图 10-13 所示。

图 10-13

step 6　在键盘上按下 Ctrl+Enter 组合键测试效果，这样即可完成制作形状补间动画的操作，效果如图 10-14 所示。

图 10-14

第一○章　Flash 基本动画制作

251

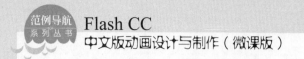
10.2.3　使用形状提示

若要控制更加复杂或罕见的形状变化，可以使用形状提示。形状提示会标识起始形状和结束形状中相对应的点。

形状提示包含从 a～z 的字母，用于识别起始形状和结束形状中相对应的点，最多可以使用 26 个形状提示。

创建补间形状动画后，在菜单栏中选择【修改】→【形状】→【添加形状提示】菜单项，则会在该形状的某处显示为一个带有字母 a 的红色圆圈，如图 10-15 所示。将形状提示移动到要标记的点。选择补间序列中的最后一个关键帧，将形状提示移动到要标记的点。结束形状提示会在该形状的某处显示为一个带有字母 a 的绿色圆圈，如图 10-16 所示。

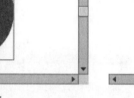

图 10-15　　　　　　　　　　　　图 10-16

要在创建补间形状时获得最佳效果，请遵循以下准则。

在复杂的补间形状中，需要创建中间形状，然后再进行补间，而不要只定义起始和结束的形状。确保形状提示是符合逻辑的。例如，如果在一个三角形中使用三个形状提示，则在原始三角形和要补间的三角形中它们的顺序必须相同。它们的顺序不能在第一个关键帧中是 abc，而在第二个关键帧中是 acb。如果按逆时针从形状的左上角开始放置形状提示，它们的工作效果最好。

当包含形状提示的图层和关键帧处于活动状态下时，在菜单栏中选择【视图】→【显示形状提示】菜单项，可显示所有形状提示。在菜单栏中选择【修改】→【形状】→【删除所有提示】菜单项，即可删除所有形状提示。

Section 10.3　传统补间动画

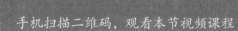

手机扫描二维码，观看本节视频课程

传统补间动画是在时间轴上的不同时间点，设置好关键帧，在关键帧之间选择传统补间，即可形成动画，它是最直接的点对点平衡，没有速度变化，没有路径偏移(弧线)。本节将详细介绍传统补间动画方面的知识。

10.3.1　了解传统补间动画

在 Flash 动画中，传统补间动画是通过改变对象的位置、大小、旋转和倾斜等做出物体运动的各种效果，来改变对象的透明度、滤镜以及淡入和淡出效果。

在 Flash CC 中，传统补间动画建立后，【时间轴】面板的背景色变为淡紫色，并且在起始帧和结束帧之间有一个长长的箭头。

传统补间动画具有以下特点。

- 一个传统补间动画中至少要有两个关键帧。
- 这两个关键帧中的对象，必须是同一个对象。
- 这两个关键帧中的对象，必须有一些变化。

10.3.2　创建传统补间动画

在创建传统补间动画时，是对起始帧与关键帧之间的内容进行变形操作，下面介绍创建传统补间动画的操作方法。

step 1 新建 Flash 空白文档，① 在【工具】面板中，单击【椭圆工具】按钮 ○，② 在舞台中绘制一个椭圆，如图 10-17 所示。

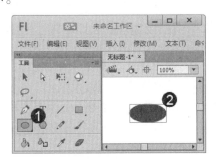

图 10-17

step 3 返回到【工具】面板中，① 单击【部分选取工具】按钮 ▶，② 在舞台中单击鼠标左键选中图形，如图 10-19 所示。

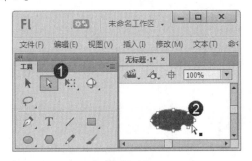

图 10-19

step 2 在【时间轴】面板中，选中第 15 帧，在键盘上按 F6 键，插入关键帧，如图 10-18 所示。

图 10-18

step 4 在图形的周围出现锚点，单击鼠标选中锚点，并进行拖动，对图形进行变形操作，如图 10-20 所示。

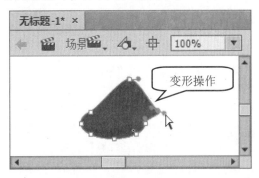

图 10-20

step 5　在【时间轴】面板中，选中第 1~15 帧之间的任意帧，单击鼠标右键，在弹出的快捷菜单中，选择【创建传统补间】菜单项，如图 10-21 所示。

step 6　在键盘上按下 Ctrl+Enter 组合键测试效果，通过以上步骤即可完成创建传统补间动画的操作，效果如图 10-22 所示。

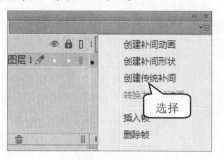

图 10-21

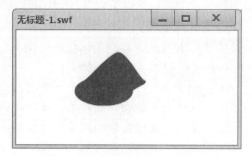

图 10-22

在 Flash CC 中，可补间的对象类型包括影片剪辑、图形和按钮元件以及文本字段。可补间对象的属性包括：元件实例和文本的位置、色彩效果、倾斜、缩放和旋转等，要注意的是，将文本转换为元件，才能补间色彩效果。

10.3.3　编辑和修改传统补间动画

在创建传统补间动画后，用户可以在【属性】面板中，对动画效果进行编辑和修改操作，以达到更好的效果，下面以旋转动画为例，介绍编辑和修改传统补间动画的操作方法。

step 1　新建 Flash 空白文档，① 在【工具】面板中，单击【多角星形工具】按钮，② 在【属性】面板中，单击【选项】按钮　选项... ，如图 10-23 所示。

step 2　弹出【工具设置】对话框，① 在【样式】下拉列表框中，选择【多边形】选项，② 在【边数】文本框中输入边数"3"，③ 单击【确定】按钮　确定，如图 10-24 所示。

图 10-23

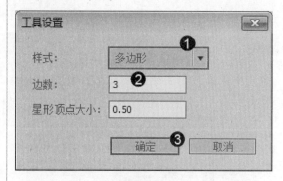

图 10-24

step 3　返回到舞台中，① 在空白处绘制一个三角形，② 在【工具】面板中，单击【矩形工具】按钮，如图 10-25 所示。

step 4　返回到舞台中，在箭头处绘制一个矩形，如图 10-26 所示。

图 10-25

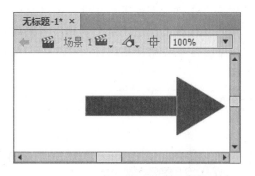

图 10-26

step 5 在【时间轴】面板中，选中第 10 帧，在键盘上按 F6 键，插入关键帧，如图 10-27 所示。

step 6 选中第 1~10 帧之间的任意帧，单击鼠标右键，在弹出的快捷菜单中选择【创建传统补间】菜单项，传统补间动画创建完成，如图 10-28 所示。

图 10-27

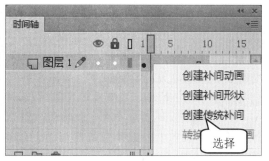

图 10-28

step 7 在【时间轴】面板中，选中补间中的任意帧，打开【属性】面板，在【补间】折叠菜单中，① 单击【旋转】下拉列表按钮 ▼，② 在弹出的下拉列表中，选择【顺时针】选项，如图 10-29 所示。

step 8 在【旋转】文本框中，输入次数"2"，该操作是对已创建的传统补间动画进行旋转参数的修改，如图 10-30 所示。

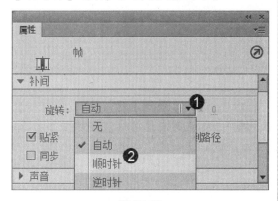

图 10-29

图 10-30

step 9 在键盘上按下组合键 Ctrl+Enter 测试效果，通过以上步骤即可完成编辑和修改传统补间动画的操作，如图 10-31 所示。

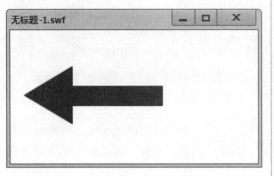

图 10-31

智慧锦囊

可以在【属性】面板中，选中【缩放】复选框，动画将随帧的移动逐渐变大或缩小，取消选中该复选框，将在结束时显示缩放后的对象。

考考您

请您根据上述方法编辑和修改传统补间动画，测试一下您的学习效果。

10.3.4 沿路径创建传统补间动画

在创建传统补间动画时，还可以结合路径，使实例沿着路径进行移动，从而使创建的动画更加灵活、美观，下面介绍沿路径创建传统补间动画的操作方法。

step 1 新建 Flash 空白文档，① 在菜单栏中，选择【插入】菜单项，② 在弹出的下拉菜单中，选择【新建元件】菜单项，如图 10-32 所示。

step 2 弹出【创建新元件】对话框，① 在【名称】文本框中，输入元件名称，② 在【类型】下拉列表框中，选择【影片剪辑】选项，③ 单击【确定】按钮 ，如图 10-33 所示。

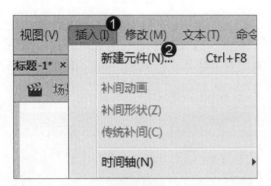

图 10-32

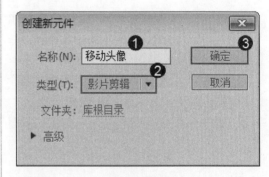

图 10-33

step 3 在菜单栏中选择【文件】→【导入】→【导入到舞台】菜单项，如图 10-34 所示。

step 4 弹出【导入】对话框，① 选择要导入的文件名称，② 单击【打开】按钮 打开(O)，如图 10-35 所示。

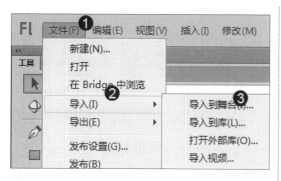

图 10-34

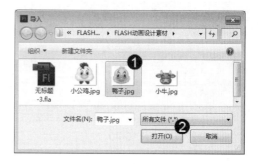

图 10-35

step 5 在编辑栏中单击【场景 1】按钮 场景 1 ，返回到舞台，如图 10-36 所示。

step 6 打开【库】面板，选中元件，将其 拖曳至舞台，如图 10-37 所示。

图 10-36

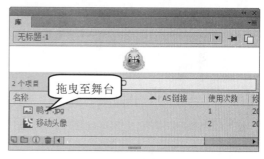

图 10-37

step 7 在【时间轴】面板中，选中第 15 帧，在键盘上按 F6 键，插入关键 帧，如图 10-38 所示。

step 8 选中第 1~15 帧之间的任意帧，单 击鼠标右键，在弹出的快捷菜单中 选择【创建传统补间】菜单项，如图 10-39 所示。

图 10-38

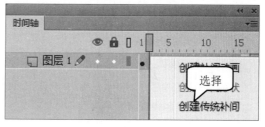

图 10-39

step 9 在【时间轴】面板中，选中第 15 帧，在键盘上按 F6 键，插入关键 帧，如图 10-40 所示。

step 10 选中第 1~15 帧之间的任意帧，单 击鼠标右键，在弹出的快捷菜单中 选择【创建传统补间】菜单项，如图 10-41 所示。

第一〇章 Flash 基本动画制作

图 10-40

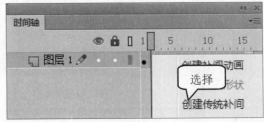

图 10-41

step 11 在【时间轴】面板上，选中【图层1】的第1帧，将元件的中心点与线条的起始点对齐，如图10-42所示。

step 12 移动鼠标指针到【图层1】的第15帧处，选中帧，将元件的中心点与线条的终点对齐，如图10-43所示。

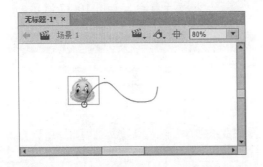

图 10-42

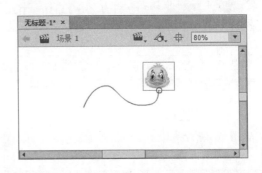

图 10-43

step 13 在【时间轴】面板上，鼠标右键单击【图层2】，在弹出的快捷菜单中，选择【引导层】菜单项，如图10-44所示。

step 14 选中【图层1】并拖曳至【图层2】的下方，将【图层1】转换为被引导层，如图10-45所示。

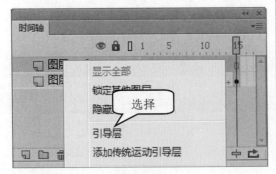

图 10-44

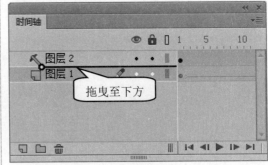

图 10-45

step 15 在键盘上按下组合键 Ctrl+Enter 测试动画效果，通过以上步骤即可完成沿路径创建传统补间动画的操作，如图10-46所示。

智慧锦囊

在 Flash CC 中，引导层不会随着 Flash 文件被导出，引导层的路径只是一条辅助线，用来引导图形对象运动的轨迹。

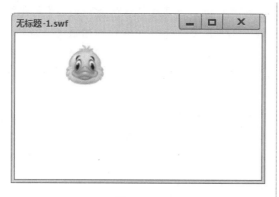

图 10-46

 考考您

请您根据上述方法沿路径创建传统补间动画，测试一下您的学习效果。

 知识精讲

在 Flash CC 中，在创建路径传统补间动画时，若位于运动起始位置的对象与路径引导线很近，该对象的中心点通常会自动连接到引导线，但终止位置的对象则需要手动连接到路径引导线。

10.3.5 自定义缓入/缓出

单击传统补间动画中的任意一帧，在【属性】面板中单击【编辑缓动】按钮 ✎，即可打开【自定义缓入\缓出】对话框，如图 10-47 所示。

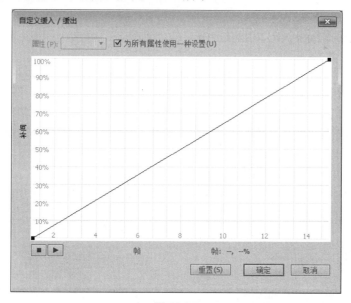

图 10-47

在该对话框中显示了一个表示运动程序随时间而变化的坐标图。水平轴表示帧，垂直轴表示变化的百分比，第一个关键帧表示为 0%，最后一个关键帧表示为 100%。

图形曲线的斜率表示对象的变化速率。曲线水平时，变化速率为零；曲线垂直时，变化速率最大，一瞬间完成变化。

■ 为所有属性使用一种设置：默认情况下，该复选框处于选中状态，显示的曲线用

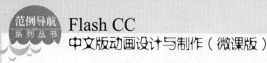
于所有属性，并且【属性】下拉列表框是禁用的。该复选框取消选中时，【属性】下拉列表框是可用的，并且每个属性都有定义其变化速率的单独的曲线。

■ 属性：在此下拉列表框中选择一个属性会显示该属性的曲线，该下拉列表框中共有 5 个属性。当该下拉列表框可用时，其中属性都会保持一条独立的曲线，如图 10-48 所示。

图 10-48

■ 播放和停止：使用【自定义缓入\缓出】对话框中定义的所有当前速率曲线，预览舞台上的动画效果。

■ 重置：将速率曲线重置为默认的线性状态。

■ 所选控制点的位置：在该对话框的右下角，一个数值显示所选控制点的关键帧和位置。如果没有选控制点，则不显示数值。若要在线上添加控制点，单击对角线一次即可，若要实现对对角动画的精确控制，拖动控制点的位置即可。

10.3.6 粘贴传统补间动画属性

在 Flash CC 中可以将补间属性从一个补间范围复制到另一个补间范围。补间属性将用于新目标对象，但目标对象的位置不会发生变化。

在舞台上选择需要复制的补间范围，如图 10-49 所示。在补间范围中的任意帧位置单击右键，在弹出的快捷菜单中选择【复制动画】菜单项，如图 10-50 所示，或在菜单栏中选择【编辑】→【时间轴】→【复制动画】菜单项。

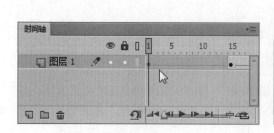

图 10-49

图 10-50

选择需要粘贴的目标对象位置，如图 10-51 所示。在选择的范围中任意帧位置单击鼠标右键，在弹出的快捷菜单中选择【粘贴动画】菜单项，或在菜单栏中选择【编辑】→【时间轴】→【粘贴动画】菜单项。

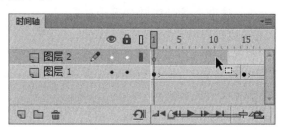

图 10-51

Flash 会对目标补间范围应用补间属性并调整补间范围的长度，以与所复制的补间范围相匹配，如图 10-52 所示。

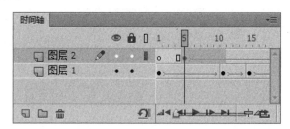

图 10-52

在 Flash CC 中还可以有针对性地对传统补间动画中的某些属性进行复制粘贴，在复制传统补间动画后，在菜单栏中选择【编辑】→【时间轴】→【选择性粘贴】菜单项，弹出【粘贴特殊动作】对话框，如图 10-53 所示。

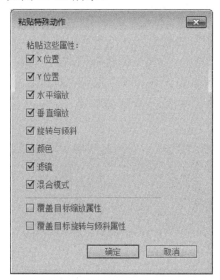

图 10-53

- ■ X 位置：对象在 x 轴方向上移动的距离。
- ■ Y 位置：对象在 y 轴方向上移动的距离。
- ■ 水平缩放：指定在水平方向(x)上对象的当前大小与其自然大小的比值。
- ■ 垂直缩放：指定在垂直方向(y)上对象的当前大小与其自然大小的比值。

- 旋转与倾斜：倾斜是旋转度量(以度为单位)，同时应用旋转和倾斜时，这两个属性会相互影响，必须将这两个属性同时应用于对象。
- 颜色：所有颜色值(如"色调""亮度"和Alpha)都会应用于对象。
- 滤镜：将应用于所选范围的所有滤镜值和更改，如果对对象应用了滤镜，则会粘贴该滤镜(不改动其任何值)，并且它的状态(启用或禁用)也将应用于新的对象。
- 混合模式：应用于对象的混合模式。
- 覆盖目标缩放属性：如果选中该复选框，则指定相对于目标对象粘贴所有属性，如果取消选中该复选框，此选项将覆盖目标的缩放属性。
- 覆盖目标旋转与倾斜属性：如果选中该复选框，则指定相对于目标对象粘贴所有属性，如果取消选中该复选框，所粘贴的属性将覆盖对象的现有旋转和缩放属性。

Section
10.4 补间动画

手机扫描二维码，观看本节视频课程

补间动画所处理的动画包括舞台上的组件实例、多个图形组合、文字等，运用动作补间动画，可以设置元件的大小、位置、颜色、透明度、旋转等属性。本节将详细介绍补间动画方面的知识。

10.4.1 了解补间动画

补间动画是通过为不同帧中的对象属性指定不同的值而创建的。Flash 将计算这两个帧之间该属性的值。在创建动画时，需要先创建补间动画，然后再定义其属性并进行修改。这些属性包括实例或文本的位置、大小、颜色效果、滤镜以及旋转等。Flash 会自动在第一个和第二个时间点之间创建一个渐变。补间动画建立后，【时间轴】面板的背景色变为淡蓝色，如图 10-54 所示。

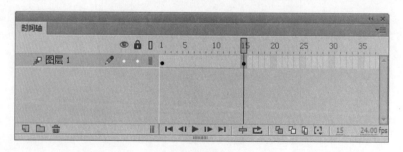

图 10-54

补间动画在补间范围内具有一个单个的对象，它称为补间的目标对象。在补间中具有一个单个的目标对象有以下优点。

- 可以将补间另存为预设，以供再次使用。
- 可以方便地在时间轴或舞台中移动补间动画(来回拖动补间范围)。

■ 可以通过以下方法对现有的补间应用新的实例：将实例粘贴到补间上以将其交换出来、拖动库中的一个新实例，或者是使用"交换元件"。

10.4.2 补间动画和传统补间动画之间的差异

在 Flash CC 中拥有不同类型的补间动画，传统补间动画的创建过程比较复杂，而补间动画功能强大且容易创建，下面介绍二者之间的差异。

■ 补间动画是一种使用元件的动画，最适合用来创建运动、大小和旋转的变化，以及淡化和颜色效果。

■ 传统补间是指在 Flash CS3 和更早版本中使用的补间，在 Flash CC 中予以保留，主要是用于过渡。与传统补间相比，新的补间动画更易于使用且功能更多。

■ 补间动画能提供更好的补间控制，而传统补间只能提供特定于用户的功能。

■ 补间动画使用的是关键帧，传统补间使用的是属性帧。

■ 补间动画整个补间只包含一个目标对象，传统补间则在两个具有相同或不同元件的关键帧之间进行补间。

■ 补间动画将文本用作一个可补间的类型，而不会将文本对象转换为影片剪辑，传统补间则将文本对象转换为图形元件。

■ 补间动画不使用帧脚本，而传统补间使用帧脚本。

■ 补间动画拉伸和调整时间轴中补间的大小并将其视为单个的对象，传统补间由时间轴中可分别选择的几组帧组成。

■ 补间动画对每个补间可以应用一种颜色效果。传统补间可以应用两种不同的颜色效果，如色调和 Alpha 透明度。

■ 传统补间动画无法为 3D 对象创建动画效果，而补间动画则可以为 3D 对象创建动画效果。

■ 在同一图层中，传统补间动画和补间动画不能同时出现。

■ 补间动画和传统补间动画都只允许对特定类型的对象进行补间。

10.4.3 创建补间动画

在 Flash CC 中，用户可以通过设置对象的颜色、大小等创建补间动画，下面介绍创建补间动画的操作方法。

step 1 新建 Flash 空白文档，① 在菜单栏中，选择【插入】菜单项，② 在弹出的下拉菜单中，选择【新建元件】菜单项，如图 10-55 所示。

step 2 弹出【创建新元件】对话框，① 在【名称】文本框中，输入元件名称，② 在【类型】下拉列表框中，选择【图形】选项，③ 单击【确定】按钮 确定 ，如图 10-56 所示。

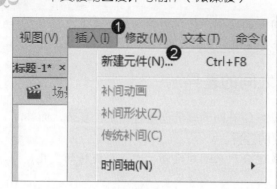

图 10-55

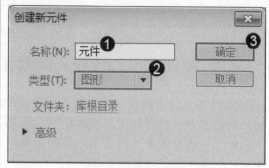

图 10-56

step 3 进入元件编辑窗口，① 在【工具】面板中，单击【椭圆工具】按钮 ，② 在舞台中绘制一个圆形，如图 10-57 所示。

step 4 在编辑栏中单击【场景 1】按钮 场景1，返回到舞台，如图 10-58 所示。

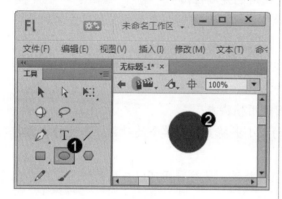

图 10-57

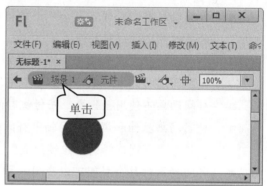

图 10-58

step 5 打开【库】面板，选中创建的元件，并将其拖曳至舞台，如图 10-59 所示。

step 6 在【时间轴】面板中，选中第 15 帧，在键盘上按 F6 键，插入关键帧，如图 10-60 所示。

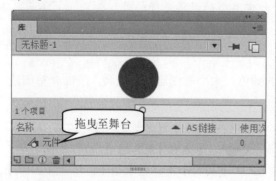

图 10-59

图 10-60

step 7 选中第 15 帧，在舞台中，单击鼠标左键选择元件，并拖动至其他位置，如图 10-61 所示。

step 8 在【时间轴】面板中，选中第 1~15 帧之间的任意帧，单击鼠标右键，在弹出的快捷菜单中，选择【创建补间动画】菜单项，如图 10-62 所示。

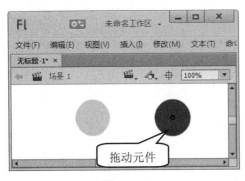

图 10-61

图 10-62

step 9 在键盘上按下组合键 Ctrl+Enter 测试动画效果，通过以上步骤即可完成创建补间动画的操作，效果如图 10-63 所示。

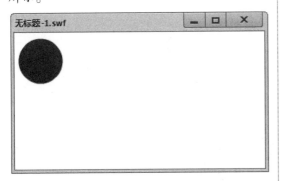

图 10-63

知识精讲　在 Flash CC 中，对于创建的补间动画不满意，可以删除补间重新创建，单击鼠标左键选中补间中的任意帧，鼠标右键单击该帧，在弹出的快捷菜单中，选择【删除动作】菜单项，即可删除创建的补间。

10.4.4　编辑补间动画路径

在 Flash CC 中，创建补间动画后，可以通过变形和属性面板对补间动画路径进行编辑操作，还可以使用选择工具、部分选取工具等更改路径的形状，以便制作出更生动的动画效果，下面介绍编辑补间动画路径的操作方法。

step 1 打开"补间路径.fla"素材文件，在【时间轴】面板中，选择【图层 1】的第 1 帧，① 在菜单栏中，选择【插入】菜单项，② 在弹出的下拉菜单中，选择【补间动画】菜单项，如图 10-64 所示。

step 2 在【时间轴】面板中，① 单击【新建图层】按钮，② 创建一个新的图层，如图 10-65 所示。

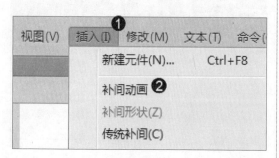

图 10-64

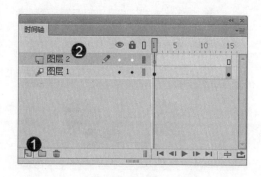

图 10-65

step 3　选中【图层 2】的第 1 帧，① 在【工具】面板中，单击【铅笔工具】按钮 ✎，② 在舞台中绘制一条路径，如图 10-66 所示。

step 4　选中创建的路径，按下键盘上的组合键 Ctrl+C，复制路径，如图 10-67 所示。

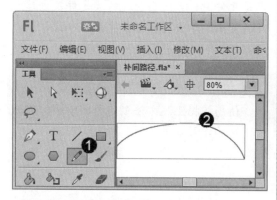

图 10-66

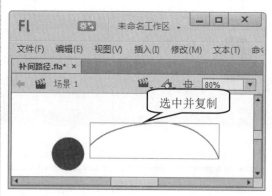

图 10-67

step 5　在【时间轴】面板中，选择整个补间范围，在键盘上按下组合键 Ctrl+Shift+V，创建与绘制的路径相吻合的补间路径，如图 10-68 所示。

step 6　在【时间轴】面板中，在【图层 1】中选中第 14 帧，使用【选择工具】按钮 ▶ 将舞台中的元件拖动至路径终点，如图 10-69 所示。

图 10-68

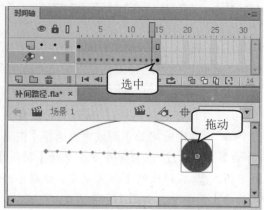

图 10-69

返回到舞台中，对路径进行调整，如图 10-70 所示。

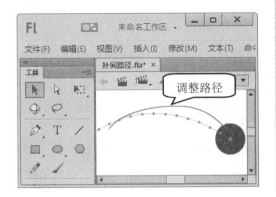

图 10-70

此时【时间轴】面板中，只剩下粘贴的路径，如图 10-72 所示。

图 10-72

step 8 在【时间轴】面板中，鼠标右键单击【图层2】，在弹出的快捷菜单中，选择【删除图层】菜单项，完成动画的操作，如图 10-71 所示。

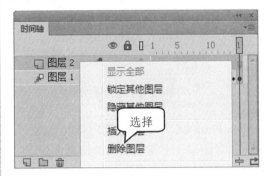

图 10-71

step 10 在键盘上按下组合键 Ctrl+Enter 测试效果，通过以上步骤即可完成编辑补间动画路径的操作，如图 10-73 所示。

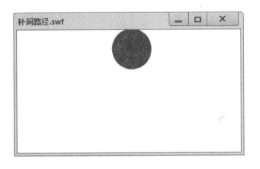

图 10-73

10.4.5　编辑补间动画范围

在 Flash CC 中，对于创建的补间动画，可以根据制作动画的要求，编辑补间动画的范围，下面介绍选择补间范围、移动和复制补间范围以及编辑补间范围长度方面的知识。

1．选择补间范围

在对补间范围进行编辑之前，需要先选择补间范围或帧，下面介绍选择补间范围的方式。

- 如果要选择整个补间范围，可以单击鼠标选择该范围。
- 如果要选择多个补间范围(包括非连续范围和连续范围)，可以按住 Shift 的同时单击鼠标选中每个范围。
- 如果要选择补间范围内的单个帧，可以按住 Ctrl+Alt 组合键的同时单击鼠标选择该范围内的帧。

- 如果要选择一个范围内的多个连续帧，可以按住 Ctrl+Alt 组合键的同时在范围内拖动。
- 如果要在不同图层上的多个补间范围中选择帧，可以按住 Ctrl+Alt 组合键的同时跨多个图层拖动。
- 如果要在一个补间范围中选择个别属性关键帧，可以按住 Ctrl+Alt 组合键的同时单击属性关键帧。也可将其拖到一个新位置。

2. 移动和复制补间范围

在 Flash CC 中，可以选中补间范围，将其移动到其他图层中，例如常规图层、补间图层、引导图层、遮罩图层或被遮罩图层上。如果移动的新图层是常规空图层，它将会成为补间图层。

除了移动鼠标补间范围，还可以复制选中的补间范围，将其粘贴到例如常规图层、补间图层、引导图层、遮罩图层或被遮罩图层上，如图 10-74 所示。

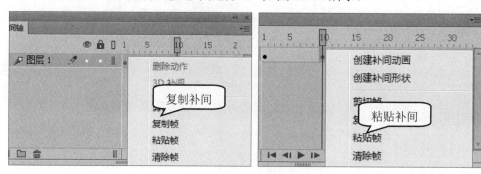

图 10-74

3. 编辑补间范围的长度

在 Flash CC 中，如果要更改动画播放的长度，可以向左或向右拖动补间范围的边缘箭头，如果将一个补间范围的边缘箭头拖到另一个范围的帧中，则会替换第二个范围的帧，如图 10-75 所示。

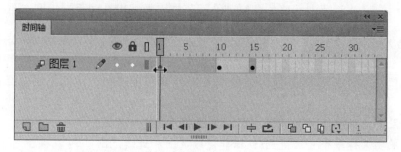

图 10-75

在 Flash CC 中，如果要从某个补间范围中删除帧，可以选中要删除的单个帧或多个帧，然后单击鼠标右键，在弹出的快捷菜单中，选择【删除帧】菜单项，即可删除补间范围中的帧。

Section 10.5 动画预设

手机扫描二维码，观看本节视频课程

动画预设是通过最少的步骤来添加预设动画的方法，也可以将做好的动画进行自定义预设，以便快速地在 Flash CC 中添加动画，选择对象范围包括元件实例和文本字段。本小节将详细介绍动画预设方面的知识及操作方法。

10.5.1　了解动画预设

在 Flash CC 中，动画预设分为默认预设和自定义预设，默认动画预设都存储在【默认预设】文件夹中，一个动画预设只能应用于一个对象，当使用动画预设时，在【时间轴】面板中创建的补间动画与【动画预设】面板将不再有联系了。

动画预设是 Flash 中预配置的补间动画，可以将其直接应用于舞台上的对象，以实现指定的动画效果，而无须用户重新设计，如图 10-76 所示。

图 10-76

10.5.2　应用和编辑动画预设

在舞台中选择准备应用动画预设的对象，在【动画预设】面板中，选择一个动画效果并单击【应用】按钮 应用 ，即可将预设应用到动画中，下面将详细介绍应用和编辑动画预设的操作方法。

step 1　新建 Flash 空白文档，① 在【工具】面板中，单击【矩形工具】按钮 □，② 在舞台中绘制一个矩形，如图 10-77 所示。

step 2　打开【动画预设】面板，① 单击【默认预设】下拉按钮 ▶，② 在弹出的下拉列表中，选择【2D 放大】选项，③ 单击【应用】按钮 应用 ，如图 10-78 所示。

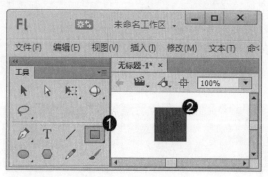

图 10-77

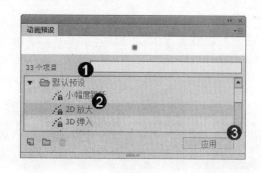

图 10-78

step 3 弹出【将所选的内容转换为元件以进行补间】对话框，根据提示"是否要对其进行转换并创建补间？"信息，单击【确定】按钮 确定 ，如图 10-79 所示。

step 4 在键盘上按下组合键 Ctrl+Enter，测试影片，即可完成应用和编辑动画预设的操作，如图 10-80 所示。

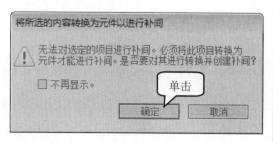

图 10-79

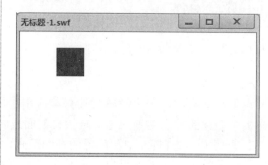

图 10-80

在 Flash CC 中，每个默认预设都可以通过预览窗口来了解动画的实际效果，打开【动画预设】面板，在【默认预设】文件夹中，选择要预览的动画预设，即可以在预览窗口中查看动画效果，在【动画预设】面板外单击鼠标左键，即可停止预览播放。

10.5.3　自定义动画预设

如果用户创建自己的补间，或对从【动画预设】面板应用的补间进行更改，可将它另存为新的动画预设，下面详细介绍自定义动画预设的操作方法。

step 1 打开"补间动画.fla"素材文件，在【时间轴】面板中，单击鼠标左键选中补间范围，如图 10-81 所示。

step 2 打开【动画预设】面板，单击【将选区另存为预设】按钮，如图 10-82 所示。

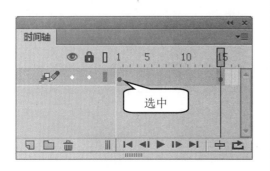

图 10-81

图 10-82

step 3 弹出【将预设另存为】对话框，① 在【预设名称】文本框中输入预设名称，② 单击【确定】按钮 确定 ，如图 10-83 所示。

step 4 在【动画预设】面板中可以看到创建的自定义预设，通过以上步骤即可完成创建自定义预设的操作，如图 10-84 所示。

图 10-83

图 10-84

Section
10.6 范例应用与上机操作

手机扫描二维码，观看本节视频课程

通过本章的学习，读者可以掌握基本动画制作的知识和操作。下面介绍"合并动画""制作时钟摆动动画""制作摆动的小球"范例应用，上机操作练习一下，以达到巩固学习、拓展提高的目的。

10.6.1 合并动画

在 Flash CC 中，可以将两个补间范围动画合并为一个动画，并且还可以将合并的补间范围转换为逐帧动画，下面介绍合并动画的操作方法。

step 1 新建 Flash 空白文档，① 在【工具】面板中，单击【文字工具】按钮 T ，② 在舞台中单击鼠标左键，在出现的文字输入框中输入"1"，如图 10-85 所示。

step 2 在【时间轴】面板中，① 选择第 10 帧，在键盘上按下 F6 键，插入关键帧，② 将文本框中的文本更改为"2"，如图 10-86 所示。

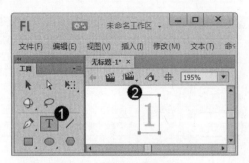

图 10-85

图 10-86

step 3　在【时间轴】面板中，① 选择第15帧，在键盘上按下 F6 键，插入关键帧，② 将文本框中的文本更改为"3"，如图 10-87 所示。

step 4　在【时间轴】面板中，选中第 1~10帧中的任意帧，单击鼠标右键，在弹出的快捷菜单中，选择【创建补间动画】菜单项，如图 10-88 所示。

图 10-87

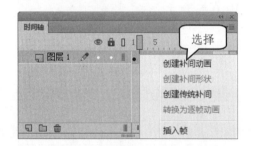

图 10-88

step 5　在【时间轴】面板中，选中第 10~15帧中的任意帧，单击鼠标右键，在弹出的快捷菜单中，选择【创建补间动画】菜单项，如图 10-89 所示。

step 6　在【时间轴】面板中，选中连续的两个补间范围，单击鼠标右键，在弹出的快捷菜单中，选择【合并动画】菜单项，如图 10-90 所示。

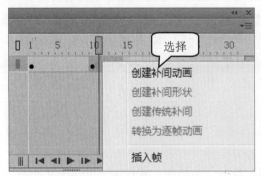

图 10-89

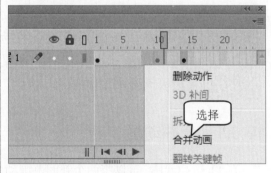

图 10-90

step 7　在【时间轴】面板中，选中第 1~15帧中的任意帧，单击鼠标右键，在弹出的快捷菜单中，选择【转换为逐帧动画】菜单项，如图 10-91 所示。

step 8　在键盘上按下组合键 Ctrl+Enter，测试影片效果，这样即可完成合并动画的操作，如图 10-92 所示。

图 10-91

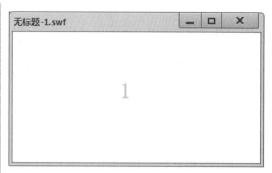

图 10-92

 在 Flash CC 中，使用鼠标右键单击补间范围中的单个帧，在弹出的快捷菜单中，选择【拆分动画】菜单项，可以将补间范围拆分为两个单独的补间范围，拆分后的补间范围拥有相同的实例对象与属性。

10.6.2　制作时钟摆动动画

在 Flash CC 中，可以通过创建传统补间来制作各种各样的动画效果，下面介绍使用传统补间制作时钟摆动的操作方法。

素材文件❀　第 10 章\素材文件\时钟摆动.fla
效果文件❀　第 10 章\效果文件\时钟摆动动画.fla

step 1　打开"时钟摆动.fla"素材文件，① 在【工具】面板中，单击【选择工具】按钮，② 在舞台中单击鼠标左键，选择钟摆图形，如图 10-93 所示。

step 2　在菜单栏中，① 选择【修改】菜单项，② 在弹出的下拉菜单中，选择【转换为元件】菜单项，如图 10-94 所示。

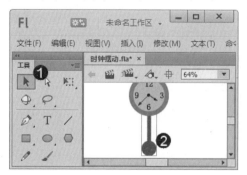

图 10-93

图 10-94

step 3　弹出【转换为元件】对话框，① 在【名称】文本框中，输入元件名称，② 在【类型】下拉列表框中，选择【图形】选项，③ 单击【确定】按钮，如图 10-95 所示。

step 4　在【工具】面板中，① 单击【任意变形工具】按钮，② 单击鼠标选中元件的中心点将其移至钟摆的上方，如图 10-96 所示。

图 10-95

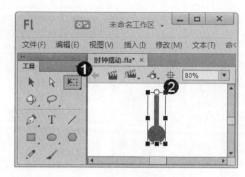

图 10-96

step 5 在【时间轴】面板中，选中【图层2】的第 10 帧，在键盘上按下 F6 键，插入关键帧，如图 10-97 所示。

step 6 在舞台中，调整钟摆的角度，如图 10-98 所示。

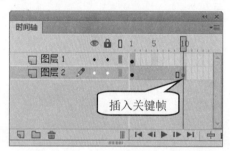

图 10-97

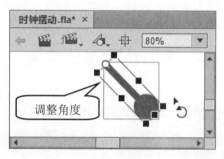

图 10-98

step 7 在【时间轴】面板中，① 选中第20 帧，在键盘上按下 F6 键，插入关键帧，② 调整钟摆的角度，如图 10-99 所示。

step 8 在【时间轴】面板中，选中第 1~10 帧中的任意帧，单击鼠标右键，在弹出的快捷菜单中，选择【创建传统补间】菜单项，如图 10-100 所示。

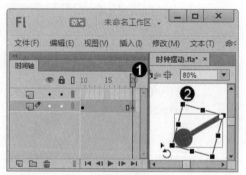

图 10-99

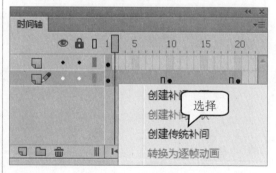

图 10-100

step 9 在【时间轴】面板中，选中第10~20 帧中的任意帧，单击鼠标右键，在弹出的快捷菜单中，选择【创建传统补间】菜单项，如图 10-101 所示。

step 10 在键盘上按下组合键 Ctrl+Enter，测试影片效果，通过以上步骤即可完成制作时钟摆动动画的操作，如图 10-102所示。

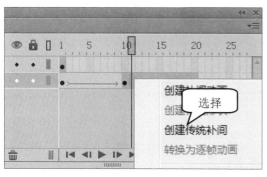

图 10-101

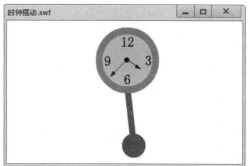

图 10-102

10.6.3 制作摆动的小球

在 Flash CC 中，用户可以通过创建传统补间来制作各种各样的动画效果，下面介绍使用传统补间制作小球摆动的操作方法。

素材文件	无
效果文件	第 10 章\效果文件\制作摆动的小球.fla

step 1 在 Flash CC 工作区中，① 在菜单栏中，选择【插入】菜单，② 在弹出的下拉菜单中选择【新建元件】菜单项，如图 10-103 所示。

图 10-103

step 3 分别使用线条工具和椭圆工具绘制小球创建元件，并将元件拖曳到场景舞台中，如图 10-105 所示。

step 2 弹出【创建新元件】对话框，① 在【名称】文本框中输入元件名称，② 选择元件类型，③ 单击【确定】按钮 确定 ，如图 10-104 所示。

图 10-104

step 4 ① 将元件的中心点移到顶端，② 在【时间轴】面板中，选中第 10 帧，在键盘上按下 F6 键，插入关键帧，如图 10-106 所示。

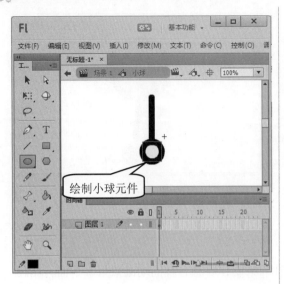

图 10-105

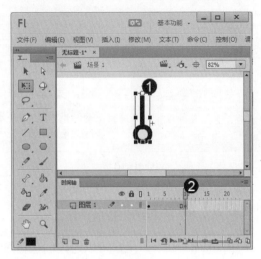

图 10-106

step 5　使用【任意变形工具】按钮  将小球向左侧旋转，如图 10-107 所示。

step 6　返回到【时间轴】面板中，① 选中第 20 帧，在键盘上按下 F6 键，插入关键帧，② 使用【任意变形工具】按钮 将小球向右侧旋转，如图 10-108 所示。

图 10-107

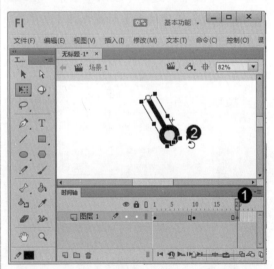

图 10-108

step 7　应用本章所学知识，分别在第 1 帧和第 10 帧、第 11 帧和第 20 帧之间创建补间动画，如图 10-109 所示。

step 8　按下键盘上的组合键 Ctrl+Enter，即可观看动画效果，这样即可完成制作摆动的小球操作，效果如图 10-110 所示。

图 10-109

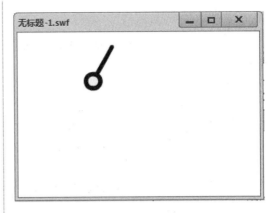

图 10-110

Section 10.7 课后练习与上机操作

本节内容无视频课程，习题参考答案在本书附录

10.7.1 课后练习

1. 填空题

(1) _____是一种常见的动画形式，其原理是在连续的关键帧中分解动画动作，并且每一帧都是关键帧，且都有实例内容。

(2) 形状补间动画原理，是指在时间轴上的某一帧_____，然后在另一帧修改形状，或者重新绘制另一个对象，然后由 Flash 本身计算_____之间的差距进行变形帧，在播放的过程中，形成动画。

(3) 形状补间动画的概念，是指在一个关键帧中绘制一个形状，然后在其他关键帧中更改该形状或绘制另一个形状，Flash CC 程序会根据二者之间帧的_____或_____来创建动画。

(4) 形状提示包含从 a~z 的字母，用于识别_____和_____中相对应的点，最多可以使用 26 个形状提示。

(5) 在 Flash 动画中，_____是通过改变对象的位置、大小、旋转和倾斜等做出物体运动的各种效果，来改变对象的透明度、滤镜以及淡入和淡出的效果。

(6) 在 Flash CC 中可以将补间属性从一个补间范围_____到另一个补间范围。补间属性将用于新目标对象，但目标对象的_____不会发生变化。

(7) 在 Flash CC 中，动画预设分为_____和_____，默认动画预设都存储在【默认预设】文件夹中，一个动画预设只能应用于一个对象，当使用动画预设时，在【时间轴】面板中创建的补间动画与【动画预设】面板将不再有联系了。

2. 判断题

(1) 逐帧动画没有设置任何补间，直接将连续的若干帧都设置为关键帧，然后在其中分别绘制内容。 （ ）

(2) 补间形状动画是补间动画的另一类，常用于时间发生变化的动画。 （ ）

(3) 形状补间动画可以实现两个图形之间颜色、形状、大小、位置的相互变化，其变形的灵活性介于逐帧动画和动作补间动画二者之间，使用的元素多为用鼠标或压感笔绘制出的形状，如果使用图形元件、按钮、文字，则必先"打散""分离"才能创建变形动画。

 （ ）

(4) 帧的频率是指动画播放的速度，在 Flash CC 中，帧的频率是不可以改变的，不能改得过快或过慢。 （ ）

(5) 在创建传统补间动画时，还可以结合路径，使实例沿着路径进行移动，从而使创建的动画更加灵活、美观。 （ ）

(6) 自定义动画预设是 Flash 中预配置的补间动画，可以将其直接应用于舞台上的对象，以实现指定的动画效果，而无须用户重新设计。 （ ）

3. 思考题

(1) 如何制作逐帧动画？

(2) 如何创建补间动画？

(3) 如何应用和编辑动画预设？

10.7.2 上机操作

(1) 通过本章的学习，读者基本可以掌握 Flash 基本动画制作方面的知识，下面通过练习制作游动的鱼动画，达到巩固与提高的目的。

(2) 通过本章的学习，读者基本可以掌握 Flash 基本动画制作方面的知识，下面通过练习制作动态宠物，达到巩固与提高的目的。

第 **11** 章

图层与高级动画制作

　　本章主要介绍了图层与高级动画制作方面的知识与技巧，主要内容包括图层的基本操作、引导层动画、场景动画、遮罩动画以及3D 动画等相关知识及操作，通过本章的学习，读者可以掌握图层与高级动画制作方面的操作知识，为深入学习 Flash CC 知识奠定基础。

本 章 要 点

1. 什么是图层

2. 图层的基本操作

3. 编辑图层

4. 引导层动画

5. 场景动画

6. 遮罩动画

7. 3D 动画

什么是图层

手机扫描二维码，观看本节视频课程

在时间轴上每一行就是一个图层，在制作动画的过程中，往往需要建立多个图层，便于更好地管理和组织文字、图像和动画等对象，且每个图层的内容互不影响。本节将详细介绍图层方面的相关知识。

11.1.1　图层的概念与类型

在 Flash CC 中，动画的每个场景都是由一个或多个图层组成的，下面将详细介绍图层的概念与类型方面的知识。

1.　图层的概念

图层可以看成是叠放在一起的透明的胶片，可以根据动画制作的需要，在不同层上编辑不同动画而互不影响，并在放映时得到合成的效果。使用图层并不会增加动画文件的大小，相反可以更好地帮助用户安排和组织图形、文字和动画。

2.　图层的类型

按照图层用途的不同，可以将图层分为普通层、引导层和遮罩层三种类型，如图 11-1 所示。

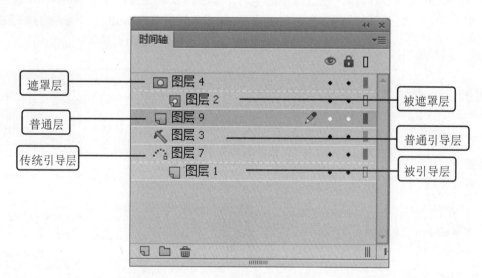

图 11-1

下面将详细介绍不同类型图层的作用。

- 普通层：该图层是 Flash CC 软件默认的图层，放置的对象一般是最基本的动画元素，如矢量对象、位图对象和元件对象等；该图层起着存放帧(画面)的作用，可以将多个帧(多幅画面)按着一定的顺序叠放，以形成动画。
- 引导层：该图层的图案可以为绘制的图形或对象定位，引导层不从影片中输出，所以不会增加作品文件的大小，而且可以多次使用，其作用主要是设置运动对象的运动轨迹。
- 遮罩层：利用遮罩层可以将与其相链接图层中的图像遮盖起来，可以将多个图层组合起来放在一个遮罩层下，以创建出多种效果。在遮罩层中也可使用各种类型的动画使遮罩层中的对象动起来，但是在遮罩层中不能使用按钮元件。

11.1.2 图层的显示状态

在 Flash CC 中，每个图层均提供了一系列相同的属性，通过这些图标可以进行访问，在图层编辑区的上端，还有一些小图标，下面将详细介绍显示/隐藏图层、锁定/解锁图层，以及图层轮廓的显示等方面知识。

1. 显示和隐藏图层

在制作 Flash 动画的过程中，为了便于查看和编辑各个图层的内容，通常会将某些图层隐藏起来，待完成操作后再将图层重新显示出来。下面将详细介绍显示和隐藏图层方面的操作方法。

在 Flash CC 中，显示/隐藏图层的方法是，单击【时间轴】面板中的【显示或隐藏所有图层】图标👁栏下的小黑点，该图层原来的小黑点位置将出现一个黑色图标✕，则表示该图层处于隐藏状态，当再次单击该图层上黑色图标✕时，则表示该图层将会显示出来，如图 11-2 所示。

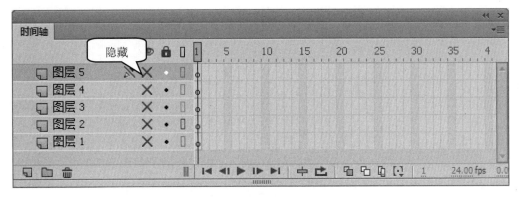

图 11-2

2. 锁定和解锁图层

在制作 Flash 动画的过程中，当编辑每个图层中的内容时，为了避免影响到其他图层中的内容，可以将其他图层进行锁定等操作，而对于遮罩层来说，则必须锁定才能起到作用，被锁定的图层也可以解锁，下面将详细介绍锁定和解锁图层方面的操作方法。

在 Flash CC 软件中，锁定和解锁指定图层的方法是，单击【时间轴】面板中的【锁定或解除锁定所有图层】图标 🔒 栏下的小黑点，该图层原来的小黑点位置将自动转换为挂锁形式图标 🔒，且该图层左侧的铅笔图标也被划掉，则表示该图层处于锁定状态，当再次单击该图层上的挂锁图标 🔒 时，则表示该图层将会被解除锁定，如图 11-3 所示。

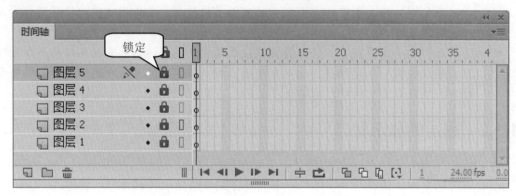

图 11-3

3. 显示图层轮廓

在制作 Flash 动画的过程中，当舞台上的对象较多时，可以用轮廓线显示方式来查看对象，使用轮廓线显示方式可以帮助用户更改图层中的所有对象，若在编辑或测试动画时使用这种显示方法可以加速动画的显示速度。下面将详细介绍显示图层轮廓方面的操作方法。

在 Flash CC 中，显示指定图层轮廓线的方法是，单击【时间轴】面板中的【将所有图层显示为轮廓】图标 ☐ 栏下的带有颜色的方框 ☐，若轮廓图标为空心的 ☐，则表示该图层中的对象当前以轮廓形式显示，当再次单击空心的轮廓图标时，可将其变为实心图标 ☐，则表示该图层恢复正常显示状态，如图 11-4 所示。

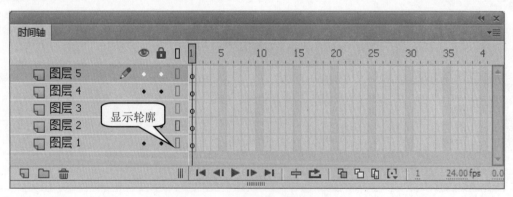

图 11-4

图层的基本操作

手机扫描二维码，观看本节视频课程

在 Flash CC 中，图层的基本操作在制作动画的过程中是必不可少的，用户可以根据不同的情况，进行新建与选择图层、新建图层文件夹、调整图层排列顺序和重命名图层等操作。本节将详细介绍图层的基本操作方面的知识。

11.2.1 新建与选择图层

在使用图层之前，用户需要先创建或选择图层才能进行操作，在 Flash CC 中，新建图层包括新建普通图层、引导层和遮罩层，下面将详细介绍具体的操作方法。

1. 新建普通图层

在默认情况下，新创建的 Flash 文档只有一个名为【图层 1】的图层，在制作 Flash 动画时，用户可以根据需要添加新的图层，下面介绍新建普通图层的操作方法。

step 1　在 Flash CC 工作区中，在【时间轴】面板上，单击【新建图层】按钮，如图 11-5 所示。

step 2　在【图层名称】列表中，出现名称为【图层 2】的图层，通过以上方法，即可完成新建普通图层的操作，效果如图 11-6 所示。

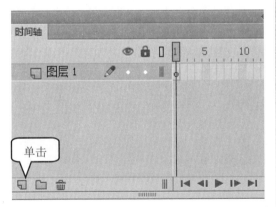

图 11-5

图 11-6

2. 新建引导图层

在制作 Flash 动画时，为了使实例对象和运动路径对齐，可以创建引导层，然后将其他图层上的对象与在引导层上创建的对象对齐，下面介绍新建引导图层的操作方法。

step 1 　在 Flash CC 工作区中，在【时间轴】面板上，鼠标右键单击【图层2】，在弹出的快捷菜单中，选择【引导层】菜单项，如图 11-7 所示。

step 2 　【图层2】图层已经转换为引导图层，这样即可完成新建引导图层的操作，如图 11-8 所示。

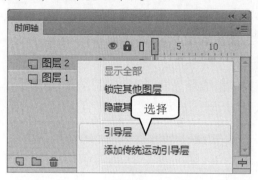

图 11-7

图 11-8

3. 新建遮罩图层

在 Flash CC 中，如果需要获得聚光灯效果的动画，用户可以使用遮罩层，遮罩层中的项目可以是填充的形状、文字对象、图形元件的实例或影片剪辑，遮罩层不能直接被创建，只能通过普通图层转换为遮罩层。下面介绍新建遮罩图层的操作方法。

step 1 　在 Flash CC 工作区中，在【时间轴】面板上，鼠标右键单击【图层2】，在弹出的快捷菜单中，选择【遮罩层】菜单项，如图 11-9 所示。

step 2 　【图层2】图层已经转换为遮罩层，这样即可完成新建遮罩图层的操作，效果如图 11-10 所示。

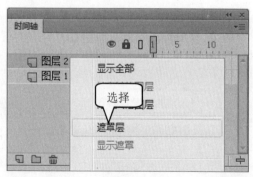

图 11-9

图 11-10

　　在 Flash CC 中，修改各元素之前，需要先选择相对应的图层，选择图层的方法有很多种，包括单击图层名称、选中图层中的任意帧和选中舞台中的对象等，当选择多个非连续图层则需要按住 Ctrl 键，选择多个连续图层则需要按住 Shift 键。

11.2.2 新建图层文件夹

在图层创建完成后，还可以使用图层文件夹对图层文件进行管理。下面详细介绍新建图层文件夹的操作方法。

step 1 新建 Flash 空白文档，在【时间轴】面板中，单击【新建文件夹】按钮 ，如图 11-11 所示。

step 2 出现名为【文件夹 1】的新文件夹，这样即可完成新建图层文件夹的操作，如图 11-12 所示。

图 11-11

图 11-12

知识精讲 在 Flash CC 中，在【时间轴】面板中创建文件夹后，可以选中要管理的图层，将其拖曳至文件夹中，以便进行管理。在菜单栏中，选择【插入】菜单，在弹出的下拉菜单中，选择【时间轴】→【图层文件夹】菜单项，也可以新建图层文件夹。

11.2.3 调整图层排列顺序

在 Flash CC 中，为了舞台中图形对象的显示效果，会创建很多图层来放置不同的图形对象，用户可以根据需要改变图层顺序。下面详细介绍调整图层排列顺序的操作方法。

step 1 在【时间轴】面板中，选中图层，按住鼠标左键将其拖曳至要放置的位置处，然后释放鼠标左键，如图 11-13 所示。

step 2 此时【时间轴】面板中的图层顺序发生改变，这样即可完成调整图层排列顺序的操作，如图 11-14 所示。

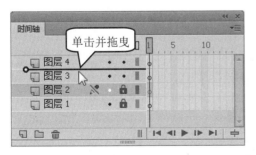

图 11-13

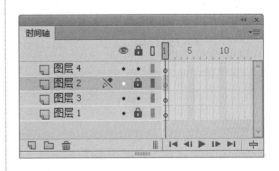

图 11-14

第二章 图层与高级动画制作

11.2.4 重命名图层

在 Flash CC 中，默认情况下，图层是以图层 1、图层 2、图层 3 的方式命名的，为了使每个图层中的内容方便区分管理，可以对图层名称进行更改。下面详细介绍重命名图层的操作方法。

step 1 在【时间轴】面板中，选择准备重命名的图层，单击鼠标右键，在弹出的快捷菜单中，选择【属性】菜单项，如图 11-15 所示。

step 2 弹出【图层属性】对话框，① 在【名称】文本框中，输入新的图层名称，② 单击【确定】按钮 确定 ，即可完成重命名图层的操作，如图 11-16 所示。

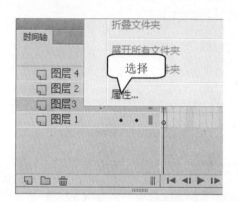

图 11-15

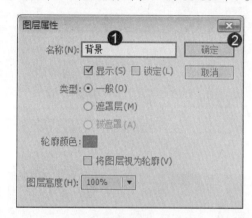

图 11-16

Section
11.3

编辑图层

手机扫描二维码，观看本节视频课程

在 Flash CC 中，用户可以对图层进行复制、显示/隐藏和锁定/解锁图层操作，还可以对图层进行显示轮廓和修改图层轮廓颜色，以及对删除图层和图层文件夹的操作。本节将详细介绍编辑图层方面的知识。

11.3.1 复制图层

复制图层是将图层中的所有元素，包括舞台中的内容和图层上的每一帧进行复制，然后执行粘贴操作，以便提高动画制作效率。下面介绍复制图层的操作方法。

step 1 在【时间轴】面板中，选择准备复制的图层，单击鼠标右键，在弹出的快捷菜单中选择【复制图层】菜单项，如图 11-17 所示。

step 2 此时可以看到复制的图层在所选图层的正上方，这样即可完成复制图层的操作，如图 11-18 所示。

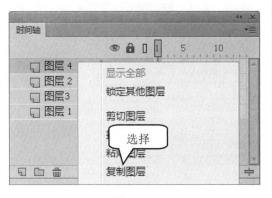

图 11-17

图 11-18

 　　在 Flash CC 中，如果要复制图层，还可以选中图层，在菜单栏中选择【编辑】菜单，在弹出的下拉菜单中，选择【时间轴】→【拷贝图层】或【剪切图层】菜单项，或者鼠标右击图层，在弹出的快捷菜单中，选择【拷贝图层】或【剪切图层】菜单项即可。

11.3.2　删除图层和图层文件夹

　　在【时间轴】面板中，若有不需要的图层或图层文件夹，用户可以将其删除。下面介绍删除图层和图层文件夹的操作方法。

1.　删除图层

　　在【时间轴】面板中，选中准备删除的图层，单击面板底部的【删除】按钮，这样即可完成删除图层的操作，如图 11-19 所示。

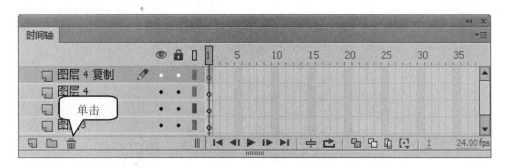

图 11-19

2.　删除图层文件夹

　　在【时间轴】面板中，选中准备删除的图层文件夹，单击面板底部的【删除】按钮，这样即可完成删除图层文件夹的操作，如图 11-20 所示。

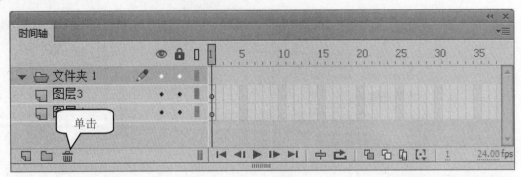

图 11-20

知识精讲　　在 Flash CC 中，还可以选中要进行删除的图层名称或图层文件夹名称，单击鼠标右键，在弹出的快捷菜单中，选择【删除图层】或【删除图层文件夹】菜单项，也可以将选中的图层或图层文件夹删除。

11.3.3　修改图层轮廓颜色

在 Flash CC 中，图层轮廓的颜色是可以进行修改的。选中要修改轮廓颜色的图层，在【图层属性】对话框的【轮廓颜色】区域中更改颜色即可。下面详细介绍修改图层轮廓颜色的操作方法。

step 1　在【时间轴】面板中，选择准备要修改轮廓颜色的图层，单击鼠标右键，在弹出的快捷菜单中，选择【属性】菜单项，如图 11-21 所示。

step 2　弹出【图层属性】对话框，① 在【轮廓颜色】区域中，选择要应用的颜色，② 单击【确定】按钮 确定 ，即可完成修改图层轮廓颜色的操作，如图 11-22 所示。

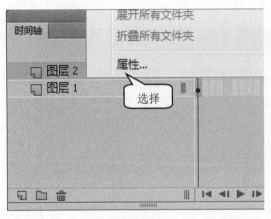

图 11-21

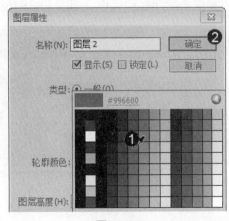

图 11-22

Section 11.4 引导层动画

手机扫描二维码，观看本节视频课程

引导层动画需要两个图层，即绘制路径的图层以及在起始和结束位置应用传统补间动画的图层。引导层动画分为两种，一种是普通引导层，另一种是传统运动引导层。本小节将详细介绍引导层动画方面的知识及操作方法。

11.4.1　创建普通引导层

在 Flash CC 中，普通引导层主要用于为其他图层提供辅助绘图和绘图定位，普通引导层以 图标表示，是在普通图层的基础上建立的。下面介绍创建普通引导层的操作方法。

Step 1　在【时间轴】面板上，鼠标右击【图层 2】，在弹出的快捷菜单中，选择【引导层】菜单项，如图 11-23 所示。

Step 2　此时【图层 2】已经转换为引导层，通过以上步骤即可完成创建引导层的操作，如图 11-24 所示。

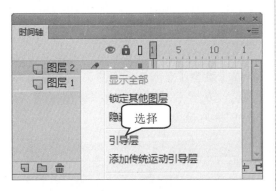

图 11-23

图 11-24

11.4.2　添加运动引导层

运动引导层能够用来控制动画运动的路径，可以使运动渐变动画中的对象沿着指定的路径进行运动。下面介绍添加运动引导层的操作方法。

Step 1　在【时间轴】面板上，鼠标右击【图层 2】，在弹出的快捷菜单中，选择【添加传统运动引导层】菜单项，如图 11-25 所示。

Step 2　此时在【图层 2】的上方出现一个引导层，通过以上步骤即可完成添加运动引导层的操作，如图 11-26 所示。

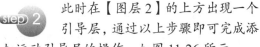

第二章　图层与高级动画制作

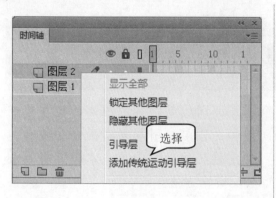

图 11-25　　　　　　　　　　　　　　　　图 11-26

在 Flash CC 中，如果需要将创建的引导层或传统运动引导层恢复为普通图层，可以使用鼠标右击图层，在弹出的快捷菜单中，取消选中【引导层】菜单项即可。

11.4.3　创建沿直线运动的动画

在 Flash CC 中，运动动画是指使对象沿直线或曲线移动的动画形式运动，下面详细介绍创建直线运动动画的操作方法。

step 1　新建 Flash 空白文档，① 在菜单栏中，选择【插入】菜单，② 在弹出的下拉菜单中，选择【新建元件】菜单项，如图 11-27 所示。

step 2　弹出【创建新元件】对话框，① 在文本框中，输入元件名称，② 在【类型】下拉列表框中，选择【图形】选项，③ 单击【确定】按钮 确定 ，如图 11-28 所示。

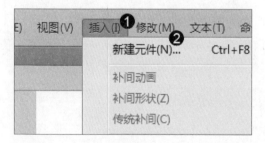

图 11-27

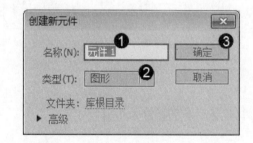

图 11-28

step 3　进入元件编辑窗口，① 在菜单栏中，选择【文件】菜单，② 在弹出的下拉菜单中，选择【导入】菜单项，③ 在弹出的级联菜单中，选择【导入到舞台】菜单项，如图 11-29 所示。

step 4　弹出【导入】对话框，① 选择要导入的文件，② 单击【打开】按钮 打开(O) ，如图 11-30 所示。

图 11-29

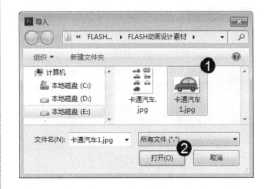

图 11-30

step 5 在编辑栏中，单击【场景 1】按钮
场景 1，如图 11-31 所示。

图 11-31

step 6 在【库】面板中，选中元件并拖
曳至舞台中，如图 11-32 所示。

图 11-32

step 7 在【时间轴】面板中，选中第 15 帧，
在键盘上按下 F6 键，插入关键帧，
如图 11-33 所示。

step 8 鼠标右键单击第 1~15 帧之间的
任意帧，在弹出的快捷菜单中，
选择【创建传统补间】菜单项，如图 11-34
所示。

图 11-33

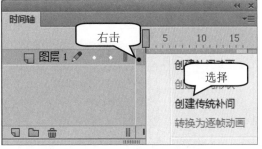

图 11-34

step 9 在【时间轴】面板中，鼠标右击【图
层 1】，在弹出的快捷菜单中，选
择【添加传统运动引导层】菜单项，如图 11-35
所示。

step 10 选中【引导层：图层 1】的第 1
帧，① 在【工具】面板中，单击
【铅笔工具】按钮 ✐，② 在舞台中绘制一
条直线，如图 11-36 所示。

第二章 图层与高级动画制作

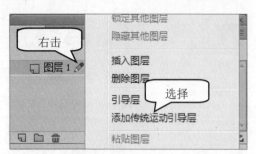

图 11-35

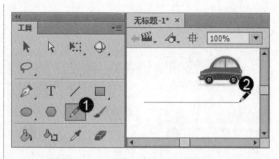

图 11-36

step 11 在【时间轴】面板中，选中【引导层：图层 1】的第 15 帧，在键盘上按下 F6 键，插入关键帧，如图 11-37 所示。

step 12 返回到【工具】面板，① 单击【选择工具】按钮，② 选中元件，将其移动至路径的起始点，释放鼠标左键，如图 11-38 所示。

图 11-37

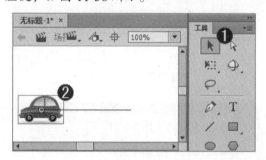

图 11-38

step 13 在【时间轴】面板中，① 选择【图层 1】的第 15 帧，② 选中元件并将其移动至路径的终点处，释放鼠标左键，如图 11-39 所示。

step 14 在键盘上按下 Ctrl+Enter 组合键，测试动画效果，动画制作完成。通过以上步骤即可完成创建直线运动动画的操作，如图 11-40 所示。

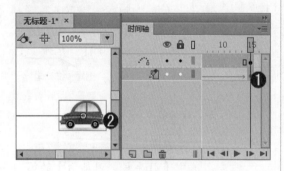

图 11-39

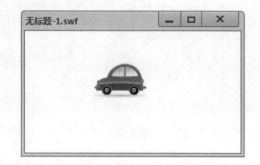

图 11-40

11.4.4　创建沿轨道运动的动画

轨道运动是让对象沿着一定的路径运动，引导层用来设置对象运动的路径，必须是图形，不能是符号或其他格式，下面详细介绍创建沿轨道运动的动画操作方法。

step 1 新建 Flash 空白文档，① 在【工具】面板中，单击【椭圆工具】按钮 ⬭，② 在舞台中绘制一个圆，如图 11-41 所示。

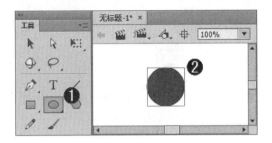

图 11-41

step 3 鼠标右键单击第 1~15 帧之间的任意帧，在弹出的快捷菜单中，选择【创建传统补间】菜单项，如图 11-43 所示。

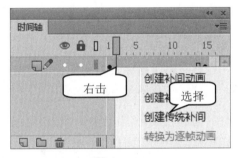

图 11-43

step 5 选中【引导层：图层 1】的第 1 帧，① 在【工具】面板中，单击【铅笔工具】按钮 ✏，② 在舞台中绘制轨道路径，如图 11-45 所示。

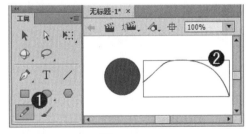

图 11-45

step 7 选中【图层 1】的第 1 帧，① 单击【选择工具】按钮 ▶，② 将元件移动至路径的起始点，然后释放鼠标左键，如图 11-47 所示。

step 2 在【时间轴】面板中，选中第 15 帧，在键盘上按下 F6 键，插入关键帧，如图 11-42 所示。

插入关键帧

图 11-42

step 4 在【时间轴】面板中，鼠标右击【图层 1】，在弹出的快捷菜单中，选择【添加传统运动引导层】菜单项，如图 11-44 所示。

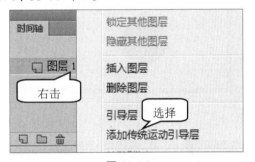

图 11-44

step 6 在【时间轴】面板中，选中【引导层：图层 1】的第 15 帧，在键盘上按下 F6 键，插入关键帧；如图 11-46 所示。

插入关键帧

图 11-46

step 8 在【时间轴】面板中，① 选择【图层 1】的第 15 帧，② 选中元件并将其移动至路径的终点处，然后释放鼠标左键，如图 11-48 所示。

第二章 图层与高级动画制作

293

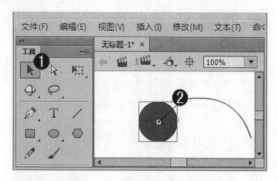

图 11-47

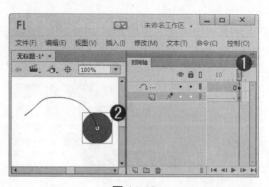

图 11-48

step 9　在键盘上按下 Ctrl+Enter 组合键，测试影片。通过以上步骤即可完成创建沿轨道运动动画的操作，如图 11-49 所示。

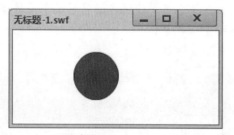

图 11-49

智慧锦囊

如果时间轴中已经有一个引导层，可以将包含传统补间的图层拖到该引导层下方，将其转换为运动引导层。

考考您

请您根据上述方法创建沿轨道运动的动画，测试一下您的学习效果。

Section 11.5　场景动画

手机扫描二维码，观看本节视频课程

在 Flash CC 中，场景是专门用来容纳图层里各种对象的地方，单独的场景可以用于简介、出现的消息以及片头和片尾字幕等，在播放影片时，按照场景排列次序依次播放各场景中的动画。本小节将详细介绍场景动画方面的知识及操作方法。

11.5.1　【场景】面板

在 Flash CC 中，在菜单栏中选择【窗口】菜单，在弹出的下拉菜单中，选择【场景】菜单项，即可打开【场景】面板，如图 11-50 所示。

下面介绍【场景】面板的功能。

- 　【添加场景】按钮：新建场景或添加新的场景。
- 　【重制场景】按钮：创建场景的副本或复制场景。
- 　【删除场景】按钮：删除选定的场景。

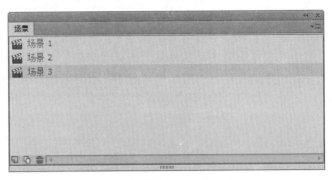

图 11-50

11.5.2　添加与删除场景

当制作 Flash 动画时，可以根据需要添加场景，也可以将多余的场景删除。下面介绍添加与删除场景的操作方法。

step 1　新建 Flash 空白文档，❶ 在菜单栏中，选择【窗口】菜单，❷ 在弹出的下拉菜单中，选择【场景】菜单项，如图 11-51 所示。

step 2　打开【场景】面板，单击【添加场景】按钮，这样即可完成添加场景的操作，如图 11-52 所示。

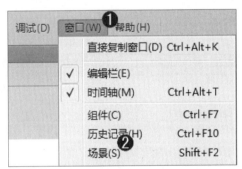

图 11-51

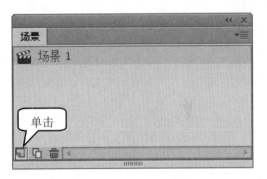

图 11-52

step 3　在【场景】面板中，❶ 选择要删除的场景，❷ 单击【删除场景】按钮，如图 11-53 所示。

step 4　弹出 Adobe Flash Professional 对话框，根据提示"是否确实要删除所选场景"，单击【确定】按钮 ，即可完成删除场景的操作，这样即可完成添加与删除场景的操作，如图 11-54 所示。

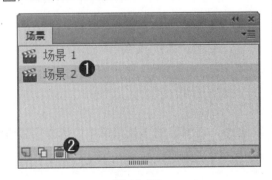

图 11-53

图 11-54

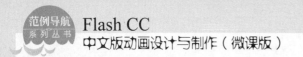

在 Flash CC 中，除了在【场景】面板中添加场景，还可以在菜单栏中选择【插入】菜单，在弹出的下拉菜单中，选择【场景】菜单项，来添加场景。要注意的是，在删除场景时，当面板中只剩下一个场景时，系统将不允许删除该场景。

11.5.3　调整场景顺序

在 Flash CC 中，动画是按照【场景】面板中场景顺序播放的，用户可以根据需要来调整场景的顺序，以达到更好的播放效果。下面介绍调整场景顺序的操作方法。

step 1　打开【场景】面板，单击鼠标左键，选中要进行调整顺序的场景名称，并将其拖动至指定位置，如图 11-55 所示。

step 2　释放鼠标左键，此时可以看到调整顺序的场景排列，这样即可完成调整场景顺序的操作，如图 11-56 所示。

图 11-55

图 11-56

11.5.4　查看特定场景

在制作动画时，若需要查看特定的场景，可以在菜单栏中，选择【视图】→【转到】菜单项，在【转到】级联菜单中，选择需要查看的场景即可，如图 11-57 所示。

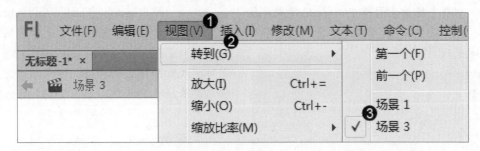

图 11-57

还可以在文档窗口中，单击【编辑场景】按钮，在弹出的下拉菜单中，选择要查看的场景名称即可，如图 11-58 所示。

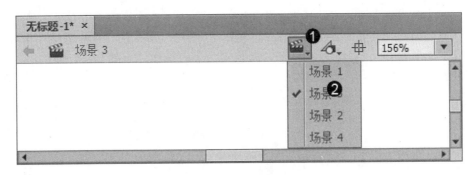

图 11-58

11.5.5 制作多场景动画

在 Flash CC 中，用户可以制作两个或两个以上的场景动画，以满足动画制作要求。下面以两个场景制作动画为例，介绍制作多场景动画的操作方法。

step 1 新建 Flash 空白文档，① 在【工具】面板中，单击【矩形工具】按钮▢，② 在舞台中绘制矩形，如图 11-59 所示。

step 2 在【时间轴】面板中，选中第 15 帧，在键盘上按下 F6 键，插入关键帧，如图 11-60 所示。

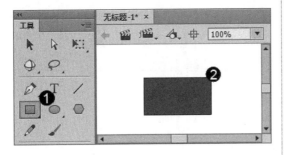

图 11-59

图 11-60

step 3 返回到【工具】面板中，① 单击【选择工具】按钮▙，② 在舞台中选中图形，按下键盘上的 Delete 键删除，如图 11-61 所示。

step 4 在【工具】面板中，① 单击【椭圆工具】按钮◯，② 在舞台中绘制椭圆，如图 11-62 所示。

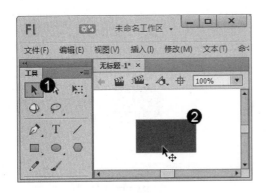

图 11-61

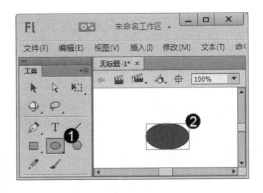

图 11-62

第二章　图层与高级动画制作

297

step 5　在【时间轴】面板中，选中第 1~15 帧之间的任意帧，单击鼠标右键，在弹出的快捷菜单中，选择【创建补间形状】菜单项，如图 11-63 所示。

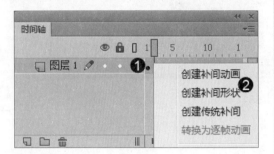

图 11-63

step 6　打开【场景】面板，单击【添加场景】按钮，创建一个名为【场景 2】的场景，如图 11-64 所示。

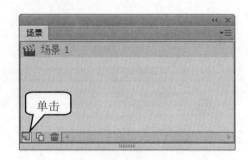

图 11-64

step 7　切换到【场景 2】的舞台中，① 在【工具】面板中，单击【文字工具】按钮 T，② 在舞台中输入文字"5"，如图 11-65 所示。

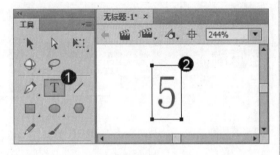

图 11-65

step 8　在【时间轴】面板中，① 选中第 15 帧，在键盘上按下 F6 键，插入关键帧，② 修改舞台中的文字为"4"，如图 11-66 所示。

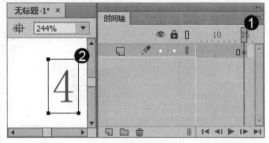

图 11-66

step 9　在【时间轴】面板中，① 选中第 1~15 帧之间的任意帧，单击鼠标右键，② 在弹出的快捷菜单中，选择【创建传统补间】菜单项，如图 11-67 所示。

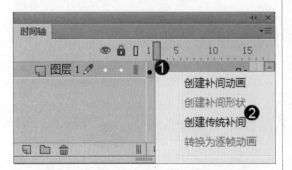

图 11-67

step 10　在键盘上按下 Ctrl+Enter 组合键，测试影片。通过以上方法即可完成制作多场景动画的操作，如图 11-68 所示。

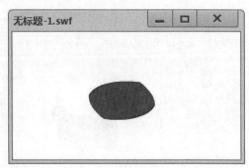

图 11-68

遮罩动画

手机扫描二维码，观看本节视频课程

在 Flash CC 中，如果想为制作的动画添加聚光灯或过渡效果，可以使用遮罩层功能。在遮罩层中，用户可以放置文字、形状、实例和图形元件等对象。本小节将详细介绍遮罩动画方面的知识及操作方法。

11.6.1 了解遮罩及遮罩动画的原理

"遮罩"顾名思义就是遮挡住下面的对象。遮罩动画是通过遮罩层来达到有选择地显示位于其下方的被遮罩层中的内容的目的。

创建遮罩动画时，遮罩层和被遮罩层将成组出现。在一个遮罩动画中，遮罩层只有一个，被遮罩层可以有很多个。

在 Flash CC 中，遮罩动画的基本原理是：透过遮罩图层中的对象看到被遮罩层中的对象及其属性(包括其变形效果)，但是遮罩层对象中的许多属性，如渐变色、透明度、颜色和线条样式等却是被忽略的。例如，不能通过遮罩层的渐变色来实现被遮罩层的渐变颜色变化。要在场景中显示遮罩效果，可以锁定遮罩层和被遮罩层。

需要注意的是，一个遮罩层中只能存在一个遮罩物。也就是说，只能在一个遮罩层中放置一个文本对象、影片剪辑、实例或元件等。遮罩层中的遮罩物就像是一些孔，透过这些孔，可以看到处于被遮罩层中的东西。

11.6.2 创建遮罩层动画

在 Flash CC 中，为了更好地实现动画的视觉效果，用户可以创建遮罩动画。下面介绍创建遮罩动画的操作方法。

 新建 Flash 空白文档，在菜单栏中，选择【文件】→【导入】→【导入到舞台】菜单项，如图 11-69 所示。

 弹出【导入】对话框，① 选择要导入的文件，② 单击【打开】按钮，导入图片文件，如图 11-70 所示。

图 11-69

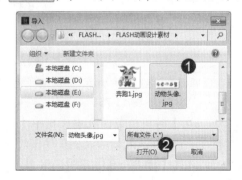

图 11-70

第二章　图层与高级动画制作

step 3 在【时间轴】面板中，选中第15帧，在键盘上按下F6键，插入关键帧，如图11-71所示。

插入关键帧

图 11-71

step 5 选中【图层2】的第1帧，① 在【工具】面板中，单击【椭圆工具】按钮○，② 在舞台的合适位置绘制椭圆，如图11-73所示。

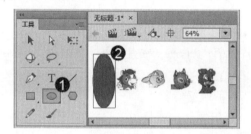

图 11-73

step 7 返回到【工具】面板，① 单击【选择工具】按钮 ，② 选中舞台中的图形，将其移动至图片的终点处，如图11-75所示。

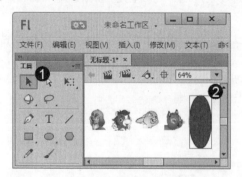

图 11-75

step 9 在【时间轴】面板中，选中【图层2】，单击鼠标右键，在弹出的快捷菜单中，选择【遮罩层】菜单项，如图11-77所示。

step 4 在【时间轴】面板上，单击【新建图层】按钮 ，新建一个名为【图层2】的新图层，如图11-72所示。

单击

图 11-72

step 6 在【时间轴】面板中，选中【图层2】的第15帧，在键盘上按下F6键，插入关键帧，如图11-74所示。

插入关键帧

图 11-74

step 8 在【图层2】中，选中第1~15帧之间的任意帧，单击鼠标右键，在弹出的快捷菜单中，选择【创建传统补间】菜单项，如图11-76所示。

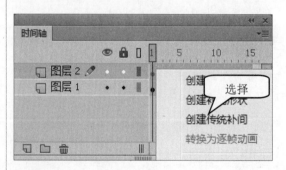
选择

图 11-76

step 10 在键盘上按下Ctrl+Enter组合键，测试影片，这样即可完成创建遮罩动画的操作，如图11-78所示。

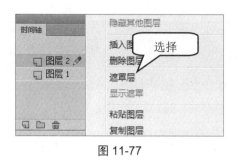

图 11-77

图 11-78

在 Flash CC 中，在遮罩层下创建新图层，还可以采用另一种方法：在菜单栏中，选择【修改】菜单，在弹出的下拉菜单中，选择【时间轴】→【图层属性】菜单项，在弹出的【图层属性】对话框中，选中【类型】区域中的【被遮罩】单选按钮，即可添加被遮罩层。

11.6.3 断开图层和遮罩层的链接

创建遮罩层动画之后，Flash 依然允许将被遮罩层脱离遮罩层。单击并向左拖动被遮罩层，此时会出现一条黑色的线段，如图 11-79 所示。释放鼠标，即可断开与遮罩层的链接，如图 11-80 所示。

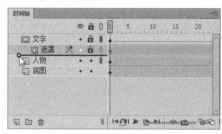

图 11-79

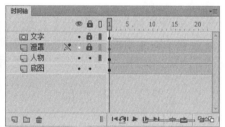

图 11-80

也可以选择被遮罩层，在菜单栏中选择【修改】→【时间轴】→【图层属性】菜单项，在弹出的【图层属性】对话框中选中【一般】单选按钮，将被罩层转换为普通图层，如图 11-81 所示。取消链接后的被遮罩层中的内容将不再受遮罩层的影响。

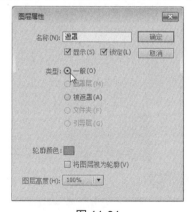

图 11-81

第二章 图层与高级动画制作

Section
11.7

3D 动画

手机扫描二维码，观看本节视频课程

在 Flash CC 中，用户通过使用 3D 选择和平移工具，可以将只具备 2D 动画效果的动画元件，制作成具有空间感的补间动画，产生透视效果。本节将详细介绍 3D 动画相关方面的知识及操作方法。

11.7.1　关于 Flash 中的 3D 图形

Flash CC 允许用户通过在舞台的 3D 空间中移动和旋转影片剪辑来创建 3D 效果。

Flash 通过在每个影片剪辑实例的属性中包括 Z 轴来表示 3D 空间。通过使用 3D 平移和 3D 旋转工具沿着影片剪辑实例的 Z 轴移动和旋转影片剪辑实例，即可向影片剪辑实例中添加 3D 透视效果。

在 3D 术语中，在 3D 空间中移动一个对象称为平移，在 3D 空间中旋转一个对象称为变形。将这两种效果中的任意一种应用于影片剪辑后，Flash 会将其视为一个 3D 影片剪辑，每当选择该影片剪辑时就会显示一个重叠在其上面的彩轴指示符(X 轴为红色、Y 轴为绿色，而 Z 轴为蓝色)。

若要使对象看起来离查看者更近或更远，则使用 3D 平移工具或属性检查器沿 Z 轴移动该对象。若要使对象看起来与查看者之间形成某一角度，则使用 3D 旋转工具绕对象的 Z 轴旋转影片剪辑。通过组合使用这些工具，用户可以创建出逼真的透视效果。

11.7.2　创建 3D 平移动画

使用 3D 平移工具，用户可以制作出 3D 平移动画效果，通过 3D 平移控件平移影片剪辑实例，使其沿 X、Y、Z 轴移动，产生三维缩放效果。下面介绍创建 3D 平移动画的操作方法。

step 1 新建文档，在菜单栏中，① 选择【文件】菜单项，② 在弹出的快捷菜单中，选择【导入】菜单项，③ 在弹出的级联菜单中，选择【导入到舞台】菜单项，如图 11-82 所示。

step 2 在【导入】对话框中，① 选择准备导入的素材背景图片，② 单击【打开】按钮 打开(O)，如图 11-83 所示。

图 11-82

图 11-83

step 3 将外部图像文件导入舞台后，调整素材图像的大小，如图 11-84 所示。

图 11-84

step 5 将图形文件转换为元件后，在【时间轴】面板中，右键单击第 1 帧，在弹出的快捷菜单中，选择【创建补间动画】菜单项，如图 11-86 所示。

图 11-86

step 7 ① 在【工具】面板中，单击【3D 平移工具】按钮，② 移动光标到平移控件的 X 控件上，拖动鼠标可以将对象沿 X 轴移动，如图 11-88 所示。

step 4 选中导入的图片，按下 F8 键，弹出【转换为元件】对话框，① 在【类型】下拉列表框中，选择【影片剪辑】选项，② 单击【确定】按钮，这样即可将导入的图形文件转换成元件，如图 11-85 所示。

图 11-85

step 6 在【时间轴】面板中，在第 24 帧位置处单击，如图 11-87 所示。

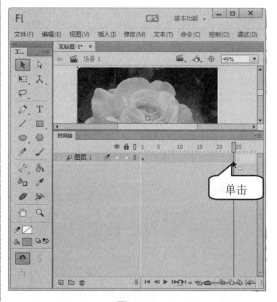

图 11-87

step 8 移动光标到平移控件的 Y 控件上，拖动鼠标可以将对象沿 Y 轴移动，如图 11-89 所示。

第二章 图层与高级动画制作

303

图 11-88

图 11-89

step 9 移动光标到平移控件的 Z 控件上，拖动鼠标可以将对象沿 Z 轴移动，如图 11-90 所示。

step 10 按下键盘上的 Ctrl+Enter 组合键，检测刚刚创建的动画，通过以上方法即可完成创建 3D 平移动画的操作，如图 11-91 所示。

图 11-90

图 11-91

11.7.3 创建 3D 旋转动画

在 Flash CC 中，使用 3D 旋转工具，可以制作出 3D 旋转动画效果，通过 3D 旋转控件旋转影片剪辑实例，使其沿 X、Y、Z 轴旋转，产生三维透视效果，下面介绍创建 3D 旋转动画的操作方法。

step 1 新建文档，在菜单栏中，① 选择【文件】菜单项，② 在弹出的下拉菜单中，选择【导入】菜单项，③ 在弹出的级联菜单中，选择【导入到舞台】菜单项，如图 11-92 所示。

step 2 在【导入】对话框中，① 选择准备导入的素材背景图片，② 单击【打开】按钮 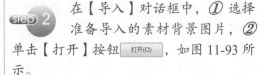，如图 11-93 所示。

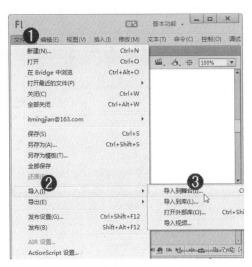

图 11-92

图 11-93

step 3　将外部图像文件导入舞台后，调整素材图像的大小和位置，如图 11-94 所示。

step 4　选中导入的图片，按下 F8 键，弹出【转换为元件】对话框，① 在【类型】下拉列表框中，选择【影片剪辑】选项，② 单击【确定】按钮 确定 ，将导入的图形文件转换成元件，如图 11-95 所示。

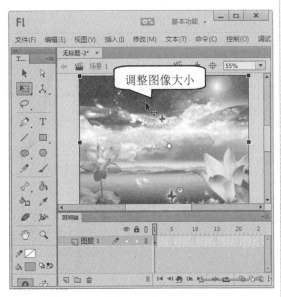

11-94

图 11-95

step 5　将图形文件转换元件后，在【时间轴】面板中，右键单击第 1 帧，在弹出的快捷菜单中，选择【创建补间动画】菜单项，如图 11-96 所示。

step 6　在【时间轴】面板中，在第 24 帧位置处单击，如图 11-97 所示。

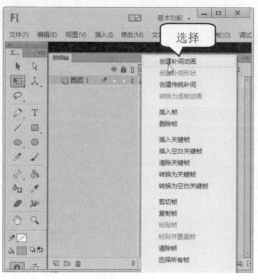

图 11-96

图 11-97

step 7 ① 在【工具】面板中，单击【3D 旋转工具】按钮，② 移动光标到旋转控件的 X 控件上，拖动鼠标可以将对象沿 X 轴旋转，如图 11-98 所示。

step 8 移动光标到平移控件的 Y 控件上，拖动鼠标可以将对象沿 Y 轴旋转，如图 11-99 所示。

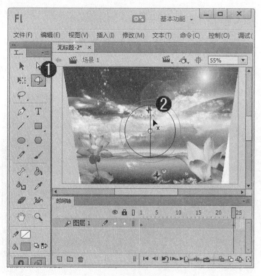

图 11-98

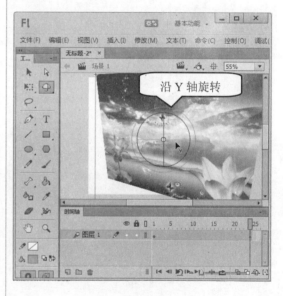

图 11-99

step 9 移动光标到平移控件的 Z 控件上，拖动鼠标可以将对象沿 Z 轴旋转，如图 11-100 所示。

step 10 按下键盘上的 Ctrl+Enter 组合键，检测刚刚创建的动画，通过以上方法即可完成创建 3D 旋转动画的操作，如图 11-101 所示。

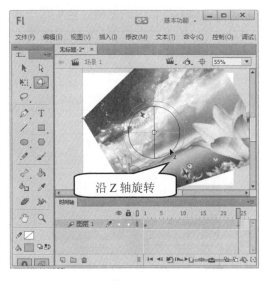

图 11-100

图 11-101

11.7.4 全局转换与局部转换

在【工具】面板中，当选择 3D 旋转工具后，在【工具】面板下面的选项栏中会增加一个【全局转换】按钮 ，即 3D 旋转工具的默认模式是全局转换，与其相对的模式是局部转换，单击工具选项栏中的【全局转换】按钮，可以在这两个模式中进行转换。

两种模式的主要区别在于，在全局转换模式下的 3D 旋转控件方向与舞台无关，而在【局部转换】模式下的 3D 旋转控件方向与舞台有关，如图 11-102 所示。

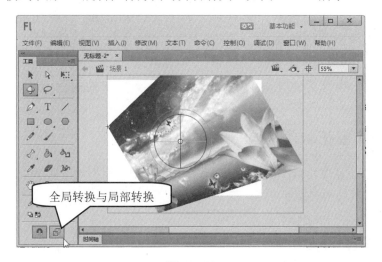

图 11-102

11.7.5 调整透视角度和消失点

创建 3D 动画后，用户可以调整 3D 动画的透视角度和消失点，以便制作出更加符合标准的 Flash 动画，下面介绍调整透视角度和消失点的操作方法。

step 1 选择创建的 3D 动画后，在【属性】面板中，在【透视角度】微调框中，输入数值，这样即可调整 3D 动画的透视角度，如图 11-103 所示。

图 11-103

step 2 在【属性】面板中，在【消失点】区域中，在 X 和 Y 微调框中，输入数值，这样即可调整 3D 动画的消失点，如图 11-104 所示。

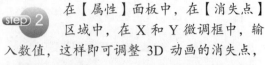
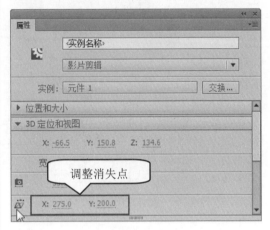

图 11-104

Section 11.8　范例应用与上机操作

手机扫描二维码，观看本节视频课程

　　通过本章的学习，读者基本可以掌握图层与高级动画制作方面的基本知识和操作技巧。下面介绍"制作雪花飘落动画""制作小鸟飞翔动画""制作热气球飞行平移动画""制作飞机在蓝天中飞行的动画"和"制作电影透视文字"范例应用，上机操作练习一下，以达到巩固学习、拓展提高的目的。

11.8.1　制作雪花飘落动画

　　在 Flash CC 中遮罩层被广泛地用于制作动画中，下面根据本章所学知识，介绍使用遮罩层制作雪花飘落动画的操作方法。

素材文件❄	第 11 章\素材文件\雪花.fla
效果文件❄	第 11 章\效果文件\雪花飘落.doc

step 1 打开"雪花.fla"素材文件，在【时间轴】面板中，选中【图层 2】的第 15 帧，在键盘上按下 F6 键，插入关键帧，如图 11-105 所示。

step 2 在【时间轴】面板上，单击【新建图层】按钮，新建一个名为【图层 3】的新图层，如图 11-106 所示。

图 11-105

图 11-106

step 3 选中【图层 3】的第 1 帧，① 在【工具】面板中，单击【矩形工具】按钮 ▢，② 在舞台的合适位置绘制矩形，如图 11-107 所示。

step 4 在【时间轴】面板中，选中【图层 3】的第 15 帧，在键盘上按下 F6 键，插入关键帧，如图 11-108 所示。

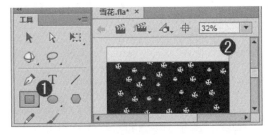

图 11-107

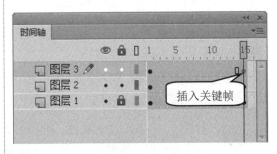

图 11-108

step 5 返回到【工具】面板，① 单击【选择工具】按钮 ▸，② 选中舞台中的图形，将其移动至图片的终点处，如图 11-109 所示。

step 6 在【图层 3】中，选中第 1~15 帧之间的任意帧，单击鼠标右键，在弹出的快捷菜单中，选择【创建传统补间】菜单项，如图 11-110 所示。

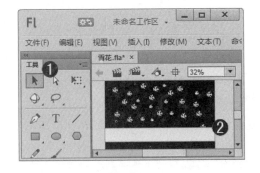

图 11-109

图 11-110

在 Flash CC 中，在【时间轴】面板中，选中要转换为遮罩层的图层，在菜单栏中，选择【修改】菜单，在弹出的下拉菜单中，选择【时间轴】→【图层属性】菜单项，在弹出的【图层属性】对话框中，选中【遮罩层】单选按钮，单击【确定】按钮 ▭确定▭ 即可。

第二章 图层与高级动画制作

step 7 在【时间轴】面板中，选中【图层3】，
单击鼠标右键，在弹出的快捷菜单
中，选择【遮罩层】菜单项，如图11-111所示。

图 11-111

step 8 在键盘上按下 Ctrl+Enter 组合键，
测试影片。通过以上方法即可完成
制作雪花飘落的操作，如图11-112所示。

图 11-112

11.8.2 制作小鸟飞翔动画

在 Flash CC 中引导层被广泛地用于制作动画，下面根据本章所学知识，介绍使用引导层制作小鸟飞翔动画的操作方法。

素材文件 第11章\素材文件\小鸟.fla

效果文件 第11章\效果文件\小鸟飞翔.fla

step 1 打开"小鸟.fla"素材文件，在【时间轴】面板中，选中第15帧，在键盘上按下F6键，插入关键帧，如图11-113所示。

图 11-113

step 2 在【时间轴】面板中，单击【新建图层】按钮，新建一个图层，如图11-114所示。

图 11-114

step 3 选中【图层2】的第1帧，①在【工具】面板中，单击【钢笔工具】按钮，②在舞台中绘制一条路径，如图11-115所示。

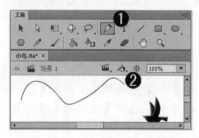

11-115

step 4 在【时间轴】面板中，选中【图层2】的第15帧，在键盘上按下F6键，插入关键帧，如图11-116所示。

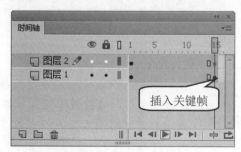

图 11-116

step 5　选中【图层 1】的第 1 帧，① 在【工具】面板中，单击【选择工具】按钮，② 选中元件并将其移至路径终点，如图 11-117 所示。

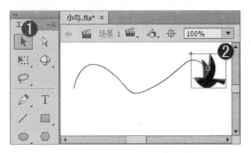

图 11-117

step 6　在【时间轴】面板中，① 选中【图层 1】的第 15 帧，② 选中元件并将其移至路径起点，如图 11-118 所示。

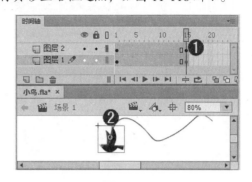

图 11-118

step 7　在【图层 1】中，鼠标右键单击第 1～15 帧之间的任意帧，在弹出的快捷菜单中，选择【创建传统补间】菜单项，如图 11-119 所示。

图 11-119

step 8　鼠标右键单击【图层 2】，在弹出的快捷菜单中，选择【引导层】菜单项，如图 11-120 所示。

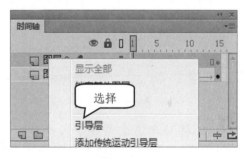

图 11-120

step 9　在【时间轴】面板中，选中【图层 1】并向上拖动，将其转换为被引导层，如图 11-121 所示。

图 11-121

step 10　在键盘上按下 Ctrl+Enter 组合键，测试动画效果，这样即可完成制作小鸟飞翔动画的操作，如图 11-122 所示。

图 11-122

11.8.3　制作热气球飞行平移动画

运用本章 3D 平移工具方面的知识，用户可以制作出热气球飞行平移的动画效果。下面介绍制作热气球飞行平移动画效果的操作方法。

素材文件❄	第 11 章\素材文件\制作热气球飞行平移动画效果
效果文件❄	第 11 章\效果文件\制作热气球飞行平移动画效果.fla

step 1 新建文档，① 在菜单栏中，选择【文件】菜单项，② 在弹出的下拉菜单中，选择【导入】菜单项，③ 在弹出的级联菜单中，选择【导入到舞台】菜单项，如图 11-123 所示。

step 2 在【导入】对话框中，① 选择准备导入的素材背景图片，② 单击【打开】按钮 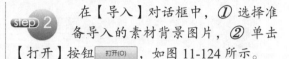，如图 11-124 所示。

图 11-123

图 11-124

step 3 将外部图像文件导入舞台后，调整素材图像的大小和位置，如图 11-125 所示。

step 4 在【时间轴】面板左下角，① 单击【新建图层】按钮，② 这样即可新建一个图层，如【图层 2】，如图 11-126 所示。

图 11-125

图 11-126

step 5　新建图层后，① 在菜单栏中，选择【文件】菜单项，② 在弹出的下拉菜单中，选择【导入】菜单项，③ 在弹出的级联菜单中，选择【导入到舞台】菜单项，如图 11-127 所示。

图 11-127

step 7　将外部图像文件导入舞台后，调整素材图像的大小和位置，如图 11-129 所示。

图 11-129

step 9　将图形文件转换为元件后，在【时间轴】面板中，在【图层 2】中右键单击第 1 帧，在弹出的快捷菜单中，选择【创建补间动画】菜单项，如图 11-131 所示。

step 6　在【导入】对话框中，① 选择准备导入的素材图片，② 单击【打开】按钮 打开(O)，如图 11-128 所示。

图 11-128

step 8　① 选中导入的图片，按下 F8 键，弹出【转换为元件】对话框，在【类型】下拉列表框中，选择【影片剪辑】选项，② 单击【确定】按钮 确定，将导入的图形文件转换成元件，如图 11-130 所示。

图 11-130

step 10　在【时间轴】面板中，在【图层 1】中，选择第 24 帧，然后在键盘上按下 F5 键，插入帧，如图 11-132 所示。

第二章　图层与高级动画制作

313

图 11-131

图 11-132

 step11　在【时间轴】面板中，在【图层 2】第 24 帧位置处单击，如图 11-133 所示。

step12　① 在【工具】面板中，单击【3D 平移工具】按钮，② 移动光标到平移控件的 X 控件上，拖动鼠标可以将对象沿 X 轴移动，如图 11-134 所示。

图 11-133

图 11-134

step13　移动光标到平移控件的 Y 控件上，拖动鼠标可以将对象沿 Y 轴移动，如图 11-135 所示。

step14　按下键盘上的 Ctrl+Enter 组合键，检测刚刚创建的动画效果，通过以上操作即可完成使用 3D 平移工具制作热气球飞行的动画操作，效果如图 11-136 所示。

沿 Y 轴移动

图 11-135

图 11-136

11.8.4　制作飞机在蓝天中飞行的动画

　　运用本章引导层动画方面的知识，用户可以制作出飞机在蓝天中飞行的动画。下面介绍制作飞机在蓝天中飞行动画的操作方法。

素材文件 第 11 章\素材文件\制作飞机在蓝天中飞行的动画(文件夹)
效果文件 第 11 章\效果文件\制作飞机在蓝天中飞行的动画.fla

step 1 　　新建文档，① 在菜单栏中，选择【文件】菜单项，② 在弹出的下拉菜单中，选择【导入】菜单项，③ 在弹出的级联菜单中，选择【导入到舞台】菜单项，如图 11-137 所示。

step 2 　　在【导入】对话框中，① 选择准备导入的素材背景图片，如"制作飞机在蓝天中飞行的动画.jpg"，② 单击【打开】按钮 打开(O)，如图 11-138 所示。

图 11-137

图 11-138

step 3　将图像导入至舞台中，然后调整其大小和位置，如图 11-139 所示。

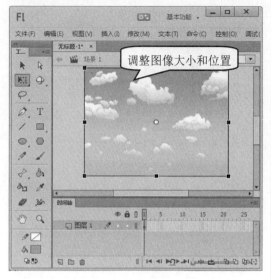

图 11-139

step 5　选择【图层 2】后，在键盘上按下组合键 Ctrl+R，打开【导入】对话框，① 选择准备导入的飞机素材图片，② 单击【打开】按钮 打开(O)，如图 11-141 所示。

图 11-141

step 7　在键盘上按下 F8 键，弹出【转换为元件】对话框，① 在【类型】下拉列表框中，选择【图形】选项，② 单击【确定】按钮 确定，如图 11-143 所示。

step 4　① 在【时间轴】面板的左下角，单击【新建图层】按钮，② 新建一个普通图层，如【图层 2】，如图 11-140 所示。

图 11-140

step 6　将飞机图像素材导入至舞台中后，然后调整飞机图像的大小和位置，如图 11-142 所示。

图 11-142

step 8　在【时间轴】面板上，分别选中【图层 1】和【图层 2】的第 50 帧，按 F6 键插入关键帧，如图 11-144 所示。

图 11-143

在【转换为元件】对话框中，单击【高级】链接项，用户可以在其中进行ActionScript 链接、运行时共享库、创作时共享等操作。

step 9 ① 选择【图层 2】并单击鼠标右键，② 在弹出的快捷菜单中，选择【添加传统运动传导层】菜单项，创建引导层，如图 11-145 所示。

图 11-144

step 10 ① 在【工具】面板中，单击【直线工具】按钮，② 在舞台中，绘制一条折线，如图 11-146 所示。

图 11-145

图 11-146

step 11 在【图层 2】中，在键盘上按下F6 键，在第 13 帧、第 25 帧，第36 帧处插入关键帧，如图 11-147 所示。

step 12 选中【图层 2】的第 1 帧，将飞机素材拖动到路径的起点，如图 11-148所示。

图 11-147

图 11-148

step13　选中【图层2】的第13帧，将飞机素材拖动到路径的第一个折点，如图11-149所示。

step14　选中【图层2】的第25帧，将飞机素材拖动到路径的第二个折点，如图11-150所示。

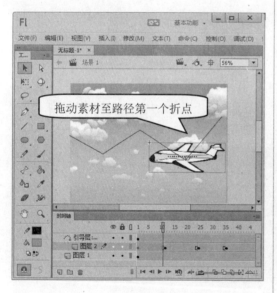

图 11-149

图 11-150

step15　选中【图层2】的第36帧，将飞机素材拖动到路径的第三个折点，如图11-151所示。

step16　选中【图层2】的第50帧，将飞机素材拖动到路径的终止点，如图11-152所示。

图 11-151

图 11-152

step17 设置飞机运行轨迹后，在【图层 2】中，在第 1~12 帧、在第 13~24 帧、在第 25~35 帧和在第 36~50 帧之间单击鼠标右键，在弹出的快捷菜单中，选择【创建传统补间】菜单项，创建多个补间，如图 11-153 所示。

step18 此时，按下 Ctrl+Enter 组合键，检测刚刚创建的动画，这样即可完成飞机在蓝天中飞行的动画效果，如图 11-154 所示。

图 11-153

图 11-154

11.8.5　制作电影透视文字

运用本章遮罩动画方面的知识，用户可以制作出漂亮的电影透视文字，下面介绍制作

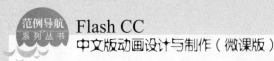
电影透视文字的操作方法。

素材文件 第 11 章\素材文件\制作电影透视文字.jpg

效果文件 第 11 章\效果文件\制作电影透视文字.fla

step 1 新建文档，① 选择【修改】菜单项，② 在弹出的下拉菜单中，选择【文档】菜单项，如图 11-155 所示。

图 11-155

step 2 ① 弹出【文档设置】对话框，在尺寸文本框中，设置文档的宽度与高度数值，② 单击【确定】按钮，如图 11-156 所示。

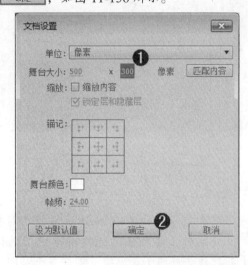

图 11-156

step 3 在【时间轴】面板中，① 单击【新建图层】按钮，② 新建三个图层，分别将其命名为【文字边框】、【文字】和【图片】，如图 11-157 所示。

图 11-157

step 4 在【时间轴】面板中，选中【文字】图层的第 1 帧后，使用文本工具创建需要的文本，如"电影"，如图 11-158 所示。

图 11-158

step 5　选中文字，在键盘上按下两次组合键Ctrl+B，将文字彻底分离打散，如图11-159所示。

图 11-159

step 7　① 选择【编辑】菜单，② 在弹出的下拉菜单中，选择【粘贴到当前位置】菜单项，如图11-161所示。

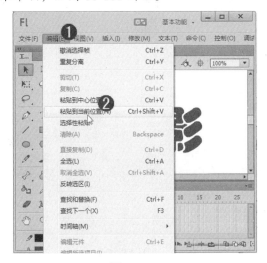

图 11-161

step 9　① 在【时间轴】面板中，选择【文字边框】图层后，在【工具】面板中，选中【墨水瓶工具】按钮 ，② 在【笔触】文本框中，输入笔触高度的数值，如"4"，③ 在【样式】下拉列表框中，选择【实线】选项，④ 在【笔触颜色】框中，选择笔触的颜色，如"蓝色"，如图11-163所示。

step 6　选中打散后的文字，在键盘上按下组合键Ctrl+C复制文字，然后选中【文字边框】图层的第1帧，如图11-160所示。

图 11-160

step 8　在【时间轴】面板中，将【文字】图层锁定并隐藏，如图11-162所示。

图 11-162

step 10　设置墨水瓶工具属性后，使用墨水瓶工具在文字边缘单击，为文字添加蓝色边框，如图11-164所示。

第二章　图层与高级动画制作

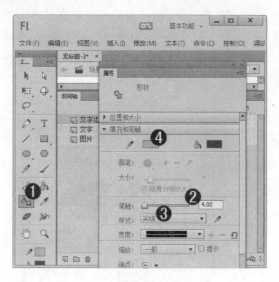

图 11-163

图 11-164

step 11　使用选择工具将文字中间的填充部分选中，然后在键盘上按下 Delete 键，将文本填充部分删除，如图 11-165 所示。

step 12　① 删除填充文本后，按 Ctrl+F8 组合键，弹出【创新新元件】对话框，在【类型】下拉列表框中，选择【影片剪辑】选项，② 单击【确定】按钮 确定 ，如图 11-166 所示。

图 11-165

图 11-166

step 13　在菜单栏中，① 选择【文件】菜单项，② 在弹出的下拉菜单中，选择【导入】菜单项，③ 在弹出的级联菜单中，选择【导入到库】菜单项，如图 11-167 所示。

step 14　弹出【导入到库】对话框，① 选择准备导入的素材，如"制作电影透视文字.jpg"，② 单击【打开】按钮 打开(O) ，如图 11-168 所示。

图 11-167

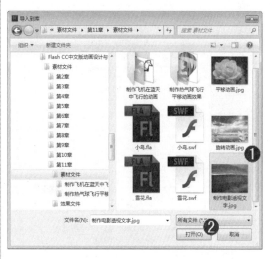

图 11-168

step 15　将图片导入到【库】面板中后，将导入的图形拖入到影片剪辑元件的编辑模式中并调整其大小，如图 11-169 所示。

step 16　在剪辑元件中导入图片后，① 选择【编辑】菜单项，② 在弹出的下拉菜单中，选择【编辑文档】菜单项，如图 11-170 所示。

图 11-169

图 11-170

step 17　返回到场景 1 中，选择【图片】图层的第 1 帧，如图 11-171 所示。

step 18　在【库】面板中，将刚刚创建的【图片】元件拖入到舞台中，如图 11-172 所示。

图 11-171

图 11-172

step19 在【时间轴】面板中，分别在【文字边框】、【文字】和【图片】图层的第 40 帧上，在键盘上按下 F6 键，插入关键帧，如图 11-173 所示。

step20 在【图片】图层的第 40 帧插入关键帧后，将【图片】元件向左移动一段距离，如图 11-174 所示。

图 11-173

图 11-174

step21 右键单击【图片】图层的第 1~40 帧之间的任意一帧，在弹出的快捷菜单中，选择【创建传统补间】菜单项，创建补间动画，如图 11-175 所示。

step22 取消【文字】图层的隐藏效果并右击【文字】图层，在弹出的快捷菜单中，选择【遮罩层】菜单项，创建遮罩层，如图 11-176 所示。

图 11-175

图 11-176

step23 此时，在键盘上按下 Ctrl+Enter 组合键，可以检测刚刚创建的动画效果，如图 11-177 所示。

step24 保存文档，即可完成制作电影透视文字的操作，最终的文档效果如图 11-178 所示。

图 11-177

图 11-178

Section 11.9 课后练习与上机操作

本节内容无视频课程，习题参考答案在本书附录

11.9.1 课后练习

1. 填空题

(1) 图层可以看成是_____在一起的透明的胶片，可以根据动画制作的需要，在不

同层上编辑不同动画而互不影响，并在放映时得到合成的效果。

(2) 在制作 Flash 动画的过程中，当舞台上的对象较多时，可以用_____显示的方式来查看对象。

(3) _____能够用来控制动画运动的路径，可以使运动渐变动画中的对象沿着指定的路径进行运动。

(4) 创建遮罩动画时，遮罩层和被遮罩层将_____出现。在一个遮罩动画中，遮罩层只有一个，_____可以有很多个。

(5) 创建 3D 动画后，用户可以调整 3D 动画的_____和_____，以便制作出更加符合标准的 Flash 动画。

2. 判断题

(1) 使用图层并不会增加动画文件的大小，相反可以更好地帮助用户安排和组织图形、文字和动画。   (   )

(2) 在制作 Flash 动画的过程中，当编辑每个图层中的内容时，为了避免影响到其他图层中的内容，可以进行将其他图层隐藏等操作。   (   )

(3) 使用轮廓线显示的方式可以帮助用户更改图层中的所有对象，若在编辑或测试动画时使用这种显示方法可以加速动画的显示速度。   (   )

(4) 轨道运动是让对象沿着一定的路径运动，引导层用来设置对象运动的路径，必须是影片剪辑，不能是符号或其他格式。   (   )

(5) Flash CC 允许用户通过在舞台的 3D 空间中移动和旋转影片剪辑来创建 3D 效果。

(   )

3. 思考题

(1) 如何调整图层排列顺序？

(2) 如何添加与删除场景？

11.9.2　上机操作

(1) 通过本章的学习，读者基本可以掌握图层与高级动画制作方面的知识，下面通过练习制作转动的地球，达到巩固与提高的目的。

(2) 通过本章的学习，读者基本可以掌握图层与高级动画制作方面的知识，下面通过练习制作文字走光效果，达到巩固与提高的目的。

第12章

组件与命令

本章主要介绍了组件与命令方面的知识与技巧，主要内容包括组件的基本操作、使用常见的组件、添加常用组件和命令的相关知识及操作技巧，通过本章的学习，读者可以掌握组件和命令基础操作方面的知识，为深入学习 Flash CC 知识奠定基础。

本 章 要 点

1. 组件的基本操作
2. 使用常见的组件
3. 添加常用组件
4. 命令

在 Flash CC 中，组件是带有参数的影片剪辑，既可以是简单的界面控件，也可以包含不可见的内容，使用组件可以快速构建具有一致外观和行为的应用程序。本节将详细介绍组件基本操作方面的知识。

12.1.1 组件概述与类型

在 Flash CC 中，组件可以提供创建者能想到的任何功能，每个组件都有预定义参数，可以在 Flash 中来设置这些参数。每个组件还有一组独特的动作脚本方法、属性和事件，也称为 API(应用程序编程接口)，可以在运行时设置参数和其他选项。

使用组件可以做到编码与设计的分离，而且还可以重复利用创建的组件中的代码，或者通过安装其他开发人员创建的组件来重复利用代码。

组件可分为四类：用户界面(UI)组件、媒体组件、数据组件和管理器组件，下面介绍这四类组件方面的知识。

- 使用 UI 控件，可以与应用程序进行交互操作。例如，RadioButton、CheckBox 和 TextInput 组件都是 UI 控件。
- 利用媒体组件，可以将媒体引入到应用程序中，MediaPlayback 组件就是一个媒体组件。
- 利用数据组件可以加载和处理数据源的信息，WebServiceConnector 和 XMLConnector 组件都是数据组件。
- 管理器是不可见的组件，使用这些组件可以在应用程序中管理诸如焦点或深度之类的功能，FocusManager、DepthManager、PopUpManager 和 StyleManager 都是 Flash CC 包含的管理器组件。

12.1.2 组件的预览与查看

在 Flash CC 中，查看与预览组件的方法有很多，可以使用【组件】面板来查看组件，并可以在创作过程中将组件添加到文档中。而在将组件添加到文档中后，即可在属性检查器中查看组件属性，下面详细介绍组件的预览与查看的操作方法。

step 1 新建 Flash 空白文档，① 在菜单栏中，选择【窗口】菜单，② 在弹出的下拉菜单中，选择【组件】菜单项，如图 12-1 所示。

step 2 打开【组件】面板，展开 User Interface 文件夹，在展开列表中，可以详细查看与预览组件，如图 12-2 所示。

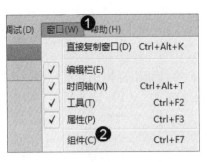

图 12-1

图 12-2

12.1.3　向 Flash 中添加组件

在 Flash CC 中，只需要将组件拖曳到舞台中，或双击要使用的组件，即可将组件添加到 Flash 中，下面介绍向 Flash 中添加组件的操作方法。

step 1 新建 Flash 空白文档，① 在菜单栏中，选择【窗口】菜单，② 在弹出的下拉菜单中，选择【组件】菜单项，如图 12-3 所示。

step 2 打开【组件】面板，展开 User Interface 文件夹，① 在展开的列表中，单击鼠标选中组件，② 按住鼠标左键并将选中的组件拖曳到舞台中，即可完成向 Flash 中添加组件的操作，如图 12-4 所示。

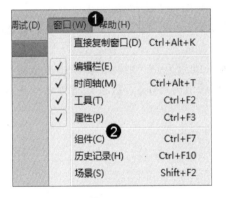

图 12-3

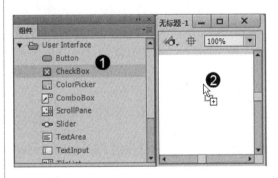

图 12-4

在 Flash CC 中，在文档中首次添加组件时，Flash 会将其作为影片剪辑导入到【库】面板中，然后直接从【库】面板中将其拖曳至舞台中，也可以打开【组件】面板，将组件添加到舞台中。

Section 12.2　使用常见的组件

手机扫描二维码，观看本节视频课程

在 Flash CC 中，常见的组件包括按钮组件(Button)、单选按钮组件(RadioButton)、复选框组件(CheckBox)、文本域组件(TextArea)和下拉列表组件(ComboBox)等。本小节将详细介绍使用常见组件方面的相关知识。

12.2.1 按钮组件 Button

Button 组件是一个可调整大小的矩形界面按钮，将按钮组件拖曳到舞台中，可以打开【属性】面板，在【组件参数】折叠菜单中设置相应的参数，如图 12-5 所示。

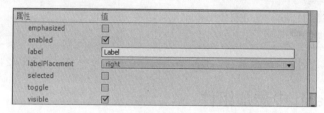

图 12-5

Button 按钮组件的属性参数说明如下。

- emphasized: 用于获取或设置一个布尔值，指示当按钮处于弹起状态时，Button 组件周围是否有边框。
- enabled: 用于指示组件是否可以接受交点和输入，默认值为 true。
- label: 用于设置按钮上的标签名，默认值为 label。
- labelPlacement: 用于确定按钮上的标签文本相对于图标的方向。
- selected: 如果 toggle 参数值为 true，则该参数用于指定按钮是处于按下状态(true) 还是释放状态(false)，默认值为 false。
- toggle: 用于将按钮转变为切换开关，如果值为 true，则按钮在单击后保持按下状态，并在再次单击时返回到弹起状态，如果值为 false，则按钮行为与一般按钮相同，默认值为 false。
- visible: 用于指示对象是否可见，默认值为 true。

12.2.2 单选按钮组件 RadioButton

在 Flash CC 中，使用 RadioButton 组件可以强制只能选择一组选项中的一项。RadioButton 组件必须用于至少有两个 RadioButton 实例的组件，如图 12-6 所示。

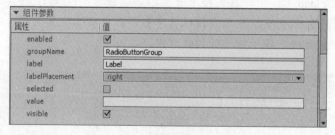

图 12-6

RadioButton 单选按钮组件的部分属性参数说明如下。

- enabled: 用于指示组件是否可以接受交点和输入，默认值为 true。
- groupName: 用于设置单选按钮的组名称，默认值为 RadioButtonGroup。
- label: 设置按钮上的文本值，默认值是“单选按钮”。

- labelPlacement：确定按钮上标签文本的方向，该参数可以是下列四个值之一：left、right、top、bottom，默认值是 right。
- selected：用于设置单选按钮在初始化时是否被选中，如果组内有多个单选按钮被设置为 true，则会选中最后实例化的单选按钮。

12.2.3　复选框组件 CheckBox

复选框是一个可以选中或取消选中的方框，复选框被选中后，框中会出现一个复选标记，此时可以为复选框添加一个文本标签，并可以将它放在左侧、右侧、顶部或底部，如图 12-7 所示。

图 12-7

CheckBox 复选框组件的属性参数说明如下。
- enabled：用于指示组件是否可以接受交点和输入，默认值为 true。
- label：用于设置复选框的名称，默认值为 label。
- labelPlacement：用于设置名称相对于复选框的位置，默认状态下名称在复选框的右侧。
- selected：将复选框的初始值设置为 true 或 false。
- visible：用于指示对象是否可见，默认值为 true。

12.2.4　文本域组件 TextArea

TextArea 组件环绕着本机"动作脚本"TextField 对象，可以使用样式自定义 TextArea 组件；当实例被禁用时，其内容以"disabledColor"样式所代表的颜色显示。TextArea 组件也可以采用 HTML 格式，或者作为掩饰文本的密码字段，如图 12-8 所示。

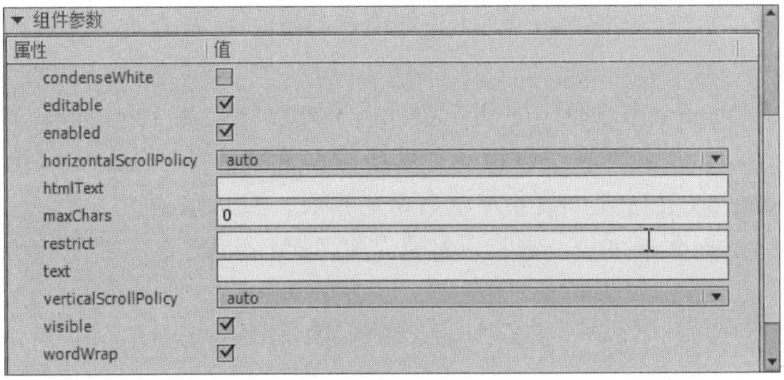

图 12-8

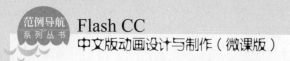

TextArea 文本域组件的部分属性参数说明如下。

- editable：指明 TextArea 组件是(true)否(false)可编辑，默认值为 true。
- enabled：是一个布尔值，它指示组件是否可以接收焦点和输入，默认值为 true。
- htmlText：指示文本是(true)否(false)采用 HTML 格式。如果 HTML 设置为 true，则可以使用字体标签来设置文本格式，默认值为 false。
- maxChars：用于设置文本区域最多可以容纳的字符集。
- restrict：用于指示用户可以输入文本区域中的字符集。
- text：指明 TextArea 的内容，无法在属性检查器或组件检查器面板中输入回车，默认值为""(空字符串)。
- visible 是一个布尔值，它指示对象是可见的(true)还是不可见的(false)，默认值为 true。
- wordWrap：指明文本是(true)否(false)自动换行，默认值为 true。

12.2.5　下拉列表组件 ComboBox

在 Flash CC 中，任何需要从列表中选择一项表单或应用程序时，都可以使用 ComboBox 组件。下拉列表组件可以从上下滚动的列表中来选择一个选项，如图 12-9 所示。

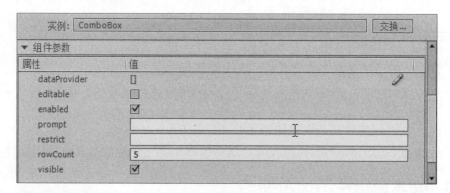

图 12-9

ComboBox 下拉列表组件的部分属性参数说明如下。

- dataProvider：将一个数据值与 ComboBox 组件中的每一项相关联。该数据参数是一个数组。
- editable：确定 ComboBox 组件是可编辑的(true)还是只是可选择的(false)，默认值为 false。
- enabled：是一个布尔值，它指示组件是否可以接收焦点和输入，默认值为 true。
- restrict：指示用户可在组合框的文本字段中输入的字符集，默认值为 undefined。
- rowCount：设置列表中最多可以显示的项数，默认值为 5。
- visible：是一个布尔值，它指示对象是可见的(true)还是不可见的(false)，默认值为 true。

　　通过将组件与 ActionScript 3.0 结合，可以使用户更快速地完成 Flash 应用程序的开发，用户可以添加一些常用的组件，来制作更加形象、生动的画面。本小节将详细介绍添加 Scrollpane 组件、Label 组件及 List 组件方面的知识与操作技巧。

12.3.1　添加 Scrollpane 组件

　　ScrollPane 组件在一个可滚动区域中能够显示影片剪辑、JPEG 文件和 SWF 文件。在 Flash CC 中，可以向 Flash 文档中添加 ScrollPane 组件，通过使用滚动窗格，来限制这些媒体类型所占用屏幕区域的大小。滚动窗格可以显示从本地磁盘或 Internet 加载的内容。在创作和运行组件的过程中，都可以使用 ActionScript 设置此内容，如图 12-10 所示。

12-10

ScrollPane 组件的部分属性参数说明如下。

- ■　horizontalLineScrollSize：表示每次单击箭头按钮时，水平滚动条移动多少个单位，默认值为 4。
- ■　horizontalPageScrollSize：表示每次单击轨道时水平滚动条移动多少个单位，默认值为 0。
- ■　horizontalScrollPolicy：显示水平滚动条。该值可以是 on、off 或 auto，默认值为 auto。
- ■　scrollDrag：是一个布尔值，它确定当用户在滚动窗格中拖动内容时是(true)否(false)发生滚动，默认值为 false。
- ■　verticalLineScrollSize：表示每次单击滚动箭头时，垂直滚动条移动多少个单位，默认值为 4。
- ■　verticalPageScrollSize：表示每次单击滚动条轨道时，垂直滚动条移动多少个单位，默认值为 0。
- ■　verticalScrollPolicy：显示垂直滚动条。该值可以是 on、off 或 auto，默认值为 auto。

12.3.2 添加 Label 组件

在 Flash CC 中，Label 组件用于为表单中的另一个组件创建文本标签。Label 组件实际上就是一行文本，Label 组件没有边框，不具有焦点并且不产生任何组件，可以通过添加 Label 组件，来起到显示文本的作用，如图 12-11 所示。

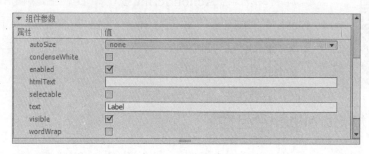

图 12-11

Label 组件的部分属性参数说明如下。

- autoSize：表示如何调整标签的大小并对齐标签以适合文本，默认值为 none。参数可以是以下四个值之一：none，指定不调整标签大小或对齐标签来适合文本。left，指定调整标签的右边和底边的大小以适合文本，不会调整左边和上边的大小。center，指定调整标签左边和右边的大小以适合文本，标签的水平中心锚定在它原始的水平中心位置。right，指定调整标签左边和底边的大小以适合文本，不会调整上边和右边的大小。
- text：指示标签的文本，默认值是 Label，可以修改其默认值。
- visible：是一个布尔值，它指示对象是可见的(true)还是不可见的(false)，默认值为 true。

12.3.3 添加 List 组件

在 Flash CC 中，可以向文档中添加 List 组件，来创建一个可滚动的单选或多选列表框。List 组件使用基于零的索引，其中索引为 0 的项目就显示在顶端的项目，如图 12-12 所示。

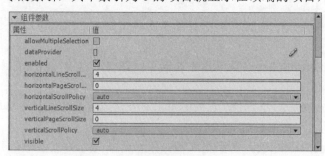

图 12-12

List 组件的部分属性参数说明如下。

- allowMultipleSelection：一个布尔值，它指示是(true)否(false) 可以选择多个值，默认值为 false。

- dataProvider：由填充列表数据的值组成的数组。默认值为[](空数组)。没有相应的运行时属性。

- enabled：用于指示组件是否可以接受交点和输入，默认值为 true。

在 Flash CC 中，如果要从 Flash 文档中删除组件的实例，不仅需要从舞台上将之删除，并且需要从库中删除编译剪辑的图标。打开【库】面板，选择要删除的组件，单击【删除】按钮，即可将组件删除。

手机扫描二维码，观看本节视频课程

若要在下次启动 Flash 时使用之前执行过的步骤，应该创建并保存一个命令，命令将被永久保留直到被用户删除，用户可以通过【历史记录】面板中的选定步骤创建命令。本节将详细介绍有关命令的相关知识及操作方法。

12.4.1 创建命令

要重复同一任务，可以通过【历史记录】面板中的步骤在【命令】菜单中创建一个命令，然后再次使用该命令。下面详细介绍创建命令的操作方法。

step 1 在菜单栏中选择【窗口】→【历史记录】菜单项，如图 12-13 所示。

step 2 打开【历史记录】面板，① 选择一个步骤或者一组步骤，然后单击鼠标右键，② 在弹出的快捷菜单中选择【另存为命令】菜单项，如图 12-14 所示。

图 12-13

图 12-14

第12章 组件与命令

335

step 3 弹出【另存为命令】对话框，① 在【命令名称】文本框中输入准备命名的命令名称，② 单击【确定】按钮 确定 ，如图 12-15 所示。

图 12-15

step 4 在菜单栏中选择【命令】菜单，在下拉菜单中即可查看到刚刚创建的【创建命令】菜单项，如图 12-16 所示。

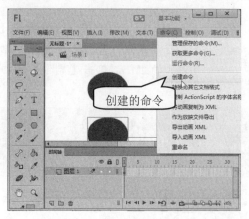

图 12-16

12.4.2　自定义命令

使用 Flash CC 软件，自定义命令可以大大提高工作效率，下面详细介绍自定义命令的操作方法。

step 1 新建 Flash 空白文档，① 在【工具】面板中，单击【多角星形工具】按钮 ，② 在舞台中绘制一个正五边形，如图 12-17 所示。

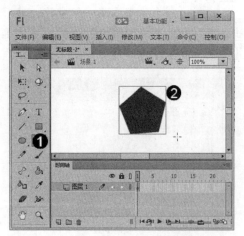

图 12-17

step 2 选择图形，然后按下键盘上的 F8 键，弹出【转换为元件】对话框，① 在【名称】文本框中输入"形状"，② 在【类型】下拉列表框中选择【图形】选项，③ 单击【确定】按钮 确定 ，如图 12-18 所示。

图 12-18

step 3 在菜单栏中选择【窗口】→【历史记录】菜单项，如图 12-19 所示。

step 4 打开【历史记录】面板，① 选择【转换为元件】选项，② 单击右下角的【将选定的步骤保存为命令】按钮 ，如图 12-20 所示。

图 12-19

图 12-20

step 5 　弹出【另存为命令】对话框，① 在【命令名称】文本框中，为该命令命名，② 单击【确定】按钮 确定 ，如图 12-21 所示。

step 6 　在菜单栏中选择【命令】菜单，在下拉菜单中即可查看到自定义命令【转换为图形元件】，如图 12-22 所示。

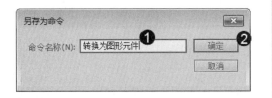

图 12-21

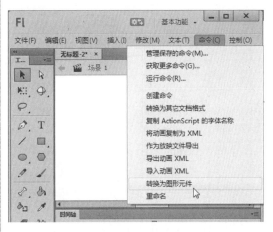

图 12-22

12.4.3　运行命令

如果准备使用保存的命令，可以从【命令】菜单中选择该命令，要运行 JavaScript 或 FlashJavaScript 命令，可以在菜单栏中选择【命令】→【运行命令】菜单项，定位到要运行的脚本，然后单击【打开】按钮即可。下面详细介绍运行命令的操作方法。

 　在菜单栏中选择【文件】→【导入】→【导入到舞台】菜单项，如图 12-23 所示。

 　弹出【导入】对话框，① 选择准备导入的素材图片，② 单击【打开】按钮 打开(O) ，如图 12-24 所示。

图 12-23

图 12-24

step 3　保持图形的选择状态，然后在菜单栏中选择【命令】→【转换为图形元件】菜单项，如图 12-25 所示。

step 4　导入的图像素材将被转换成图形元件，可以在【属性】面板中查看其属性，如图 12-26 所示。

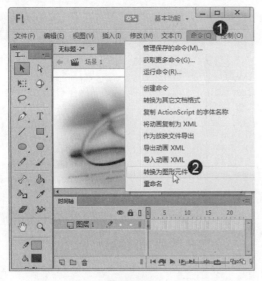

图 12-25

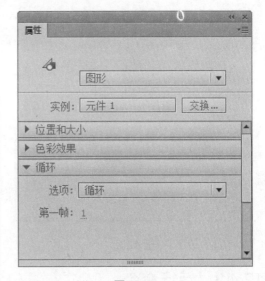

图 12-26

12.4.4　重命名命令

在菜单栏中选择【命令】→【管理保存的命令】菜单项，即可弹出【管理保存的命令】对话框，如图 12-27 所示。

在该对话框中选择要重命名的命令，然后单击【重命名】按钮，即可弹出【重命名命令】对话框，如图 12-28 所示，在该对话框中输入新的名称，单击【确定】按钮　确定　即可完成重命名命令的操作。

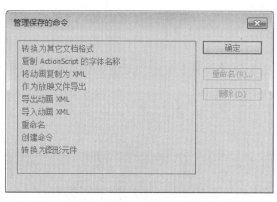

图 12-27　　　　　　　　　　　　　　　　图 12-28

12.4.5　删除命令

在【管理保存的命令】对话框中，选择要删除的命令，单击【删除】按钮，即可弹出系统提示对话框，如图 12-29 所示。单击【是】按钮，即可将命令删除。

图 12-29

12.4.6　获得更多命令

在菜单栏中选择【命令】→【获取更多命令】菜单项，即可链接到 Flash Exchange 网站，如图 12-30 所示。在该网站中可以下载其他 Flash 用户上传的多种命令。

图 12-30

12.4.7　不能在命令中使用的步骤

　　某些任务不能保存为命令或使用【编辑】→【重复】菜单项重复，这些命令可以撤消和重做，但无法重复。

　　无法保存为命令或重复的动作示例包括：选择帧或修改文档大小。如果尝试将不可重复的动作保存为命令，则不会保存该命令。

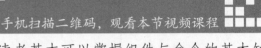

Section 12.5　范例应用与上机操作

手机扫描二维码，观看本节视频课程

　　通过本章的学习，读者基本可以掌握组件与命令的基本知识和操作技巧。下面介绍"制作登录界面"和"添加下拉列表内容"范例应用，上机操作练习一下，以达到巩固学习、拓展提高的目的。

12.5.1　制作登录界面

　　在 Flash CC 中，用户可以将常用的 Flash 组件放在一起使用，来制作不同的动画效果，下面介绍制作登录界面的操作方法。

素材文件 ❀	无
效果文件 ❀	第 12 章\效果文件\登录界面.fla

step 1　新建 Flash 空白文档，① 在【工具】面板中，单击【文字工具】按钮 T，② 在舞台中输入文字内容，如图 12-31 所示。

step 2　打开【组件】面板，① 在 User Interface 文件夹中，选择 TextInput 选项，② 将其拖曳到舞台中，如图 12-32 所示。

图 12-31

图 12-32

step 3　重复步骤 2 的操作，再次拖曳组件至舞台中，如图 12-33 所示。

step 4　在【组件】面板中，① 在 User Interface 文件夹中，选择 Button 选项，② 将其拖曳到舞台中，如图 12-34 所示。

图 12-33

step 5 打开【属性】面板，在【组件参数】折叠菜单中，在 label 文本框中，输入文字内容，如图 12-35 所示。

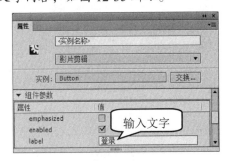

图 12-35

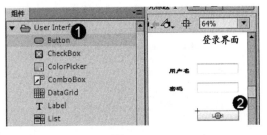

图 12-34

step 6 在键盘上按下 Ctrl+Enter 组合键，测试影片效果，通过以上步骤即可完成制作登录界面的操作，如图 12-36 所示。

图 12-36

12.5.2　添加下拉列表内容

在 Flash CC 中，可以使用 ComboBox 组件制作下拉列表，并在下拉列表中添加内容，下面介绍添加下拉列表内容的操作方法。

素材文件　无

效果文件　第 12 章\效果文件\添加下拉列表内容.fla

step 1 新建 Flash 空白文档，① 在【组件】面板中，选中 ComboBox 选项，② 将其拖曳到舞台中，如图 12-37 所示。

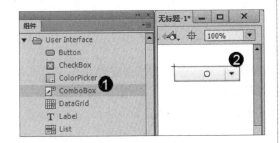

图 12-37

step 2 打开【属性】面板，在【组件参数】折叠菜单中，单击 dataProvider 按钮 ，如图 12-38 所示。

图 12-38

step 3　弹出【值】对话框，① 单击【添加】
按钮 ➕，② 在添加的文本框中，输
入值，如"1"，如图 12-39 所示。

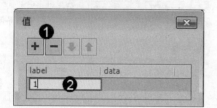

图 12-39

step 5　在【值】对话框中，单击【确定】
按钮 确定，如图 12-41 所示。

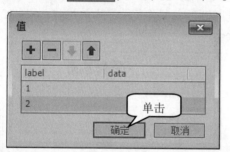

图 12-41

step 4　在【值】对话框中，① 再次单击
【添加】按钮 ➕，② 在添加的文
本框中，输入值，如"2"，如图 12-40 所示。

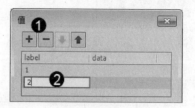

图 12-40

step 6　在键盘上按下 Ctrl+Enter 组合
键，测试影片，通过以上步骤
即可完成添加下拉列表内容的操作，效果如
图 12-42 所示。

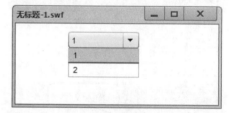

图 12-42

Section 12.6　课后练习与上机操作

本节内容无视频课程，习题参考答案在本书附录

12.6.1　课后练习

1. 填空题

(1) 在 Flash CC 中，组件可以提供创建者能想到的任何功能，每个组件都有预定义参数，可以在 Flash 中来设置这些参数。每个组件还有一组独特的_____、属性和_____，也称为 API(应用程序编程接口)，可以在运行时设置参数和其他选项。

(2) 组件可分为四类：用户界面(UI)组件、_____、数据组件和_____。

2. 判断题

(1) 使用组件可以做到编码与设计的分离，而且还可以重复利用创建的组件中的代码，或者通过安装其他开发人员创建的组件来重复利用代码。　　　　　　　　　　（　　）

(2) 要删除同一任务，可以通过【历史记录】面板中的步骤在【命令】菜单中创建一个命令，然后再次使用该命令。　　　　　　　　　　（　　）

3．思考题

(1) 如何向 Flash 中添加组件？

(2) 如何创建命令？

12.6.2 上机操作

通过本章的学习，读者基本可以掌握组件与命令方面的知识，下面通过练习制作知识问答界面，达到巩固与提高的目的。

范例导航

系列丛书

第13章

滤镜与混合模式的应用

本章主要介绍了滤镜与混合模式应用方面的知识与技巧，主要内容包括滤镜、应用滤镜和混合模式等相关知识，通过本章的学习，读者可以掌握滤镜与混合模式基础操作方面的知识，为深入学习Flash CC 知识奠定基础。

本 章 要 点

1. 滤镜

2. 应用滤镜

3. 混合模式

在 Flash CC 中，可以为文本、按钮和影片剪辑增加有趣的视觉效果，而 Flash 所独有的一个功能就是，可以通过使用补间动画让应用的滤镜动起来实现效果。本小节将详细介绍应用滤镜方面的知识。

13.1.1 滤镜的概述

动画滤镜可以在时间轴中显示。当对元件创建了传统补间动画，那么在中间帧上会显示传统补间的相应滤镜参数。如果某个滤镜在补间的另一端没有相匹配的滤镜(相同类型的滤镜)，则会自动添加匹配的滤镜，以确保在动画序列的末端出现该效果。

当补间动画因补间一端缺少某个滤镜或者滤镜在每一端以不同的顺序应用，不能正常运行时，系统会执行如下操作。

- 当补间动画已应用了滤镜的影片剪辑，则在补间的另一端插入关键帧时，该影片剪辑在补间的最后一帧上自动具有它在补间开头所具有的滤镜，并且层叠顺序相同。
- 将影片剪辑放在两个不同帧上，每个影片剪辑应用不同滤镜，且两帧之间又应用了补间动画，则 Flash 首先处理带滤镜最多的影片剪辑。然后，会比较应用于第一个影片剪辑和第二个影片剪辑的滤镜。如果在第二个影片剪辑中找不到匹配的滤镜，则会生成一个不带参数并具有现有滤镜颜色的虚拟滤镜。
- 当两个关键帧之间存在补间动画并且向其中一个关键帧中的对象添加了滤镜，则会在到达补间另一端的关键帧时自动为影片剪辑添加一个虚拟滤镜。
- 若两个关键帧之间存在补间动画并且从其中一个关键帧中的对象上删除了滤镜，则 Animate 会在到达补间另一端的关键帧时自动从影片剪辑中删除匹配的滤镜。
- 如果补间动画起始处和结束处的滤镜参数设置不一致，Animate 会将起始帧的滤镜设置应用于插补帧。以下参数在补间起始和结束处设置不同时会出现不一致的设置：挖空、内侧阴影、内侧发光以及渐变发光的类型和渐变斜角的类型。

13.1.2 滤镜和 Flash Player 的性能

应用于对象的滤镜类型、数量和质量会影响 SWF 文件的播放性能。应用于对象的滤镜越多，Flash Player 要正确显示创建的视觉效果所需的处理量也就越大。建议在对一个给定对象应用滤镜时，应使用数量有限的滤镜。

每个滤镜都包含控件，可以调整所应用滤镜的强度和质量。在运行速度较慢的计算机上，使用较低的设置可以提高性能。如果要创建在一系列不同性能的计算机上播放的内容，或者不能确定观众可使用的计算机的计算能力，请将质量级别设置为"低"，以实现最佳的播放性能。

13.1.3 添加滤镜

在 Flash CC 中，在【属性】面板中，可以为对象添加各种滤镜的效果，在舞台中选择要添加滤镜效果的对象，单击【滤镜】折叠菜单中的【添加滤镜】按钮 ，在弹出的下拉菜单中，选择要应用的滤镜菜单项，即可为实例对象添加滤镜效果，如图 13-1 所示。

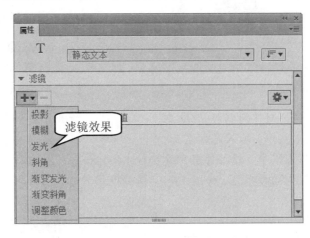

图 13-1

- 投影：投影滤镜模拟对象投影到一个表面的效果。
- 模糊：模糊滤镜可以柔化对象的边缘和细节。将模糊应用于对象，可以让它看起来好像位于其他对象的后面，或者使对象看起来好像是运动的。
- 发光：使用发光滤镜，可以为对象的周边应用颜色。
- 斜角：应用斜角就是向对象应用加亮效果，使其看起来凸出于背景表面。
- 渐变发光：应用渐变发光，可以在发光表面产生带渐变颜色的发光效果。
- 渐变斜角：应用渐变斜角可以产生一种凸起效果，使得对象看起来好像从背景上凸起，且斜角表面有渐变颜色。
- 调整颜色：使用调整颜色滤镜可以很好地控制所选对象的颜色属性，包括对比度、亮度、饱和度和色相。

13.1.4 预设滤镜库

在 Flash CC 中，用户可以使用预设滤镜库，将应用过的滤镜保存起来，以便于以后使用，下面介绍预设滤镜库的操作方法。

step 1　新建 Flash 空白文档，① 在【工具】面板中，单击【椭圆工具】按钮 ，② 在舞台中绘制椭圆，如图 13-2 所示。

step 2　在舞台中选中图形，然后在菜单栏中选择【修改】→【转换为元件】菜单项，如图 13-3 所示。

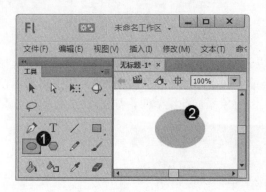

图 13-2

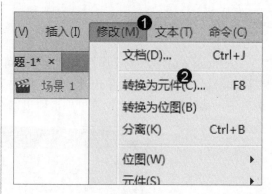

图 13-3

step 3 弹出【转换为元件】对话框，① 在【名称】文本框中，输入元件名称，② 在【类型】下拉列表框中，选择【按钮】选项，③ 单击【确定】按钮 确定，如图 13-4 所示。

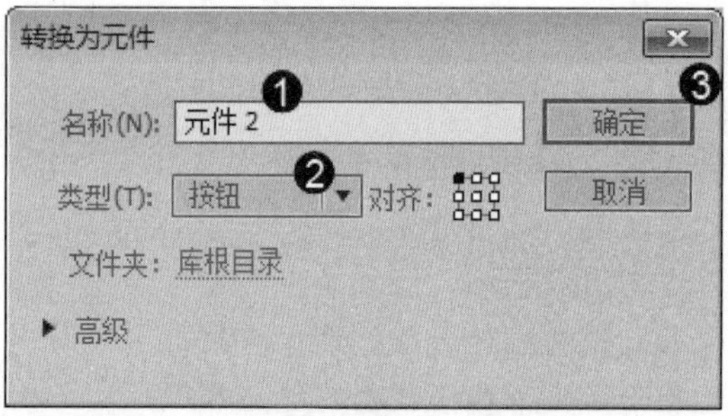

step 4 打开【属性】面板，在【滤镜】折叠菜单中，① 单击【添加滤镜】按钮 ➕▼，② 在弹出的下拉菜单中，选择要使用的滤镜效果，如【投影】，如图 13-5 所示。

图 13-4

图 13-5

step 5 选中对象，在【属性】面板中，单① 击【选项】按钮 ✿▼，② 在弹出的下拉菜单中，选择【另存为预设】菜单项，如图 13-6 所示。

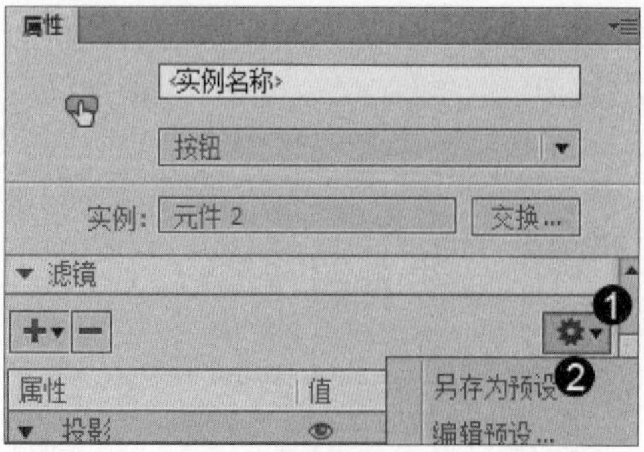

step 6 弹出【将预设另存为】对话框，① 在【预设名称】文本框中，输入预设名称，② 单击【确定】按钮 确定，滤镜库创建完成，通过以上步骤即可完成预设滤镜库的操作，如图 13-7 所示。

图 13-6

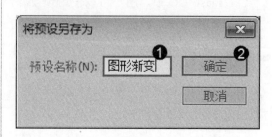

图 13-7

13.2 应用滤镜

手机扫描二维码，观看本节视频课程

在 Flash CC 中，滤镜有投影、模糊、发光、斜角、渐变发光和调整颜色等效果，不同的滤镜效果会产生不同的视觉效果。本小节将详细介绍应用滤镜效果方面的相关知识与操作技巧。

13.2.1 【投影】滤镜效果

【投影】滤镜效果是指将模拟对象投影到一个表面的效果，下面以文字投影为例，介绍在 Flash CC 中，应用【投影】滤镜效果的操作方法。

step 1 新建 Flash 空白文档，① 在【工具】面板中，单击【文字工具】按钮 T，② 在舞台中输入文字，如图 13-8 所示。

step 2 返回到【工具】面板，单击【选择工具】按钮，使舞台中的文字处于选中状态，如图 13-9 所示。

图 13-8

图 13-9

step 3 打开【属性】面板，① 在【滤镜】折叠菜单中，单击【添加滤镜】按钮 ，② 在弹出的下拉菜单中，选择【投影】菜单项，如图 13-10 所示。

step 4 此时可以看到使用【投影】滤镜效果的文字，通过以上步骤即可完成应用【投影】滤镜效果的操作，如图 13-11 所示。

图 13-10

图 13-11

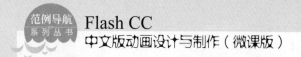

在 Flash CC 中，应用【投影】滤镜效果后，选中对象，打开【属性】面板，在【滤镜】折叠菜单中，选择【属性】折叠菜单中的强度、品质、角度、距离和内阴影等属性，可修改这些参数，以更改【投影】滤镜属性。

13.2.2 【模糊】滤镜效果

【模糊】滤镜效果是指将对象的边缘和细节进行模糊操作。将模糊应用于对象后，可以让其看起来好像位于其他对象的后面，或者使对象看起来好像是运动的。下面介绍在 Flash CC 中，应用【模糊】滤镜效果的操作方法。

step 1 新建 Flash 空白文档，① 在【工具】面板中，单击【矩形工具】按钮▦，② 在舞台中绘制矩形，如图 13-12 所示。

step 2 在舞台中选中图形，① 在菜单栏中，选择【修改】菜单，② 在弹出的下拉菜单中，选择【转换为元件】菜单项，如图 13-13 所示。

图 13-12

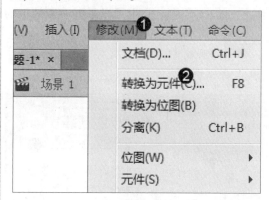

图 13-13

step 3 弹出【转换为元件】对话框，① 在【名称】文本框中，输入元件名称，② 在【类型】下拉列表框中，选择【按钮】选项，③ 单击【确定】按钮 确定 ，如图 13-14 所示。

step 4 打开【属性】面板，① 在【滤镜】折叠菜单中，单击【添加滤镜】按钮➕▼，② 在弹出的下拉菜单中，选择【模糊】菜单项，如图 13-15 所示。

图 13-14

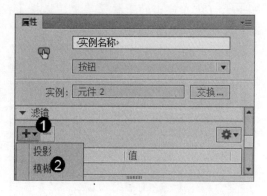

图 13-15

step 5 此时可以看到使用【模糊】滤镜效果的文字，通过以上步骤即可完成应用模糊滤镜效果的操作，效果如图 13-16 所示。

图 13-16

智慧锦囊

添加滤镜效果的对象类型，必须是文本、按钮和影片剪辑。

考考您

请您根据上述方法应用【模糊】滤镜效果，测试一下您的学习效果。

13.2.3 【斜角】滤镜效果

【斜角】滤镜效果可以为对象应用加亮效果，使其看起来凸出于背景的表面，下面介绍在 Flash CC 中，应用【斜角】滤镜效果的操作方法。

step 1 新建 Flash 空白文档，① 在【工具】面板中，单击【文字工具】按钮 T，② 在舞台中输入文字，如图 13-17 所示。

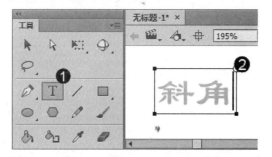

图 13-17

step 2 返回到【工具】面板，单击【选择工具】按钮，使舞台中的文字处于选中状态，如图 13-18 所示。

图 13-18

step 3 打开【属性】面板，① 在【滤镜】折叠菜单中，单击【添加滤镜】按钮，② 在弹出的下拉菜单中，选择【斜角】菜单项，如图 13-19 所示。

图 13-19

step 4 此时可以看到使用【斜角】滤镜效果的文字，通过以上步骤即可完成应用【斜角】滤镜效果的操作，效果如图 13-20 所示。

图 13-20

13.2.4 【渐变发光】滤镜效果

【渐变发光】滤镜效果可以在对象的表面产生渐变颜色的发光效果，下面介绍在 Flash CC 中，应用【渐变发光】滤镜效果的操作方法。

step 1 新建 Flash 空白文档，① 在【工具】面板中，单击【文字工具】按钮 T，② 在舞台中输入文字，如图 13-21 所示。

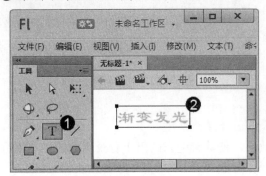

图 13-21

step 2 返回到【工具】面板，单击【选择工具】按钮，使舞台中的文字处于选中状态，如图 13-22 所示。

图 13-22

step 3 打开【属性】面板，① 在【滤镜】折叠菜单中，单击【添加滤镜】按钮，② 在弹出的下拉菜单中，选择【渐变发光】菜单项，如图 13-23 所示。

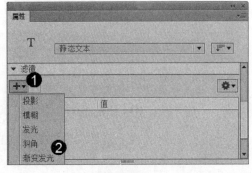

图 13-23

step 4 此时可以看到使用【渐变发光】滤镜效果的文字，通过以上步骤即可完成应用【渐变发光】滤镜效果的操作，效果如图 13-24 所示。

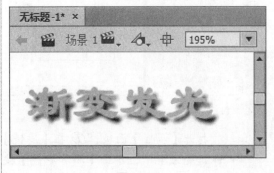

图 13-24

13.2.5 【发光】滤镜效果

【发光】滤镜效果可以为对象的周边应用颜色，在 Flash CC 中，【发光】滤镜设置说明如下。

- 调整发光的宽度和高度，可以设置模糊 X 和模糊 Y 的值。
- 调整打开颜色选择器并设置发光颜色，可以单击【颜色】控件。
- 调整发光的清晰度，可以设置强度值。
- 调整挖空(即从视觉上隐藏)源对象并在挖空图像上只显示发光，可以选中【挖空】复选框。

■ 若要对象向内发光，可以选中【内发光】复选框。

下面详细介绍在文字上，应用【发光】滤镜效果的操作方法。

 新建 Flash 空白文档，① 在【工具】面板中，单击【文字工具】按钮 T，② 在舞台中输入文字，如图 13-25 所示。

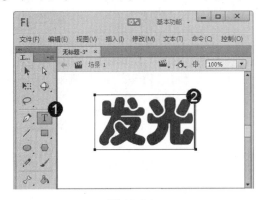

图 13-25

step 2 返回到【工具】面板，单击【选择工具】按钮，使舞台中的文字处于选中状态，如图 13-26 所示。

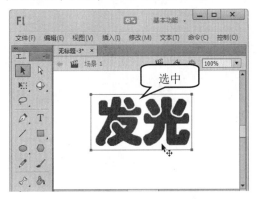

图 13-26

step 3 打开【属性】面板，① 在【滤镜】折叠菜单中，单击【添加滤镜】按钮，② 在弹出的下拉菜单中，选择【发光】菜单项，如图 13-27 所示。

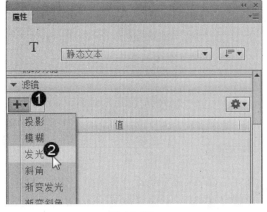

图 13-27

step 4 此时可以看到使用【发光】滤镜效果的文字，通过以上步骤即可完成应用【发光】滤镜效果的操作，效果如图 13-28 所示。

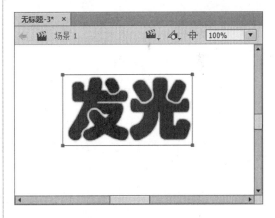

图 13-28

13.2.6 【调整颜色】滤镜效果

【调整颜色】滤镜效果可以设置各项参数，来改变对象的颜色属性，包括对比度、亮度、饱和度和色相，属性对应的值说明如下。

■ 对比度：用来调整图像的加亮、阴影及色调。

■ 亮度：用来调整图像的亮度。

■ 饱和度：用来调整颜色的强度。

■ 色相：用来调整颜色的深浅。

下面介绍在 Flash CC 中，应用【调整颜色】滤镜效果的操作方法。

step 1 新建 Flash 空白文档，在菜单栏中选择【文件】→【导入】→【导入到舞台】菜单项，如图 13-29 所示。

图 13-29

step 3 保持图片处于选中状态，然后在菜单栏中选择【修改】→【转换为元件】菜单项，如图 13-31 所示。

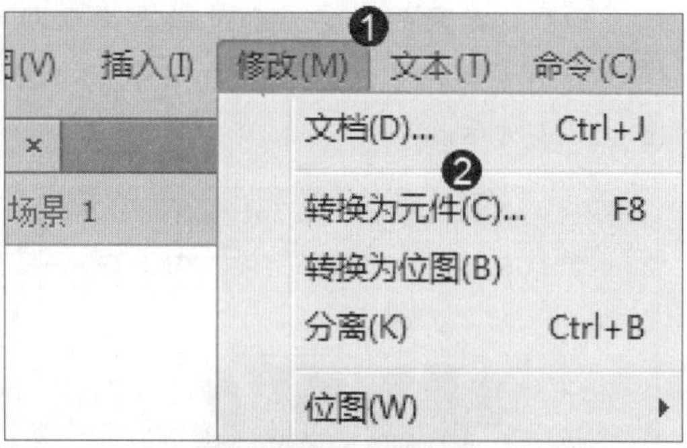

图 13-31

step 5 打开【属性】面板，① 单击【选项】按钮，② 在弹出的下拉菜单中，选择【调整颜色】菜单项，如图 13-33 所示。

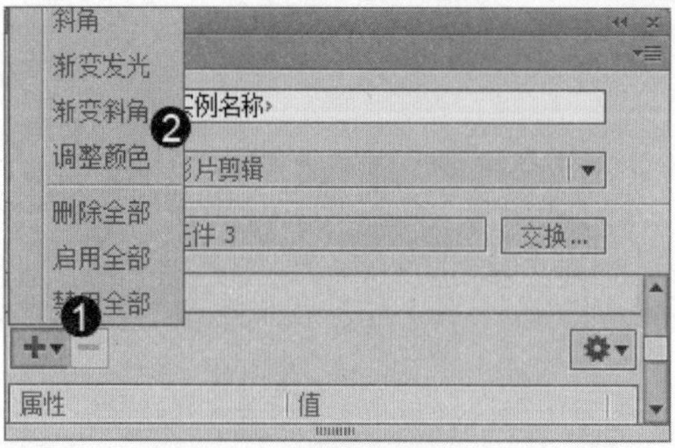

图 13-33

step 2 弹出【导入】对话框，① 选择要导入的文件，② 单击【打开】按钮，导入一张图片，如图 13-30 所示。

图 13-30

step 4 弹出【转换为元件】对话框，① 在【名称】文本框中，输入元件名称，② 在【类型】下拉列表框中，选择【影片剪辑】选项，③ 单击【确定】按钮，如图 13-32 所示。

图 13-32

step 6 在【滤镜】折叠菜单的【属性】区域中，展开【调整颜色】折叠菜单，① 设置【亮度】参数值，② 设置【对比度】参数值，这样即可完成应用【调整颜色】滤镜效果的操作，如图 13-34 所示。

图 13-34

混合模式

混合模式是一种元件的属性，并且是只对影片剪辑起作用的属性，通过混合模式中的各个选项，可以为影片剪辑元件创建出独特的视觉效果。本小节将详细介绍混合模式方面的知识及相关操作方法。

13.3.1 关于混合模式

使用混合模式，可以创建复合对象。混合是改变两个或两个以上重叠对象的透明度或者与颜色相关的过程。使用混合模式可以混合重叠影片剪辑中的颜色，从而创建出别具一格的视觉效果。在 Flash CC 中，混合模式只能用到影片剪辑上。下面介绍关于混合模式方面的知识。

1. 混合模式要素

在对元件实例应用混合模式时，需要用到以下要素。

- 混合颜色：元件实例原来的颜色。
- 不透明度：元件实例原来的透明度。
- 基准颜色：元件实例下方的像素颜色。
- 结果颜色：元件实例在应用混合模式后的颜色。

2. 混合模式类型

在 Flash CC 中，打开【属性】面板，展开【显示】折叠菜单，在【混合】下拉列表框中，可以选择要应用的混合模式类型，如图 13-35 所示。

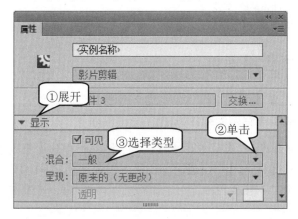

图 13-35

　　Flash CC 中提供了 14 种混合模式，可以为影片剪辑对象添加各种混合模式，如图 13-36 所示。

图 13-36

- 一般：是 Flash 中默认的混合模式，对影片剪辑正常应用颜色，不与基准颜色发生交互。
- 图层：对多个影片剪辑进行层叠时，层叠后的影片剪辑的颜色之间没有影响。
- 正片叠底：可以将基准颜色与混合颜色复合，从而产生较暗的颜色。
- 变亮：只替换比混合颜色暗的像素，比混合颜色亮的区域将保持不变。
- 滤色：可以将混合颜色的反色与基准颜色复合，从而产生漂白的效果。
- 叠加：可以复合或过滤颜色，最终颜色取决于基准颜色。
- 强光：可以复合或过滤颜色，最终颜色取决于混合模式颜色。
- 增加：用于在两个对象之间创建动画的变亮分解效果。
- 减去：用于在两个对象之间创建动画的变暗分解效果。
- 差值：从基色中减去混合色或从混合色中减去基色，最终颜色取决于哪一种的亮度值较大，此效果类似于彩色底片。
- 反相：取基准颜色的反色。
- Alpha：应用 Alpha 遮罩层。
- 擦除：用于删除所有基准颜色像素，包括背景图像中的基准颜色像素。

13.3.2　混合模式应用案例

　　在 Flash CC 中，若要使用混合模式，需要创建影片剪辑元件，下面以强光混合模式为例，介绍将混合模式应用于案例的操作方法。

step 1　新建 Flash 空白文档，在菜单栏中选择【文件】→【导入】→【导入到舞台】菜单项，如图 13-37 所示。

step 2　弹出【导入】对话框，① 选择要导入的文件，② 单击【打开】按钮 ，导入一张图片，如图 13-38 所示。

图 13-37

图 13-38

step 3　保持图片处于选中状态，然后在菜单栏中选择【修改】→【转换为元件】菜单项，如图 13-39 所示。

图 13-39

step 4　弹出【转换为元件】对话框，① 在【名称】文本框中，输入元件名称，② 在【类型】下拉列表框中，选择【影片剪辑】选项，③ 单击【确定】按钮 确定 ，如图 13-40 所示。

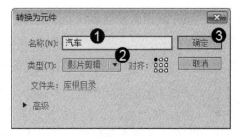

图 13-40

step 5　打开【属性】面板，① 在【显示】折叠菜单中，单击【混合】下拉列表按钮 ，② 在弹出的下拉列表中，选择【强光】选项，如图 13-41 所示。

图 13-41

step 6　此时可以看到应用强光混合模式的对象效果，通过以上步骤即可完成将混合模式应用于案例的操作，如图 13-42 所示。

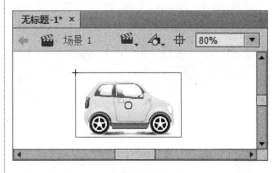

图 13-42

知识精讲　在 Flash CC 中，在对影片剪辑对象应用混合模式时，用户可以根据需要，应用不同类型的混合模式，因为应用实例对象的颜色，不仅取决于要应用混合模式对象的颜色，还取决于基础颜色。

Section 13.4 范例应用与上机操作

手机扫描二维码，观看本节视频课程

通过本章的学习，读者基本可以掌握滤镜与混合模式应用方面的基本知识和操作技巧，下面介绍"制作发光的星星效果""应用【渐变斜角】滤镜效果"和"应用滤镜效果制作动画"范例应用，上机操作练习一下，以达到巩固学习、拓展提高的目的。

13.4.1 制作发光的星星效果

在 Flash CC 中，用户可以应用发光滤镜效果制作很多视觉效果，下面以星星发光为例，介绍应用发光滤镜的操作方法。

素材文件	无
效果文件	第 13 章\效果文件\发光的星星.fla

step 1 新建 Flash 空白文档，① 在【工具】面板中，单击【多角星形工具】按钮 ⬡，② 在【属性】面板中，单击【选项】按钮 选项... ，如图 13-43 所示。

step 2 弹出【工具设置】对话框，① 在【样式】下拉列表框中，选择【星形】选项，② 在【边数】文本框中输入"4"，③ 单击【确定】按钮 确定 ，如图 13-44 所示。

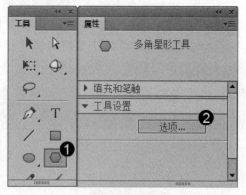

图 13-43

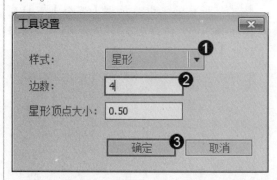

图 13-44

step 3 返回到【工具】面板，① 单击【填充颜色】按钮 ⬛ ，② 在弹出的颜色面板中，选择渐变色填充，如图 13-45 所示。

step 4 返回到舞台中，绘制一个星形，效果如图 13-46 所示。

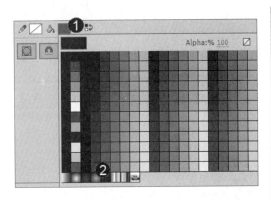

图 13-45

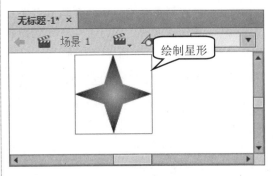

图 13-46

step 5 在菜单栏中,选择【修改】→【转换为元件】菜单项,如图 13-47 所示。

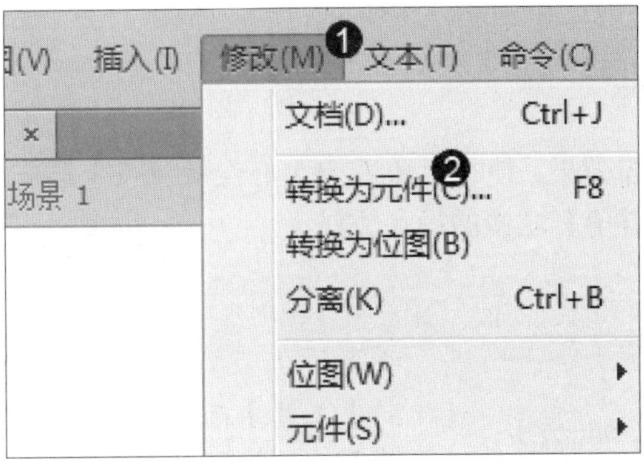

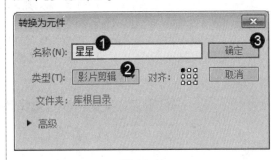

图 13-47

step 7 打开【属性】面板,① 在【滤镜】折叠菜单中,单击【添加滤镜】按钮➕▼,② 在弹出的下拉菜单中,选择【发光】菜单项,如图 13-49 所示。

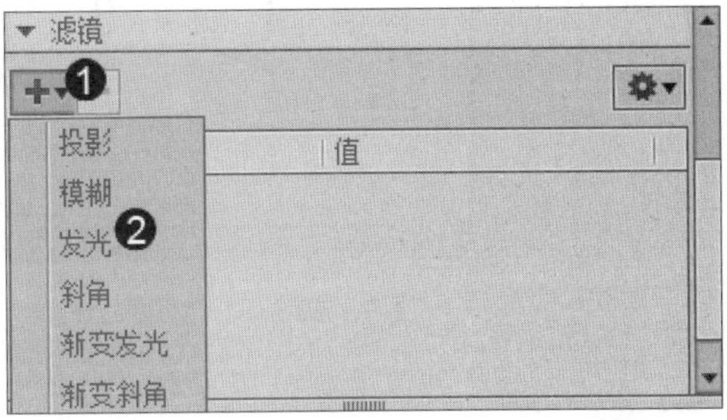

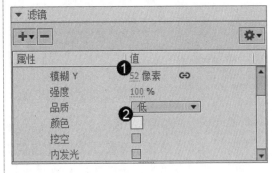

图 13-49

step 6 弹出【转换为元件】对话框,① 在【名称】文本框中,输入元件名称,② 在【类型】下拉列表框中,选择【影片剪辑】选项,③ 单击【确定】按钮 确定,如图 13-48 所示。

图 13-48

step 8 在【滤镜】折叠菜单的【属性】区域中,① 在【模糊 Y】文本框中,设置模糊参数,② 在【颜色】面板中,选择发光颜色,如图 13-50 所示。

图 13-50

step 9 返回到舞台中，可以看到应用发光
滤镜效果的对象，这样即可完成制
作发光星星的操作，如图 13-51 所示。

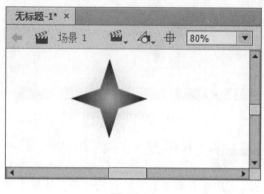

图 13-51

智慧锦囊

在【属性】区域中，选中【内发光】复
选框，可以将发光的滤镜效果应用在对象的
内边界。

考考您

请您根据上述方法制作发光的星星效
果，测试一下您的学习效果。

13.4.2 应用【渐变斜角】滤镜效果

在 Flash CC 中，渐变斜角可以产生一种凸起效果，使得对象看起来好像从背景上凸起，
且斜角表面有渐变颜色。下面介绍应用【渐变斜角】滤镜的操作方法。

素材文件	无
效果文件	第 13 章\效果文件\渐变斜角效果.fla

step 1 新建 Flash 空白文档，① 在【工具】
面板中，单击【文字工具】按钮 T，
② 在舞台中输入文字，如图 13-52 所示。

step 2 返回到【工具】面板，单击【选
择工具】按钮，使舞台中的文
字处于选中状态，如图 13-53 所示。

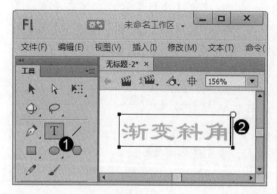

图 13-52

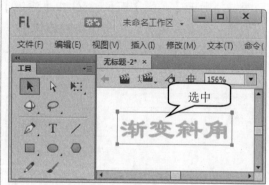

图 13-53

step 3 打开【属性】面板，① 在【滤镜】
折叠菜单中，单击【添加滤镜】按
钮，② 在弹出的下拉菜单中，选择【渐
变斜角】菜单项，如图 13-54 所示。

step 4 此时可以看到使用【渐变斜角】
滤镜效果的文字，通过以上步骤
即可完成应用【渐变斜角】滤镜效果的操作，
如图 13-55 所示。

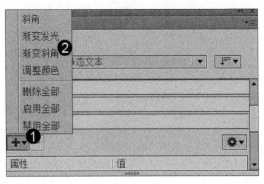

图 13-54

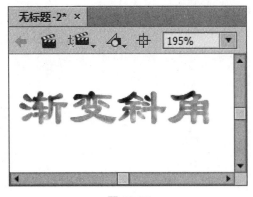

图 13-55

知识精讲　　在 Flash CC 中，选中舞台中的对象，打开【属性】面板，在【滤镜】折叠菜单的【属性】区域中，单击渐变预览器，打开渐变颜色编辑区域，可以通过更改该区域中三个滑块的颜色，来设置斜角的渐变颜色。

13.4.3　应用滤镜效果制作动画

在 Flash CC 中，为实例对象应用滤镜效果后，可以在时间轴中创建传统补间动画，使滤镜效果动起来。下面介绍使用动画滤镜的操作方法。

素材文件❀　无
效果文件❀　第 13 章\效果文件\应用滤镜效果制作动画.fla

step 1　新建 Flash 空白文档，① 在菜单栏中，选择【插入】菜单，② 在弹出的下拉菜单中，选择【新建元件】菜单项，如图 13-56 所示。

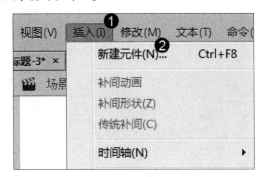

图 13-56

step 2　弹出【创建新元件】对话框，① 在【名称】文本框中，输入元件名称，② 在【类型】下拉列表框中，选择【影片剪辑】选项，③ 单击【确定】按钮 确定 ，如图 13-57 所示。

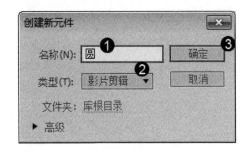

图 13-57

step 3　进入元件编辑窗口，① 在【工具】面板中，单击【椭圆工具】按钮 ，② 在舞台中绘制一个椭圆，如图 13-58 所示。

step 4　在编辑栏中，单击【场景 1】按钮 ，返回到舞台，如图 13-59 所示。

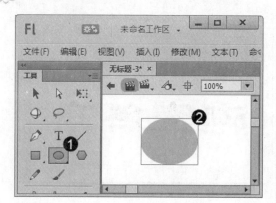

图 13-58

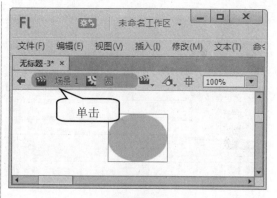

图 13-59

step 5 打开【库】面板，鼠标单击创建的元件，并将其拖曳到舞台中的合适位置，释放鼠标左键，如图 13-60 所示。

step 6 在【时间轴】面板中，选中第 15帧，在键盘上按下 F6 键，插入关键帧，如图 13-61 所示。

图 13-60

图 13-61

step 7 将舞台的对象向右移动到某一位置，打开【属性】面板，① 在【滤镜】折叠菜单中，单击【添加滤镜】按钮 ➕▾，② 在弹出的下拉菜单中，选择【投影】菜单项，如图 13-62 所示。

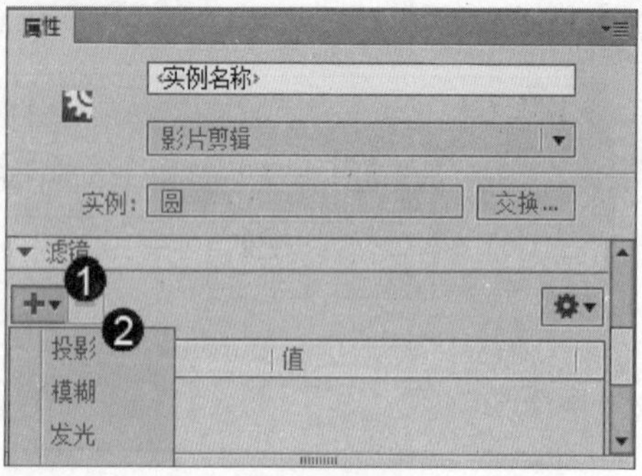

step 8 在【滤镜】折叠菜单的【属性】区域中，在【距离】文本框中，输入像素的值，如图 13-63 所示。

图 13-62

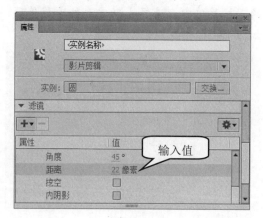

图 13-63

step 9 在【时间轴】面板中，鼠标右击第 1~15 帧之间的任意帧，在弹出的快捷菜单中，选择【创建传统补间】菜单项，如图 13-64 所示。

step 10 动画制作完成，在键盘上按下组合键 Ctrl+Enter，测试影片效果，通过以上步骤即可完成使用动画滤镜的操作，如图 13-65 所示。

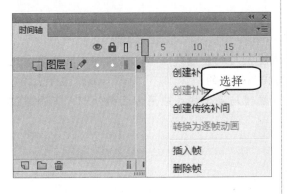

图 13-64

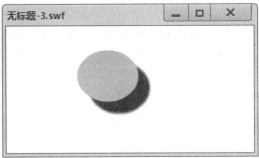

图 13-65

 知识精讲

在 Flash CC 中，可以在时间轴中创建传统补间动画，使滤镜效果动起来，还可以鼠标右击创建的传统补间动画，在弹出的快捷菜单中，选择【转换为逐帧动画】菜单项，将传统动画滤镜转换为逐帧动画滤镜效果。

Section 13.5 课后练习与上机操作

本节内容无视频课程，习题参考答案在本书附录

13.5.1 课后练习

1. 填空题

(1) 滤镜又被称为_____，可以为文本、按钮和影片剪辑增添丰富的视觉效果。

(2) 应用于对象的_____、数量和_____会影响 SWF 文件的播放性能。

2. 判断题

(1) 动画滤镜可以在时间轴中显示。当对元件创建了传统补间动画，那么在中间帧上会显示传统补间的相应滤镜参数。　　　　　　　　　　　　　　（　　）

(2) 如果某个滤镜在补间的另一端有相匹配的滤镜(相同类型的滤镜)，则会自动添加匹配的滤镜，以确保在动画序列的末端出现该效果。　　　　　　　　　（　　）

(3) 应用于对象的滤镜越多，Flash Player 要正确显示创建的视觉效果所需的处理量也就越大。建议在对一个给定对象应用滤镜时，应使用数量有限的滤镜。（　　）

3. 思考题

(1) 如何预设滤镜库？

(2) 如何添加滤镜？

13.5.2　上机操作

（1）通过本章的学习，读者基本可以掌握滤镜与混合模式应用方面的知识，下面通过练习使用动画滤镜使文字动起来，达到巩固与提高的目的。

（2）通过本章的学习，读者基本可以掌握滤镜与混合模式应用方面的知识，下面通过练习应用滤色效果，达到巩固与提高的目的。

第 **14** 章

认识 ActionScript 编程环境

本章主要介绍了 ActionScript 编程环境方面的知识与技巧，主要内容包括什么是 ActionScript、ActionScript 的工作环境和【代码片断】(为与图一致，本文用"断")面板等相关知识，通过本章的学习，读者可以掌握 ActionScript 编程环境基础操作方面的知识，为深入学习 Flash CC 知识奠定基础。

本 章 要 点

1. 什么是 ActionScript
2. ActionScript 的工作环境
3. 【代码片断】面板

Section 14.1 什么是ActionScript

手机扫描二维码，观看本节视频课程

ActionScript 是一种面向对象的编程语言，与 C#、Java 等语言风格十分接近，用户可以使用【动作】面板或外部编辑器在创作环境内添加 ActionScript。本小节将详细介绍 ActionScript 基础常识方面的知识。

14.1.1　ActionScript 简介

ActionScript 是 Flash 的动作脚本语言，可以在动画中添加交互性动作，也可以在 Flash、Flex、AIR 内容和应用程序中实现其交互性。

在简单的动画中，Flash 会按顺序播放动画中的场景和帧，而在交互动画中，用户可以使用键盘或鼠标与动画交互。例如，可以单击动画中的按钮，然后跳转到动画的不同部分继续播放；可以移动动画中的对象；可以在表单中输入信息等。在 Flash CC 中，使用 ActionScript 可以控制 Flash 动画中的对象，创建导航元素和交互元素，以及扩展 Flash 创作交互动画和网络应用的能力。

ActionScript 的使用方法如下。

- 使用"脚本助手"模式可以将 ActionScript 添加到 FLA 文件，而无须自行编写代码。选择动作，然后软件将显示一个用户界面，用于输入每个动作所需的参数。这种方式不必学习语法，但必须对完成特定任务应使用哪些函数有所了解。许多设计人员和非程序员都适用此模式。

- 使用行为也可以将代码添加到文件中，而无须自行编写代码。行为是针对常见任务预先编写的脚本。可以添加行为，然后轻松地在【行为】面板中进行配置。行为仅对 ActionScript 2.0 及更早版本可用。

- 编写自己的 ActionScript 可使用户获得最大的灵活性和对文档的最大控制能力，但同时要求熟悉 ActionScript 的语言和约定。

- 组件是预先构建的影片剪辑，可实现复杂的功能。组件可以是一个简单的用户界面控件(如复选框)，也可以是一个复杂的控件(如滚动窗格)。用户可以自定义组件的功能和外观，并可下载其他开发人员创建的组件。大多数组件要求自行编写一些 ActionScript 代码来触发或控制组件。

知识精讲

ActionScript 3.0 的脚本编写功能优于 ActionScript 的早期版本。在 Flash Player 中运行的内容不要求使用 ActionScript 3.0，与旧的 ActionScript 代码相比，ActionScript 3.0 代码的执行速度可以快 10 倍。

14.1.2 ActionScript 的相关术语

在 Flash CC 中，为了更好地编写脚本动作，系统使用的版本为 ActionScript 3.0，下面详细介绍在 Flash CC 中，一些动作脚本的常用术语。

- 动作：指定 Flash 动画在播放时执行某些操作的语句，是 ActionScript 语言的灵魂。
- 参数：是用于向函数传递值的占位符。
- 类：用来定义新的对象类型，要定义类，应在外部脚本文件中使用 class 关键字，而不能借助【动作】面板编写。
- 常数：不变的元素。
- 构造器函数：用来定义类的属性和方法的函数。
- 数据类型：将数据进行分类，并指定数据或变量可能取值的范围，包括字符串、数字、布尔值、对象、影片剪辑、函数、空值和未定义。
- 事件：是 SWF 文件播放时发生的动作。
- 表达式：是任何产生值的语句片段。
- 函数：可以向其传递参数并能够返回值的可重复使用的代码块。
- 标识符：用来指示变量、属性、对象、函数或者方法的名称。
- 实例：是属于某个类的对象，一个类的每一个实例都包含类的所有属性以及方法。
- 关键字：是具有特殊意义的保留字。
- 方法：是指被指派给某一个对象的函数，一个函数被分配后，可以作为这个对象的方法被调用。
- 操作符：是从一个或多个值计算出一个新值的术语。
- 属性：是定义对象的特征。

Section 14.2

ActionScript 的工作环境

手机扫描二维码，观看本节视频课程

使用【动作】面板，初学者和熟练的程序员都可以迅速而有效地编写出功能强大的程序，Flash CC 的【动作】面板提供代码提示、代码格式自动识别及搜索替换功能。本小节将详细介绍有关 ActionScript 工作环境方面的知识。

14.2.1 认识【动作】面板

【动作】面板是 ActionScript 编程的专用环境，在菜单栏中，选择【窗口】菜单，在弹出的下拉菜单中，选择【动作】菜单项，即可打开【动作】面板。【动作】面板由动作编辑区和工具栏组成，如图 14-1 所示。

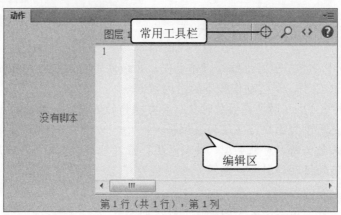

图 14-1

工具栏中各工具的说明如下。

- 【插入】⊕：插入目标路径。
- 【查找】🔍：查找和替换文本内容。
- 【代码片断】<>：【代码片断】按钮，单击该按钮，打开【代码片断】面板，添加 Flash 自带的代码片断。
- 【帮助】②：打开 Flash 帮助功能。
- 动作编辑区：用来编辑 ActionScript 脚本程序，在 Flash CC 中，可以直接在编辑窗口中输入代码。

14.2.2 使用【动作】面板添加脚本

在 Flash CC 中，用户可以使用【动作】面板为动画添加脚本，来控制动画播放的效果。下面介绍使用【动作】面板添加脚本的操作方法。

step 1　新建 Flash 空白文档，①在【工具】面板中，单击【矩形工具】按钮▣，②在舞台中绘制矩形，如图 14-2 所示。

step 2　在【时间轴】面板中，选中第 15 帧，在键盘上按下 F6 键，插入关键帧，如图 14-3 所示。

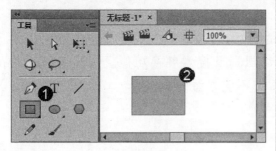

图 14-2

图 14-3

step 3　返回到【工具】面板中，①单击【选择工具】按钮▶，②选择舞台中的图形，如图 14-4 所示。按下键盘上的 Delete 键，删除图形。

step 4　在【工具】面板中，①单击【多角星形工具】按钮▣，②在舞台中绘制多边形，如图 14-5 所示。

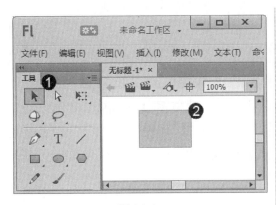

图 14-4

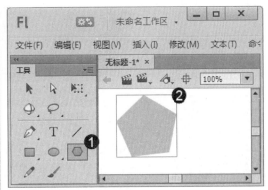

图 14-5

step 5 在【时间轴】面板中，鼠标右击第 1~15 帧之间的任意帧，在弹出的快捷菜单中，选择【创建补间形状】菜单项，如图 14-6 所示。

step 6 在【时间轴】面板中，选中第 10 帧，在键盘上按下 F6 键，插入关键帧，如图 14-7 所示。

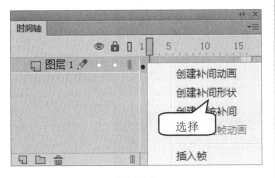

图 14-6

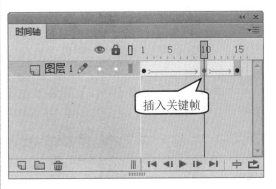

图 14-7

step 7 选中第 10 帧，打开【动作】面板，在编辑区中输入代码 "stop( )"，如图 14-8 所示。

step 8 在键盘上按下 Ctrl+Enter 组合键，测试代码效果，影片则在播放到第 10 帧处停止播放，通过以上步骤即可完成使用【动作】面板添加脚本的操作，如图 14-9 所示。

图 14-8

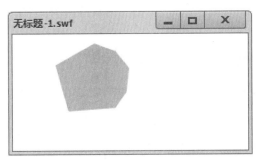

图 14-9

【代码片断】面板

手机扫描二维码，观看本节视频课程

在 Flash CC 中，代码片断是一种使用 ActionScript 制作动画效果的工具，而使用【代码片断】面板可以非常方便地将 ActionScript 3.0 代码添加到 FLA 文件中。本节将介绍代码片断方面的知识及操作方法。

14.3.1 认识【代码片断】面板

【代码片断】面板使非编程人员能够很快轻松地使用简单的 ActionScript 3.0 和 JavaScript。通过该面板，可以将代码添加到 FLA 文件以启用常用功能。使用【代码片断】面板不需要 JavaScript 或 ActionScript 3.0 方面的知识。

在 Flash CC 中，可以通过【代码片断】面板中的集成代码，为对象添加在舞台上行为的代码，或在时间轴上添加控制播放的代码等，并且所添加的代码附带文字说明，方便了解代码的使用方法。

在菜单栏中，选择【窗口】菜单，在弹出的下拉菜单中，选择【代码片断】菜单项，即可打开【代码片断】面板，如图 14-10 所示。

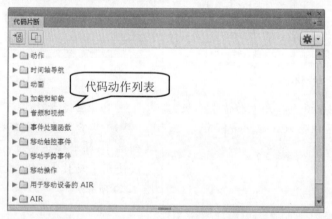

图 14-10

14.3.2 添加代码片断

在【代码片断】面板中，将需要使用的代码片断添加到要应用的动画中，才能起到制作动画的作用，下面介绍添加代码片断的操作方法。

 新建 Flash 空白文档，① 在菜单栏中，选择【窗口】菜单，② 在弹出的下拉菜单中，选择【代码片断】菜单项，如图 14-11 所示。

step 2 打开【代码片断】面板，单击要添加代码的文件夹折叠按钮 ▶，如【动作】文件夹，如图 14-12 所示。

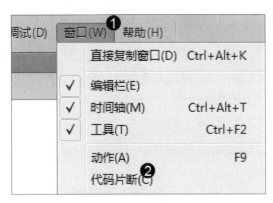

图 14-11

图 14-12

3 在展开的文件夹列表中，鼠标双击要添加的代码类型选项，如【播放影片剪辑】选项，如图 14-13 所示。

4 弹出添加代码的【动作】面板，此时可以看到详细的代码，这样即可完成添加代码片断的操作，如图 14-14 所示。

图 14-13

图 14-14

知识精讲

在 Flash CC 中，当为舞台中的对象添加代码片断时，若该对象不是影片剪辑，系统将弹出 Adobe Flash Professional 对话框，提示将对象转换为影片剪辑并创建实例名称，此时单击【确定】按钮 确定 ，以完成添加代码片断的操作。

14.3.3　使用代码片断加载外部文件

在 Flash CC 中，用户可以使用代码片断加载外部文件，下面以加载图像文件为例，介绍使用代码片断加载外部文件的操作方法。

step 1 打开"加载外部文件.fla"素材文件，选中舞台的图形，① 在菜单栏中，选择【修改】菜单，② 在弹出的下拉菜单中，选择【转换为元件】菜单项，如图 14-15 所示。

step 2 弹出【转换为元件】对话框，① 在【名称】文本框中，输入元件名称，② 在【类型】下拉列表框中，选择【按钮】选项，③ 单击【确定】按钮 确定 ，如图 14-16 所示。

第 14 章 认识 ActionScript 编程环境

图 14-15

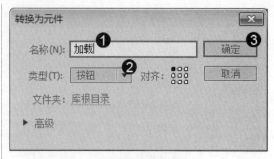

图 14-16

step 3 在菜单栏中，① 选择【窗口】菜单，② 在弹出的下拉菜单中，选择【代码片断】菜单项，如图 14-17 所示。

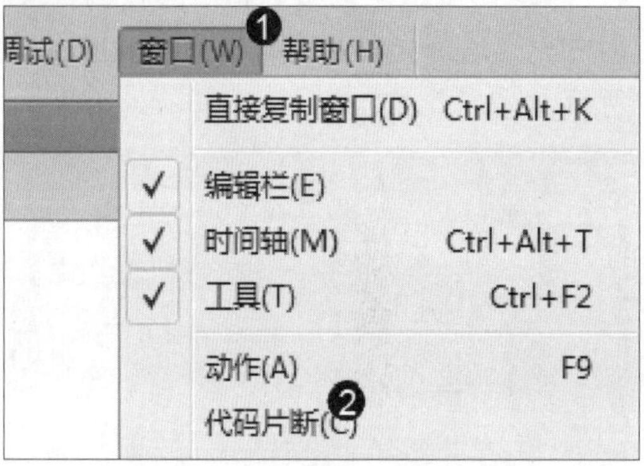

step 4 打开【代码片断】面板，① 单击【加载和卸载】折叠按钮▶，② 在展开的折叠列表中，双击【单击以加载/卸载 SWF 或图像】选项，如图 14-18 所示。

图 14-17

图 14-18

step 5 弹出 Adobe Flash Professional 对话框，根据提示"所选元件需要一个实例名称。在应用代码示例之前，Flash 将创建一个实例名称"，单击【确定】按钮 确定 ，如图 14-19 所示。

step 6 弹出【动作】面板，找到"http://www.helpexamples.com/flash/images→image1.jpg"文字，将其替换为"声音按钮.png"，如图 14-20 所示。

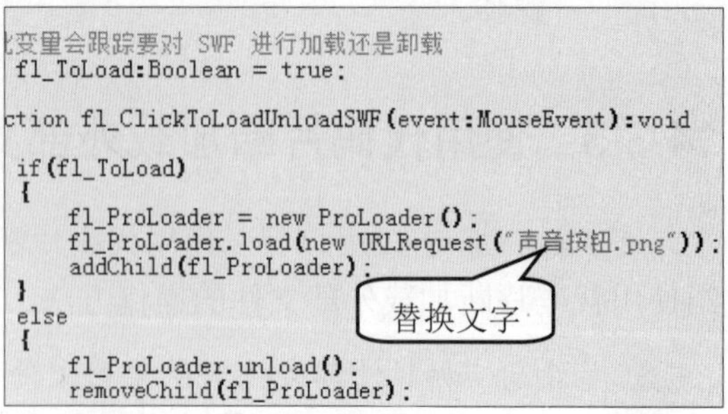

Adobe Flash Professional

⚠ 所选元件需要一个实例名称。
在应用代码示例之前，Flash 将创建一个实例名称。

☐ 不再显示。

单击

确定　　　取消

图 14-19

```
此变量会跟踪要对 SWF 进行加载还是卸载
fl_ToLoad:Boolean = true;

ction fl_ClickToLoadUnloadSWF(event:MouseEvent):void

if(fl_ToLoad)
{
    fl_ProLoader = new ProLoader();
    fl_ProLoader.load(new URLRequest("声音按钮.png"));
    addChild(fl_ProLoader);
}
else
{
    fl_ProLoader.unload();
    removeChild(fl_ProLoader);
```

替换文字

图 14-20

step 7 在键盘上按下 Ctrl+Enter 组合键，测试影片，单击 load 图形按钮，如图 14-21 所示。

step 8 此时可以看到加载的图像文件，通过以上步骤即可完成使用代码片断加载外部文件的操作，如图 14-22 所示。

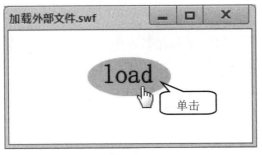

图 14-21

图 14-22

14.3.4 使用代码片断控制时间轴

在 Flash CC 中，用户可以使用代码片断来控制时间轴上动画的播放。下面介绍使用代码片断控制时间轴的操作方法。

step 1 新建 Flash 空白文档，① 在【工具】面板中，单击【矩形工具】按钮 ▥，② 在舞台中绘制矩形，如图 14-23 所示。

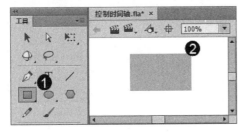

图 14-23

step 3 返回到【工具】面板中，① 单击【任意变形工具】按钮 ▥，② 单击舞台中的图形，并将其缩小，如图 14-25 所示。

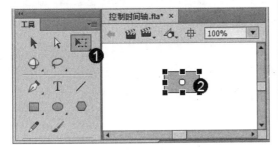

图 14-25

step 5 在【时间轴】面板中，选中第 10 帧，在键盘上按下 F6 键，插入关键帧，如图 14-27 所示。

step 2 在【时间轴】面板中，选中第 15 帧，在键盘上按下 F6 键，插入关键帧，如图 14-24 所示。

图 14-24

step 4 在【时间轴】面板中，鼠标右击第 1~15 帧之间的任意帧，在弹出的快捷菜单中，选择【创建补间形状】菜单项，如图 14-26 所示。

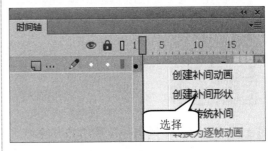

图 14-26

step 6 在菜单栏中，① 选择【窗口】菜单，② 在弹出的下拉菜单中，选择【代码片断】菜单项，如图 14-28 所示。

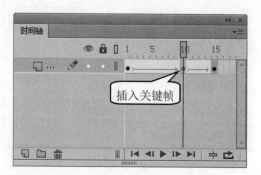

图 14-27

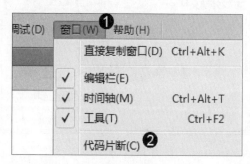

图 14-28

step 7 打开【代码片断】面板，① 单击【时间轴导航】折叠按钮 ▶，② 在展开的折叠列表中，双击【在此帧处停止】选项，如图 14-29 所示。

step 8 弹出【动作】面板，在键盘上按下 Ctrl+Enter 组合键，测试影片，在第 10 帧播放停止，这样即可完成使用代码片断控制时间轴的操作，如图 14-30 所示。

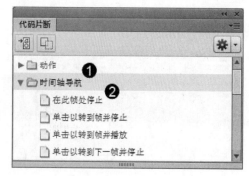

图 14-29

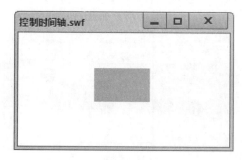

图 14-30

Section 14.4　范例应用与上机操作

手机扫描二维码，观看本节视频课程

　　通过本章的学习，读者基本可以掌握 ActionScript 编程环境的基本知识和操作技巧，下面介绍"为影片剪辑添加动作""使用代码制作旋转效果"和"为动画添加链接"范例应用，上机操作练习一下，以达到巩固学习、拓展提高的目的。

14.4.1　为影片剪辑添加动作

　　在 Flash CC 中，用户可以为影片剪辑添加拖放、单击以显示文本字段、单击以转到 Web 页等动作。下面介绍为影片剪辑添加拖放动作的操作方法。

素材文件❀ 无
效果文件❀ 第 14 章\效果文件\为影片剪辑添加动作.fla

step 1 新建 Flash 空白文档，① 在【工具】面板中，单击【椭圆工具】按钮 ⬭，② 在【填充颜色】面板中，设置填充颜色为渐变色，如图 14-31 所示。

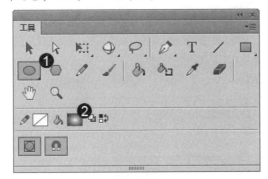

图 14-31

step 3 在菜单栏中，① 选择【修改】菜单，② 在弹出的下拉菜单中，选择【转换为元件】菜单项，如图 14-33 所示。

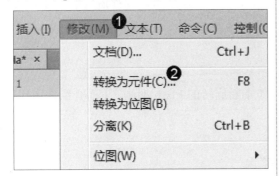

图 14-33

step 5 打开【属性】面板，在【实例名称】文本框中，输入实例名称，如图 14-35 所示。

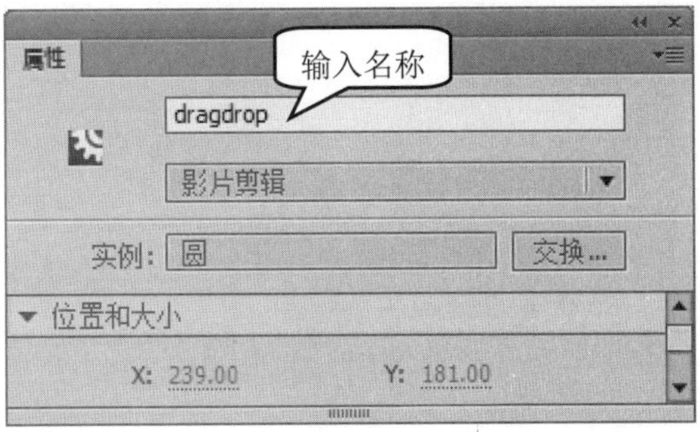

图 14-35

step 2 返回到舞台中，在空白区域单击鼠标左键并拖动，同时按住 Shift 键，绘制一个圆，如图 14-32 所示。

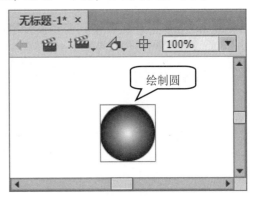

图 14-32

step 4 弹出【转换为元件】对话框，① 在【名称】文本框中，输入元件名称，② 在【类型】下拉列表框中，选择【影片剪辑】选项，③ 单击【确定】按钮 确定 ，如图 14-34 所示。

图 14-34

step 6 在菜单栏中，① 选择【窗口】菜单，② 在弹出的下拉菜单中，选择【代码片断】菜单项，如图 14-36 所示。

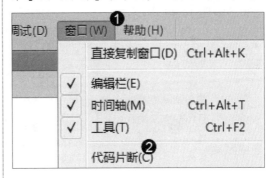

图 14-36

step 7 打开【代码片断】面板，① 单击【动作】折叠按钮▶，② 在展开的折叠列表中，双击【拖放】选项，如图 14-37 所示。

图 14-37

step 8 弹出【动作】面板，在键盘上按下 Ctrl+Enter 组合键测试影片，使用鼠标即可拖放图形，这样即可完成为影片剪辑添加拖放动作的操作，如图 14-38 所示。

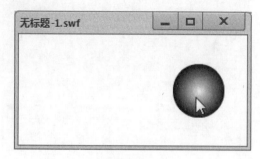

图 14-38

在 Flash CC 中，选中舞台中的对象，打开【代码片断】面板，在【动画】文件夹折叠列表中，为对象添加动画代码，然后在【动作】文件夹折叠列表中，鼠标双击要添加的动作，这样在动画播放时，可以使用鼠标对播放中的动画进行操作。

14.4.2 使用代码制作旋转效果

在 Flash CC 中，用户可以利用代码片断制作不断旋转的 Flash 动画，下面介绍使用代码制作旋转效果动画的操作方法。

素材文件 无

效果文件 第 14 章\效果文件\制作旋转效果.fla

step 1 新建 Flash 空白文档，① 在菜单栏中，选择【文件】菜单，② 在弹出的下拉菜单中，选择【导入】菜单项，③ 在弹出的级联菜单中，选择【导入到舞台】菜单项，如图 14-39 所示。

图 14-39

step 2 弹出【导入】对话框，① 选择要导入的文件，② 单击【打开】按钮 ，如图 14-40 所示。

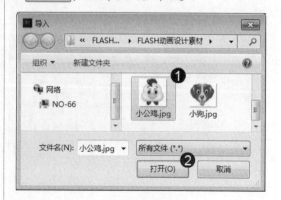

图 14-40

step 3 选中图形，① 选择【修改】菜单，② 在弹出的下拉菜单中，选择【转换为元件】菜单项，如图 14-41 所示。

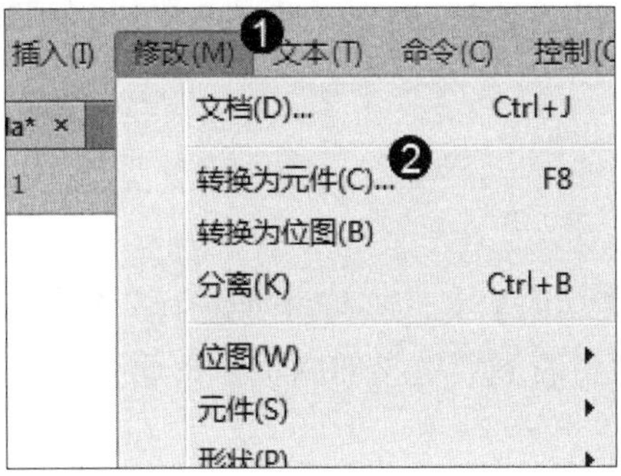

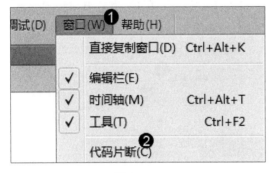

图 14-41

step 4 弹出【转换为元件】对话框，① 在【名称】文本框中，输入元件名称，② 在【类型】下拉列表框中，选择【图形】选项，③ 单击【确定】按钮 确定 ，如图 14-42 所示。

图 14-42

step 5 在菜单栏中，① 选择【窗口】菜单，② 在弹出的下拉菜单中，选择【代码片断】菜单项，如图 14-43 所示。

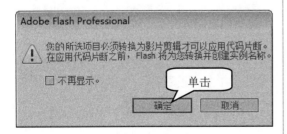

图 14-43

step 6 打开【代码片断】面板，① 单击【动画】折叠按钮 ▶，② 在展开的折叠列表中，双击【不断旋转】选项，如图 14-44 所示。

图 14-44

step 7 弹出 Adobe Flash Professional 对话框，根据提示"您的所选项目必须转换为影片剪辑才可以应用代码片断。在应用代码片断之前，Flash 将为您转换并创建实例名称"，单击【确定】按钮 确定 ，如图 14-45 所示。

Adobe Flash Professional

您的所选项目必须转换为影片剪辑才可以应用代码片断。在应用代码片断之前，Flash 将为您转换并创建实例名称。

☐ 不再显示。

单击

确定　　取消

图 14-45

step 8 弹出【动作】面板，在键盘上按下 Ctrl+Enter 组合键，测试影片，这样即可完成使用代码制作旋转效果动画的操作，如图 14-46 所示。

图 14-46

在 Flash CC 中，创建影片剪辑元件，并使元件处于选中状态，打开【代码片断】面板，单击【动画】折叠按钮，在展开的折叠列表中，双击【垂直动画移动】选项，弹出 Adobe Flash Professional 对话框，单击【确定】按钮 确定，即可完成动画的创建。

14.4.3 为动画添加链接

在 Flash CC 中，打开【代码片断】面板，在【动作】文件夹折叠列表中，可以为动画添加链接动作，测试影片后，单击相应的按钮，即可看到要链接的网页，下面介绍为动画添加链接的操作方法。

素材文件✿ 无
效果文件✿ 第14章\效果文件\添加动画链接.fla

step 1 打开"添加动画链接.fla"素材文件，选中舞台中的所有图形，① 在菜单栏中，选择【修改】菜单，② 在弹出的下拉菜单中，选择【转换为元件】菜单项，如图 14-47 所示。

step 2 弹出【转换为元件】对话框，① 在【名称】文本框中，输入元件名称，② 在【类型】下拉列表框中，选择【影片剪辑】选项，③ 单击【确定】按钮 确定，如图 14-48 所示。

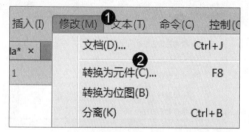

图 14-47

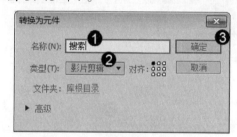

图 14-48

step 3 打开【属性】面板，在【实例名称】文本框中，输入实例名称，如图 14-49 所示。

step 4 在菜单栏中，① 选择【窗口】菜单，② 在弹出的下拉菜单中，选择【代码片断】菜单项，如图 14-50 所示。

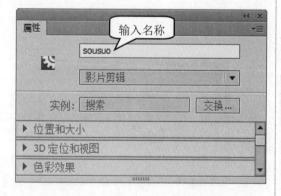

图 14-49

图 14-50

step 5 打开【代码片断】面板，① 单击【动作】折叠按钮 ▶，② 在展开的折叠列表中，双击【单击以转到 Web 页】选项，如图 14-51 所示。

图 14-51

step 7 在键盘上按下 Ctrl+Enter 组合键，测试影片，单击窗口中的图形按钮，如图 14-53 所示。

图 14-53

step 6 弹出【动作】面板，在编辑区中，找到 "http://www.adobe.com" 文字，将其替换为 "http://www.baidu.com"，如图 14-52 所示。

图 14-52

step 8 此时可以看到链接的网页，通过以上步骤即可完成为动画添加链接的操作，如图 14-54 所示。

图 14-54

Section 14.5 课后练习与上机操作

本节内容无视频课程，习题参考答案在本书附录

14.5.1 课后练习

1. 填空题

(1) ActionScript 是 Flash 的动作脚本语言，可以在动画中添加_____，也可以在 Flash、Flex、AIR 内容和应用程序中实现其交互性。

(2) 在简单的动画中，Flash 会按顺序播放动画中的_____和_____，而在交互动画中，用户可以使用键盘或鼠标与动画交互。

2．判断题

(1) 在 Flash CC 中，用户可以使用【动作】面板为动画添加元素，来控制动画播放的效果。　　　　　　　　　　　　　　　　　　　　　　　　　　　　( )

(2) 在 Flash CC 中，使用 ActionScript 可以控制 Flash 动画中的对象，创建导航元素和交互元素，以及扩展 Flash 创作交互动画和网络应用的能力。　　　　　　( )

3．思考题

(1) 如何使用【动作】面板添加脚本？
(2) 如何添加代码片断？

14.5.2　上机操作

(1) 通过本章的学习，读者基本可以掌握 ActionScript 编程环境方面的知识，下面通过练习为影片剪辑添加代码，达到巩固与提高的目的。

(2) 通过本章的学习，读者基本可以掌握 ActionScript 编程环境方面的知识，下面通过练习使用代码制作动画，达到巩固与提高的目的。

第15章

ActionScript 3.0 基本语法

　　本章主要介绍了 ActionScript 3.0 基本语法方面的知识与技巧，主要内容包括 ActionScript 语法、ActionScript 的数据类型、变量与常量、表达式和运算符以及函数和类，通过本章的学习，读者可以掌握 ActionScript 3.0 基本语法操作方面的知识，为深入学习 Flash CC 知识奠定基础。

本 章 要 点

1. ActionScript 语法

2. ActionScript 的数据类型

3. 变量与常量

4. 表达式和运算符

5. 函数和类

Section
15.1 ActionScript 语法

手机扫描二维码，观看本节视频课程

在 Flash CC 中，在编写 ActionScript 脚本的过程中，要熟悉其编写时的语法规则，其中常用的语法包括：点语法、花括号、圆括号、程序注释和分号等。本小节将详细介绍 ActionScript 语法方面的知识。

15.1.1 点语法

在 ActionScript 3.0 中，点"."被用来指明与某个对象或影片剪辑相关的属性和方法，也用来标识指向影片剪辑或变量的目标路径。点语法表达式由对象或影片剪辑名称开头，接着是一个点，最后是要指定对象的属性、方法和变量。

例如：_x 影片剪辑属性指示影片剪辑在舞台上的 x 轴位置，表达式 pallMC._x 则表示引用影片剪辑实例 pallMC 的_x 属性，而表达式 pallMC.play()则表示引用影片剪辑实例 pallMC 的 play()方法。

在 Flash CC 中，点语法使用两个特殊的别名：_root 和_parent。别名_root 是指主时间轴，可以使用_root 别名创建一个绝对目标路径。

15.1.2 花括号

在 ActionScript 中，很多语法规则都沿用了 C 语言的规范，一般常用花括号"{}"组合在一起形成块，把括号中的代码看作依据完整的句号，条件语句、循环语句通常也使用花括号进行分块，如图 15-1 所示。

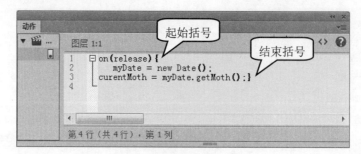

图 15-1

15.1.3 圆括号

在 Flash CC 中，定义函数时，要将所有参数都放在圆括号中使用。

在 ActionScript 中，可以通过 3 种方式使用圆括号 "( )"。

- 可以使用圆括号来更改表达式中的运算顺序，组合到圆括号中的运算总是最先被执行的，例如，圆括号可用来改变如下代码中的运算顺序：

```
trace (2+3*4);//14
trace (2+3)*4);//20
```

- 可以结合使用圆括号和逗号运算符(,)来计算一系列表达式并返回最后一个表达式的结果，例如：

```
var  a:int = 4;
var  b:int = 3;
trace ((a++,b++,a+b)) // 9
```

- 可以使用圆括号来向函数或方法传递一个或多个参数，如下面所示，trace()函数传递一个字符串值：

```
trace ("hello");//hello
```

15.1.4 程序注释

在 Flash CC 中，需要记住一个动作的作用时，可以在【动作】面板中，使用注释语句 (comment)为帧或按钮动作添加程序注释。通过在脚本中添加注释，有助于理解想要关注的内容。

- 使用字符 "//" 可以在创建脚本时加上单行注释，例如：

```
on(release){
//建立新的对象 myDate = new Date();
currentMonth=myDate.getMonth(); //把用数字表示的月份转为用文字表示的月份
monthName = calcMoth(currentMonth);
year = myDate.getFullYear();
currentDate = myDate.getDat();
```

- 使用字符 "/*" 和 "*/" 可以在创建脚本时加上多行注释，例如：

```
/*
用键盘箭头移动
*/
```

> 在 Flash CC 中，ActionScript 会保留一些单词作为关键字，用于特定的用途，因此，这些保留的单词作为关键字，是不能作为变量名、函数名或标签名来使用的，在定义变量名、函数名或标签名时要注意。

15.1.5 分号

在 Flash CC 中，ActionScript 语句用分号(;)结束，但如果省略语句结尾的分号，Flash 仍然可以成功地编译脚本，因此，使用分号只是一个很好的脚本撰写习惯。例如：

```
colum = passedDate.getDay();
row = 0;
```

同样的语句也可以不写分号，可以写成：

```
colum = passedDate.getDay() row = 0
```

15.1.6　字母的大小写

在 Flash CC 中，使用 ActionScript 脚本时，对于变量和对象字母的大小写有严格的要求，例如语句 "var ppr: Number=2;" 和 "var PPR: Number=5;"，因大小写不同，所以代表变量也不相同。在输入关键字时，如果没有正确使用字母的大小写，程序将提示错误，而以正确的大小写输入的关键字则显示为蓝色。

15.1.7　空白和多行书写

在 Flash CC 中，各语句的关键字之间都会有空格，这个空格叫做空白，包括空格键、Tab 键和 Enter 键等，如图 15-2 所示。

```
var myAlign myAlign="true";
```

图 15-2

一般情况下，单独一条语句必须在一行内输入完成，但会有代码过长的时候，此时则需要使用多行书写方法，如图 15-3 所示。

```
var myArray:[ "0", "1", "2",
"3", "4", "5",
"5", "5", "5"]
```

图 15-3

Section 15.2　ActionScript 的数据类型

手机扫描二维码，观看本节视频课程

数据是程序的必要组成部分，而编程时的基本数据类型包括 Boolean、int、Null、Number、String 和 void 等。复杂数据类型则包括 Object、Array、Date、Error、Function、RegExp、XML 和 XMLList。本小节将详细介绍 ActionScript 数据类型方面的相关知识。

15.2.1　Boolean 数据类型

Boolean 是两位逻辑数据类型，Boolean 数据类型只包含两个值：true 和 false，其他任何值均无效，默认值为 false。在 ActionScript 语句中，也会在适当的时候将值 true 和 false 转换为 1 和 0，一般情况下，这两个逻辑值与 ActionScript 语句中控制程序流的逻辑运算符一起使用。

15.2.2　Null 数据类型

Null 数据类型仅包含一个值，即 null，也可以被认为是常量，以指示某个属性或变量尚未赋值，用户可在以下情况下指定 null 值。

- 表示变量存在，但尚未接收到值。
- 表示变量存在，但不再包含值。
- 作为函数的返回值，表示函数没有可以返回的值。
- 作为函数的参数，表示省略了一个参数。

15.2.3　String 数据类型

String 数据类型表示的是一个字符串。无论是单一字符还是数千个字符串，都使用这个变量类型，除了内存限制以外，对长度没有任何限制，但是，如果要赋予字符串变量，字符串数据应用单引号或双引号引用。

15.2.4　MovieClip 数据类型

在 Flash CC 中，影片剪辑是 Flash 应用程序中可以播放动画的元件，是唯一引用图形元素的数据类型。MovieClip 数据类型允许使用 MovieClip 类的方法控制影片剪辑元件。

调用 MovieClip 类的方法时不使用构造函数，可以在舞台上创建一个影片剪辑实例，然后只需使用点(.)运算符调用 MovieClip 类的方法，即可通过在舞台上使用影片剪辑和动态创建影片剪辑的方法实现。

15.2.5　int、Number 数据类型

int 数据类型是一个 32 位整数，其值为-2 147 483 648～+2 147 483 647，使用整数进行计算可以大幅度提高计算效率，int 数据型变量常常作为计数器的变量类型，也会在一些像素操作中作为坐标进行传递。

如果处理范围超出 32 位整数或者涉及小数点时，可以使用 Number 数据类型。Number 数据类型是 64 位浮点值，默认值为 NaN。

15.2.6　void 数据类型

Void 数据类型只有一个值，即 undefined。void 数据类型的唯一作用是在函数中指示函数不返回值，如图 15-4 所示。

```
1    function First():void{
2        }
3    Function Second():Number{
4        }
5
```

图 15-4

在上述语句中，First 函数无须返回值，而 Second 函数表示必须返回一个数值。

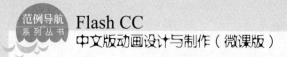
可以使用 trace 函数返回上述两个函数的返回值，将代码改写为如图 15-5 所示。

```
//定义 First 函数
function First():void{
}
//定义 Second函数
function Second():Number{
    //返回值2
    return2:
}
//声明一个无类型变量firstResult,将first运行结果赋予它
var firstResult:*=First();
//声明一个无类型变量secondResult,将second运行结果赋予它
var secondResult:*=Second():
trace(firstResult. secondResult): //输出firstResult和secondResult的值
```

图 15-5

上述代码运行结果为：undefined 2。

15.2.7 Object 数据类型

Object 数据类型是由 Object 类定义的，是属性的集合，是用来描述对象的特性的，在 Flash CC 中，每个属性都是有名称和值的，属性值可以是任何 Flash 数据类型，甚至可以是 Object 数据类型，这样就可以使对象包含对象(即将其嵌套)。

Section 15.3 变量与常量

手机扫描二维码，观看本节视频课程

变量是包含信息的容量，容器本身不变，但内容可以更改。而常量是程序在运行时，也不会改变的量。本小节将介绍变量与常量方面的知识。

15.3.1 变量的类型

在使用变量之前，应指定其存储数据的数据类型，该类型值将对变量的值产生影响，而变量中主要有以下 4 种类型。

- 逻辑变量：判断指定的条件是否成立，值有两种，即 true 和 false，前者表示成立，后者表示不成立。
- 字符串变量：用于保存特定的文本信息。
- 数值型变量：用于存储一些特定的数值。
- 对象型变量：用于存储对象型的数据。

15.3.2 定义和命名变量

在 Flash CC 中，使用变量之前需要先定义与命名变量，下面介绍定义和命名变量的操作方法。

1. 定义变量

在 Flash CC 中，变量名用于区分变量，变量值可以确定变量的类型和大小，可以在动画的不同部分，为变量赋予不同的值，使变量在名称不变的情况下，其值可以随时变化。变量可以是一个字母，也可以是由一个单词或几个单词构成的字符串，并且可以在定义变量的同时为变量赋值。

在 Flash CC 中，使用关键字 var 定义变量，例如下列语句：

```
Var myname:String;
```

声明了一个名为 myname 的字符串类型变量。

2. 命名变量

在 Flash CC 中，ActionScript 脚本使用关键字 var 命名变量，变量名必须区分大小写，如：

```
var k1:String                          //命名一个名为 k1 的字符串类型变量
var k1:Strin,Var k2:String,Var k3:String //命名多个字符串类型变量
```

在 Flash CC 中，在命名变量名称时，用户还应该遵循以下规则。

- 变量名必须是一个标识符，不能包含任何特殊符号。
- 变量名不能是关键字及布尔值(true 和 false)。
- 变量名在其作用域中唯一。
- 变量名应有一定的意义，通过一个或者多个单词组成有意义的变量名可以使变量的意义明确。
- 可根据需要混合使用大小写字母和数字。
- 在 ActionScript 中，使用变量时应遵循"先定义后使用"的原则。

15.3.3 为变量赋值

在 Flash CC 中，在命名变量时也可以为变量赋值，并且可以为一个或多个变量赋值，在变量名后使用"="即可为变量赋值，下面介绍为变量赋值的操作方法。

 新建 Flash 空白文档，打开【动作】面板，在编辑区中，输入语句"var k1:String;"，定义一个变量，如图 15-6 所示。

 在键盘上按下 Enter 键换行，在第二行输入语句"k1= "Hello";"，为变量赋值，如图 15-7 所示。

图 15-6

图 15-7

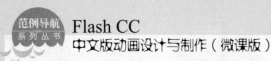

step 3 在键盘上按下 Enter 键换行，在第三行输入语句"trace(k1)//返回变量值"，返回变量值，如图 15-8 所示。

step 4 在键盘上按下 Ctrl+Enter 组合键，测试影片，在弹出的【输出】面板中，可以看到赋值的变量，通过以上步骤即可完成为变量赋值的操作，如图 15-9 所示。

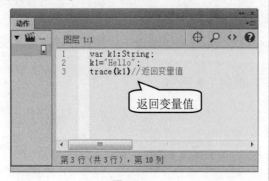

图 15-8

图 15-9

15.3.4 常量

在 ActionScript 3.0 中，使用常量和其他的编程开发语言一样，作用都是相同的，常量就是值不会改变的量，变量则相反。

- Infinity 常量表示正 Infinity 的特殊值，此常量的值与 Number. POSITIVE_INFINITY 相同，例如：

  除以 0 的结果为 Infinity(仅当除数为正数时)。

```
trace(0 / 0);  // NaN
trace(7 / 0);  // Infinity
trace(-7 / 0); // -Infinity
```

- Infinity 常量表示负 Infinity 的特殊值，此常量的值与 Number. NEGATIVE_INFINITY 相同，例如：

  除以 0 的结果为-Infinity(仅当除数为负数时)。

```
trace(0 / 0);  // NaN
trace(7 / 0);  // Infinity
trace(-7 / 0); // -Infinity
```

NaN 常量是 Number 数据类型的一个特殊成员，用来表示"非数字"(NaN)值。当数学表达式生成的值无法表示为数字时，结果为 NaN。NaN 值不被视为等于任何其他值(包括 NaN)，因而无法使用等于运算符测试一个表达式是否为 NaN。下面描述了生成 NaN 的常用表达式。

- 除以 0 可生成 NaN(仅当除数也为 0 时)。如果除数大于 0，除以 0 的结果为 Infinity，如果除数小于 0，除以 0 的结果为 –Infinity。
- 负数的平方根。
- 在有效范围 0~1 之外数字的反正弦值。
- Infinity 减去 Infinity。
- Infinity 或-Infinity 除以 Infinity 或-Infinity。
- Infinity 或-Infinity 乘以 0。

在 Flash CC 中，运算符是指定如何结合、比较或修改表达式值的字符，是在进行动作脚本编程过程中经常会用到的元素。本小节将介绍表达式和运算符方面的知识。

15.4.1 表达式

在 Flash CC 中，运算对象和运算符的组合被称为表达式。ActionScript 中的表达式可以被生成单个值的 ActionScript "短语"，该短语可以包含文字、变量和运算符等。ActionScript 表达式按复杂程度和功能区分，可以分为简单表达式和复杂表达式、赋值表达式和单值表达式，如表 15-1 所示。

表 15-1

简单表达式：由文字组成	"你好"
复杂表达式：包含变量、函数、函数调用及其他表达式	var k1: String; k1="Hello"; trace(k1)
赋值表达式：用于赋值	Trace(5)
单值表达式：计算单值	String("("+var_b+")%("+anExpression+")")

15.4.2 算术运算符

算术运算符可以执行加法、减法、乘法、除法以及其他的数学运算，是最简单、最常用的符号，也可以执行其他算术运算，数值运算符的优先级别与一般数学公式中的优先级别相同，如表 15-2 所示。

表 15-2

运 算 符	执行的运算	举 例	结 果
+	加法	A=7+3	A=10
−	减法	A=8-3	A=5
*	乘法	A=7*3	A=21
/	除法	A=8/3	A=2.6
%	求模	A=9%4	A=1
++	递增	A++	A 增加 1
--	递减	A--	A 减少 1

在 Flash CC 中，打开【动作】面板，在编辑区中输入定义变量并赋值，然后输入算术运算符代码，即可完成算术运算的操作，如图 15-10 所示。

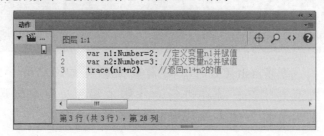

图 15-10

15.4.3　字符串运算符

字符串运算符是将字符串用加法运算符连接起来，合并成新的字符串。下面介绍运用字符串运算符的操作方法。

step 1 新建 Flash 空白文档，打开【动作】面板，在编辑区中，输入语句"var n1:String="欢迎";"，定义变量并赋值，如图 15-11 所示。

step 2 在键盘上按下 Enter 键换行，在第二行输入语句"var n2:String="光临";"，定义变量并赋值，如图 15-12 所示。

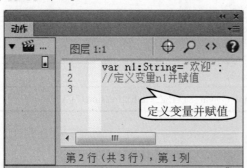

图 15-11

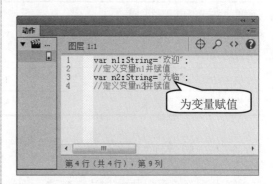

图 15-12

step 3 在键盘上按下 Enter 键换行，在第三行输入语句"trace(n1+n2)"，返回变量值，如图 15-13 所示。

step 4 在键盘上按下 Ctrl+Enter 组合键，在弹出的【输出】面板中，可以看到字符串运算后的结果，这样即可完成运用字符串运算符的操作，如图 15-14 所示。

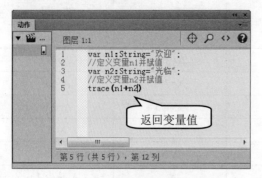

图 15-13

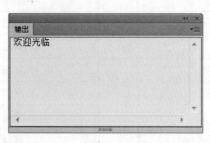

图 15-14

15.4.4　比较运算符和逻辑运算符

在 Flash CC 中，比较运算符和逻辑运算符是用来测试变量值的，下面分别介绍这两种运算符方面的知识。

1. 比较运算符

比较运算符用于比较表达式的值，然后返回一个布尔值，这些运算符常用于判断循环是否结束或条件语句中，如表 15-3 所示。

表 15-3

运　算　符	执行的运算
<	小于
>	大于
<=	小于或等于
>=	大于或等于

2. 逻辑运算符

逻辑运算符也称与或运算符，是二元运算符，是对两个操作数进行"与"操作或者"或"操作，完成后返回布尔型结果。逻辑运算也常用于条件运算和循环运算，一般情况下，逻辑运算符的两边为表达式，逻辑运算符具有不同的优先级。下面按优先级递减的顺序列出了逻辑运算符，如表 15-4 所示。

表 15-4

运　算　符	执行的运算
&&	如果 expression1 为 false 或可以转换为 false，则返回该表达式；否则，返回 expression2。
||	如果 expression1 为 true 或可以转换为 true，则返回该表达式；否则，返回 expression2。
!	对变量或表达式的布尔值取反。

15.4.5　位运算符

在 Flash CC 中，位运算会将其运算符前后的表达式，转换为二进制数进行运算，位运算的操作数只能为整型和字符型数据，如表 15-5 所示。

表 15-5

运　算　符	执行的运算
&	按位"与"
|	按位"或"

续表

运 算 符	执行的运算
^	按位"异或"
~	按位"非"
<<	左移位
>>	右移位
>>>	右移位填零

15.4.6　赋值运算符

赋值运算符主要用来将数值或表达式的计算结果赋给变量或常量，可以使用赋值运算符(=)为变量或常量赋值，如表 15-6 所示。

表 15-6

运 算 符	执行的运算
=	赋值
+=	相加并赋值
-=	相减并赋值
*=	相乘并赋值
%=	求模并赋值
/=	相除并赋值
<<=	按位左移并赋值
>>=	按位右移并赋值
>>>=	右移位填零并赋值
^=	按位异或并赋值
!=	按位或并赋值
&=	按位与并赋值

15.4.7　运算符的使用规则

ActionScript 中的运算符分为：数值运算符、赋值运算符、逻辑运算符、等于运算符等，当两个或两个以上的运算符在同一个表达式中被使用时，一些运算符与其他运算符相比有更高的优先级，ActionScript 就是严格遵循整个优先等级来决定哪个运算符首先执行，哪个运算符最后执行的。

现将一些动作脚本运算符及其结合律，按优先级从高到低排列，如表 15-7 所示。

表 15-7

运 算 符	说 明	结 合 率
()	函数调用	从左到右
[]	数组元素	从左到右
.	结构成员	从左到右
++	前递增	从右到左
--	前递减	从右到左
new	分配对象	从右到左
delete	取消分配对象	从右到左
typeof	对象类型	从右到左
void	返回未定义值	从右到左
*	相乘	从左到右
/	相除	从左到右
%	求模	从左到右
+	相加	从左到右

在 Flash CC 中，运算符的使用规则包括优先级规则和运算符结合规则，在 ActionScript 中，通常情况下，运算符优先级是按照从左至右计算，也有一些是从右计算的，如三元条件运算符(?:)、赋值运算符(=, *=, /=, %=, +=, -=, &=, ^=, <<=, >>=, >>>=)。

Section 15.5 函数和类

手机扫描二维码，观看本节视频课程

在 Flash CC 中，函数作为类的一个功能，而类则用来封装一些函数和变量，并且无须导入即可使用。本小节将详细介绍函数和类方面的知识。

15.5.1 全局函数和自定义函数

在 ActionScript 中，用户可以使用全局函数和自定义函数来进行运算，下面介绍全局函数和自定义函数方面的知识。

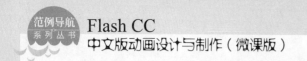
1. 全局函数

全局函数也被称为顶级函数，是 ActionScript 中的预定义函数，包括 trace() 函数、转义操作函数、转换函数和判断函数，下面详细介绍这些函数。

- trace() 函数：在调用时，可以将表达式的值在【输出】面板中显示，单个的 trace() 函数还可以支持多个参数。
- 转义操作函数：包括 escape() 转义函数和 unescape() 反向转义函数，转义函数会将参数转换为字符串，而反转义函数则将参数作为字符串计算。
- 转换函数：包括 parseInt() 函数、parseFloat() 函数、Number() 函数、String() 函数和 Boolean() 函数等，用于转换数据的类型。
- 判断函数：包括 isXMLName() 函数、isFinite() 函数和 isNaN() 函数，用于判断对字符串或表达式的操作是否可行。

2. 自定义函数

在 ActionScript 3.0 中，用户可以使用 function 关键字自定义函数，定义格式如下：

```
function func(var_1:Type,var_2);
```

其中，function 是关键字，func 为函数名，括号内是函数使用的参数，参数之间用逗号隔开，如果没有参数，定义时也需要包括空括号。

在 Flash CC 中，函数语句是严格模式下定义函数的首选方法，函数语句以 function 关键字开头，函数表达式是结合使用赋值语句的一种声明函数的方法，函数表达式又被称为函数字面值，带有函数表达式的赋值语句是以 var 关键字来开头的。

15.5.2　使用预定义全局函数

在 Flash CC 中，用户可以根据需要，调用 ActionScript 中的预定义全局函数，下面以 trace() 函数为例，介绍使用预定义全局函数的操作方法。

step 1 新建 Flash 空白文档，打开【动作】面板，在编辑区中，输入语句"var a1:String="预定义";"，定义变量并赋值，如图 15-15 所示。

step 2 在键盘上按下 Enter 键换行，在第三行输入语句"var a2:String=" 函数";"，定义变量并赋值，如图 15-16 所示。

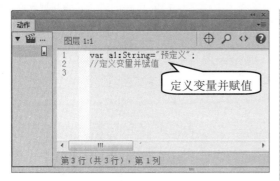

图 15-15

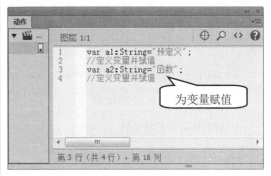

图 15-16

step 3　在键盘上按下 Enter 键换行，在第五行输入预定义语句"trace(n1+n2)"，返回变量值，如图 15-17 所示。

step 4　在键盘上按下 Ctrl+Enter 组合键，在弹出的【输出】面板中，可以看到使用预定义全局函数的结果，这样即可完成使用预定义全局函数的操作，如图 15-18 所示。

图 15-17

图 15-18

15.5.3　使用自定义函数

用户在自定义函数时，可以定义一系列的语句对其进行运算，最后返回运算结果。在 ActionScript 3.0 中，可以通过使用函数语句和使用函数表达式两种方式自定义函数。用户可以根据自己的编程风格来选择使用哪种方法自定义函数。下面将详细介绍使用自定义函数方面的知识。

1.　函数语句

函数语句是严格模式下定义函数的首选方法，函数语句以 function 关键字开头，后面一般跟随：

■　函数名；

■　用小括号括起来的逗号分隔参数列表；

■　用大括号括起来的函数体，即在调用函数时要执行的 ActionScript 代码。

下面的代码创建 ige 定义一个参数的函数，然后将字符串"welcome"用作参数值来调用该参数。

```
function traceParameter(aParam:String)
{
    trace(aParam);
}
traceParameter("welcome");//welcome
```

下面是一个简单函数的定义：

```
//计算矩形面积的函数
function areaOfBox(a, b) {
return a*b; //在这里返回结果
}
//｛测试函数
area = areaOfBox(3, 6);
trace("area="+area);
}
```

下面分析一下函数定义的结构，function 关键字说明这是一个函数定义，其后便是函数的名称：areaOfBox，函数名后面的括号内是函数的参数列表，大括号内是函数的实现代码。如果函数需要返回值，可以使用 return 关键字加上要返回的变量名表达式或常量名。在一个函数中可以有多个 return 语句，但只要执行了其中的任何一个 return 后，函数便自行终止。

因为 ActionScript 的特殊性，函数的参数定义并不要求类型声明，虽然把上例中倒数第二行改为 area = areaOfBox("3", 6); 也同样可以得到 18 的结果，但是这对程序的稳定性非常不利(假如函数里面用到了 a+b 的话，就会变成字符串的连接运算，结果自然会出错)。所以，有时候在函数中类型检查是不可少的。

在函数体中参变量用来代表要操作的对象。在函数中对参变量的操作，就是对传递给函数的参数的操作。在调用函数时，上例中的 a*b 会被转化为参数的实际值 3*6 处理。

2. 函数表达式

声明函数的第二种方法就是结合使用赋值语句和函数表达式。函数表达式有时也称为函数字面值或匿名函数。这是一种较为复杂的方法，在早期的 ActionScript 版本中广为使用。

带有函数表达式的赋值语句以 var 关键字开头，后面跟：

- 函数名；
- 冒号运算符(:);
- 指示数据类型的 Function 类；
- 赋值运算符(=);
- function 关键字；
- 用小括号括起来的逗号分隔参数列表；
- 用大括号括起来的函数体，即在调用函数时要执行的 ActionScript 代码。

例如，下面的代码使用函数表达式来声明 traceParameter 函数。

```
var traceParameter:Function = function (aParam:String)
{
    trace(aParam);
};
traceParameter("welcome");//welcome
```

注意，就像在函数语句中一样，在上面的代码中也没有指定函数名。

下面的实例显示了一个赋予数组元素的函数表达式：

```
var myArray:Array = new Array();
traceArray [0] = function (aParam:String)
{
  trace(aParam);
};
traceArray [0]("welcome");
```

> 在 Flash CC 中，函数表达式和函数语句的另一个重要区别是，函数表达式是表达式，而不是语句。这意味着函数表达式不能独立存在，而函数语句可以。函数表达式只能用作语句的一部分。

15.5.4　创建类的实例

在 ActionScript 3.0 中，类是最基本的编程结构，所有的类都必须放在扩展名为.as 的文件中，每个 as 文件里只能定义一个 public 类，且类名要与.as 的文件名相同，这一点和 Java 是完全相同的。另外，在 Flash CC 中，所有的类都必须放在包中，包用 package 关键字表示，在定义类之前都要先定义包，如下所示：

```
package{                              //定义包
    public class Newlei{              //定义类
        public var pl_1:String="创建";   //类体
        public function Newlei():void{   //定义函数
        }
        public function say():void{      //定义与类不同名称的函数
        trace(pl_1+"实例");
        }
    }
}
```

15.5.5　使用类的实例

在 ActionScript 3.0 中，类拥有成员的属性和方法。类的属性就是与类关联的变量，通过关键字 var 来声明，类的方法则是类的行为。

在使用自定义的类时要建立一个可控制的对象，然后通过对该对象的操作来访问类的属性和方法，下面介绍使用类的实例方面的知识。

 在使用一个类之前，需要使用将类导入到编译器中，否则编译器中没有这个类将发生编译错误，输入语句如下：

```
import Newl;  // import 将类导入到编译器中
```

 定义一个对象，该对象的类型即为前面定义的类，在定义对象时建议声明变量类型，这样显得比较规范，输入语句如下：

```
var dx:Newl=new Newl();  //定义类的对象，使用 new 关键字调用此类
```

step 3　指定调用该类的方法，调用时不需要输入任何参数，使用固定格式方法名加一对圆括号即可，要注意的是，在调用该对象方法时，一定要添加对象的名称，输入语句如下：

```
dx.say();       //调用类的方法
```

Section 15.6　范例应用与上机操作

手机扫描二维码，观看本节视频课程

　　　　通过本章的学习，读者基本可以掌握 ActionScript 3.0 基本语法的知识和操作技巧。下面介绍"制作按钮隐藏动画""制作鼠标指针经过动画"和"显示影片剪辑的按钮指针"范例应用，上机操作练习一下，以达到巩固学习、拓展提高的目的。

15.6.1　制作按钮隐藏动画

在 Flash CC 中，用户可以在按钮中添加代码，按钮中的代码一般都包含在 on 事件之内，下面介绍制作按钮隐藏动画的操作方法。

step 1　新建 Flash 空白文档，① 在【工具】面板中，单击【椭圆工具】按钮 ⬭，② 设置【填充颜色】的类型为渐变色，③ 在舞台中，单击鼠标左键并拖动，绘制一个椭圆，如图 15-19 所示。

step 2　选中图形，① 在菜单栏中，选择【修改】菜单，② 在弹出的下拉菜单中，选择【转换为元件】菜单项，如图 15-20 所示。

图 15-19

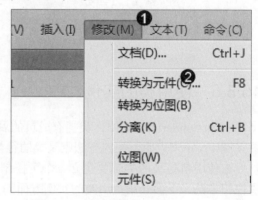

图 15-20

step 3　弹出【转换为元件】对话框，① 在【名称】文本框中，输入元件名称，② 在【类型】下拉列表框中，选择【按钮】选项，③ 单击【确定】按钮 确定 ，如图 15-21 所示。

step 4　打开【属性】面板，在【实例名称】文本框中，输入实例的名称，如图 15-22 所示。

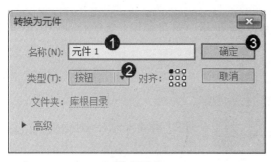

图 15-21

图 15-22

step 5 打开【动作】面板，在编辑区中输入语句 "button1.addEventListener→(MouseEvent.CLICK, f1_ClickToHide);"，如图 15-23 所示。

step 6 在键盘上按下 Enter 键换行，输入语句 "function f1_ClickToHide (event:MouseEvent):void"，如图 15-24 所示。

图 15-23

图 15-24

step 7 在键盘上按下 Enter 键换行，输入预定义语句 " {button1.visible = false;}"，如图 15-25 所示。

step 8 在键盘上按下 Ctrl+Enter 组合键，测试影片，单击按钮可以看到按钮隐藏，这样即可完成制作按钮隐藏动画的操作，如图 15-26 所示。

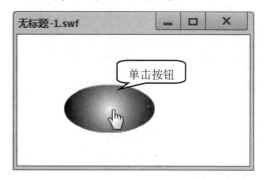

图 15-25

图 15-26

15.6.2 制作鼠标指针经过动画

在 Flash CC 中，用户可以使用本章所学的语法与变量、常量知识，来制作动画。下面介绍制作鼠标指针经过动画的操作方法。

素材文件❀ 第15章\素材文件\鼠标指针经过动画.fla

效果文件❀ 第15章\效果文件\制作鼠标指针经过动画.fla

step 1 打开"鼠标指针经过动画.fla"素材文件，选中舞台中的图形，①在菜单栏中，选择【修改】菜单，②在弹出的下拉菜单中，选择【转换为元件】菜单项，如图15-27所示。

step 2 弹出【转换为元件】对话框，①在【名称】文本框中，输入元件名称，②在【类型】下拉列表框中，选择【影片剪辑】选项，③单击【确定】按钮 确定 ，如图15-28所示。

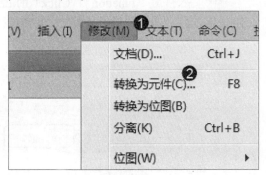

图 15-27

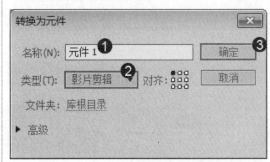

图 15-28

step 3 打开【属性】面板，在【实例名称】文本框中，输入实例的名称，如图15-29所示。

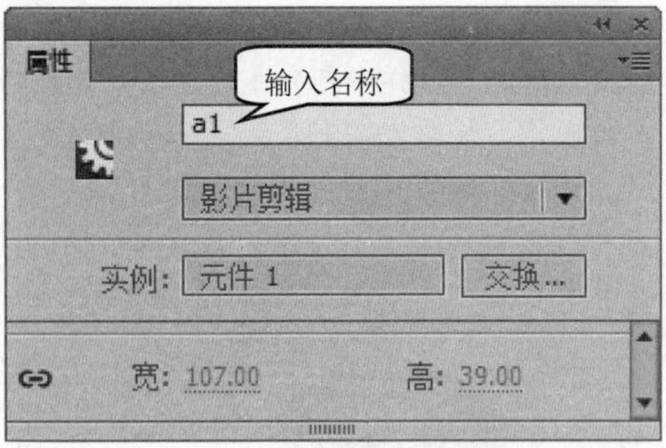

step 4 打开【动作】面板，输入语句"a1.buttonMode=true;a1.add-EventListener(MouseEvent.MOUSE)OVER, onOver);"定义事件，如图15-30所示。

图 15-29

图 15-30

step 5 按下键盘上的 Enter 键换行，然后输入语句"Function onOver(event: MouseEvent):void {a1.play();}"，如图15-31所示。

step 6 在键盘上按下 Ctrl+Enter 组合键，测试影片，当鼠标经过按钮时，可以看到鼠标指针，这样即可完成制作鼠标指针经过动画的操作，如图15-32所示。

图 15-31

图 15-32

15.6.3　显示影片剪辑的按钮指针

在 Flash CC 中，用户可以使用本章所学的语法与变量、常量知识，来显示影片剪辑的按钮指针。下面介绍显示影片剪辑的按钮指针的操作方法。

素材文件 ❀ 第 15 章\素材文件\按钮指针.fla

效果文件 ❀ 第 15 章\效果文件\制作按钮指针.fla

step 1　打开"按钮指针.fla"素材文件，选中舞台中的图形，① 在菜单栏中，选择【修改】菜单，② 在弹出的下拉菜单中，选择【转换为元件】菜单项，如图 15-33 所示。

step 2　弹出【转换为元件】对话框，① 在【名称】文本框中，输入元件名称，② 在【类型】下拉列表框中，选择【影片剪辑】选项，③ 单击【确定】按钮 确定 ，如图 15-34 所示。

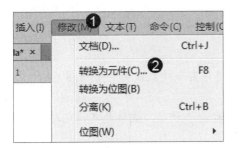

图 15-33

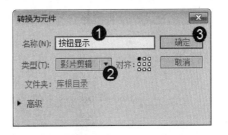

图 15-34

step 3　打开【属性】面板，在【实例名称】文本框中，输入实例的名称，如图 15-35 所示。

step 4　在菜单栏中，① 选择【窗口】菜单，② 在弹出的下拉菜单中，选择【动作】菜单项，如图 15-36 所示。

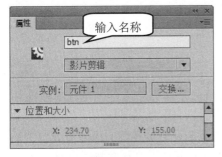

图 15-35

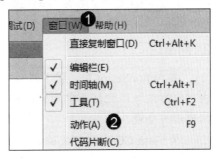

图 15-36

step 5 打开【动作】面板，在编辑区中输入语句"btn.buttonMode=true;"定义事件，如图15-37所示。

step 6 在键盘上按下 Ctrl+Enter 组合键，测试影片，当鼠标指针移至按钮上时，可以看到鼠标指针的形状，这样即可完成显示影片剪辑的按钮指针的操作，如图15-38所示。

图 15-37

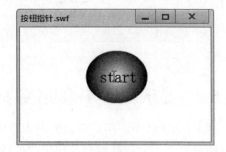

图 15-38

Section

15.7

课后练习与上机操作

本节内容无视频课程，习题参考答案在本书附录

15.7.1　课后练习

1. 填空题

(1)　在 ActionScript 3.0 中，点"."被用来指明与某个对象或影片剪辑相关的_____和方法，也用来标识指向影片剪辑或变量的_____。

(2)　_____由对象或影片剪辑名称开头，接着是一个点，最后是要指定对象的属性、方法和变量。

(3)　在 Flash CC 中，需要记住一个动作的作用时，可以在【动作】面板中，使用注释语句(comment)为___或_____添加程序注释。

(4)　在 Flash CC 中，ActionScript 语句用分号(;)结束，但如果省略语句结尾的分号，Flash 仍然可以成功地_____，因此，使用分号只是一个很好的脚本撰写习惯。

(5)　在 Flash CC 中，各语句的关键字之间都会有空格，这个空格叫做_____，包括空格键、Tab 键和_____键等。

2. 判断题

(1)　在 ActionScript 中，很多语法规则都沿用了 C 语言的规范，一般常用花括号"{}"组合在一起形成块，把括号中的代码看作依据完整的句号，条件语句、循环语句通常也使用花括号进行分块。　　　　　　　　　　　　　　　　　　　　　　　（　　）

(2)　在 Flash CC 中，定义函数时，不需要将所有参数都放在圆括号中使用。　　（　　）

(3)　在输入关键字时，如果没有正确使用字母的大小写，程序将提示错误，而以正确的大小写输入的关键字则显示为蓝色。　　　　　　　　　　　　　　　　　　　（　　）

(4) 一般情况下，单独一条语句必须在一行内输入完成，但会有代码过长的时候，此时也不需要使用多行书写方法。　　　　　　　　　　　　　　　（　　）

(5) 在 Flash CC 中，运算对象和运算符的组合被称为表达式。　　　　　（　　）

3．思考题

(1) 如何为变量赋值？

(2) 如何使用预定义全局函数？

15.7.2　上机操作

(1) 通过本章的学习，读者基本可以掌握 ActionScript 3.0 基本语法方面的知识，下面通过练习制作飘雪的动画效果，达到巩固与提高的目的。

(2) 通过本章的学习，读者基本可以掌握 ActionScript 3.0 基本语法方面的知识，下面通过练习制作流星雨的动画效果，达到巩固与提高的目的。

第 **16** 章

测试与发布动画

　　本章主要介绍测试与发布动画方面的知识与技巧，主要内容包括优化 Flash 影片、Flash 动画的测试、发布 Flash 动画和导出动画的相关知识，通过本章的学习，读者可以掌握测试与发布动画基础操作方面的知识，为深入学习 Flash CC 知识奠定基础。

本 章 要 点

1. 优化 Flash 影片
2. Flash 动画的测试
3. 发布 Flash 动画
4. 导出动画

在将 Flash 动画展示到互联网上时，或 Flash 作品在制作过程和完成以后都需要进行优化，优化 Flash 影片主要包括优化图像文件和优化矢量图形等。本小节将详细介绍优化 Flash 影片方面的相关知识及操作方法。

16.1.1 优化图像文件

在 Flash CC 中，为了得到更清晰的画面，用户可以对图像文件进行优化，下面介绍优化图像文件的操作方法。

step 1 新建 Flash 空白文档，① 在【库】面板中，鼠标右击要优化的图片，② 在弹出的快捷菜单中，选择【属性】菜单项，如图 16-1 所示。

step 2 弹出【位图属性】对话框，① 设置优化的参数，② 单击【确定】按钮 确定 ，即可完成优化图像文件的操作，如图 16-2 所示。

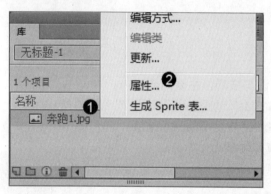

图 16-1

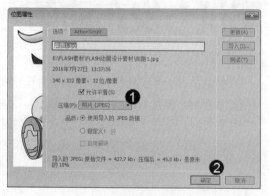

图 16-2

16.1.2 优化矢量图形

矢量图是用包含颜色、位置属性的直线或曲线公式来描述图像的，因此矢量图可以任意放大而不变形，下面详细介绍矢量图形优化的操作方法。

step 1 新建 Flash 空白文档，并导入矢量图形，然后在菜单栏中选择【修改】→【形状】→【优化】菜单项，如图 16-3 所示。

step 2 弹出【优化曲线】对话框，① 在【优化强度】文本框中，输入强度值，② 单击【确定】按钮 确定 ，如图 16-4 所示。

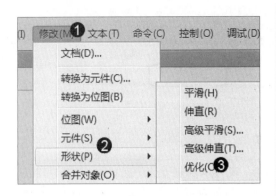

图 16-3

图 16-4

step 3　弹出 Adobe Flash Professional 对话框，单击【确定】按钮 确定 ，即可完成优化矢量图形的操作,如图 16-5 所示。

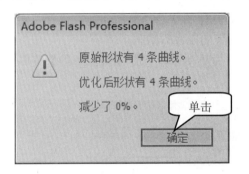

图 16-5

智慧锦囊

在对矢量图形进行优化之前，需要在键盘上按下组合键 Ctrl+B,将矢量图形打散。

考考您

请您根据上述方法优化矢量图形，测试一下您的学习效果。

Section
16.2　**Flash 动画的测试**

手机扫描二维码，观看本节视频课程

对 Flash 动画文件进行测试，可以确保动画作品流畅并按照期望的情况进行播放，这样才可以使作品在网络中播放得流畅自如，提高点击率。本小节将详细介绍 Flash 动画测试方面的知识及操作方法。

16.2.1　测试影片

在制作完成 Flash 影片后，用户就可以将其导出，在导出之前应对动画文件进行整体测试，以检查是否能够正常播放，下面详细介绍测试影片的操作方法。

创建动画后，在菜单栏中，选择【控制】菜单，在弹出的下拉菜单中，选择【测试】菜单项，即可测试当前准备查看的影片,如图 16-6 所示。

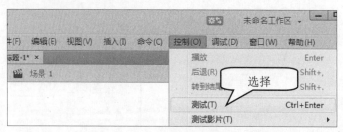

图 16-6

在 Flash CC 中，将动画制作完成后，还可以在键盘上，直接按下 Ctrl+Enter 组合键来测试影片，执行该操作后，制作好的动画将会自动生成一个 SWF 文件，并且在播放器中播放。

16.2.2　测试场景

使用调试器可以测试影片中的动作，如果想对具体的交互功能和动画进行预览，也可以选择【测试场景】菜单项，下面详细介绍测试场景的操作方法。

在菜单栏中，选择【控制】菜单，在弹出的下拉菜单中，选择【测试场景】菜单项，即可测试当前场景的播放效果，如图 16-7 所示。

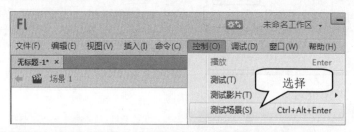

图 16-7

Section
16.3　发布 Flash 动画

手机扫描二维码，观看本节视频课程

在测试影片的过程中，在没有问题的前提下，用户可以按照要求来发布 Flash 动画，以便于动画的推广和传播，本小节将详细介绍发布设置、发布预览和发布 Flash 动画方面的知识及操作方法。

16.3.1　发布设置

在发布 Flash 动画之前，为了达到适合的效果，用户可以对发布的内容进行设置，下面介绍如何设置发布选项的操作方法。

step 1 在菜单栏中，① 选择【文件】菜单，② 在弹出的下拉菜单中，选择【发布设置】菜单项，如图 16-8 所示。

图 16-8

step 2 弹出【发布设置】对话框，① 在【发布】选项下方，选择动画发布的格式，② 在【输出文件】选项下方，设置发布的参数，③ 单击【确定】按钮 确定，即可完成设置发布选项的操作，如图 16-9 所示。

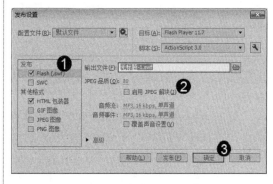

图 16-9

在【发布设置】对话框中，当选中【HTML 包装器】复选框时，单击【高级】折叠三角箭头，用户可以对以下参数进行设置，如图 16-10 所示。

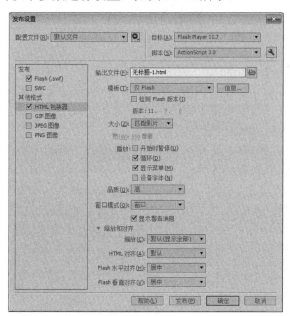

图 16-10

- ■ 【模板】：生成 HTML 文件时所用的模板。
- ■ 【大小】：定义 HTML 文件中 Flash 动画的大小单位。
- ■ 【播放】：在其中包括【开始时暂停】、【循环】、【显示菜单】和【设置字体】选项。
- ■ 【品质】：可以选择动画的图像质量。

- 【窗口模式】：可以选择影片的窗口模式。
- 【显示警告消息】：选中该复选框后，如果影片出现错误，会弹出警告消息。
- 【HTML 对齐】：用于确定影片在浏览器窗口中的位置。
- 【缩放】：可以设置动画的缩放大小。
- 【Flash 水平对齐】：可以设置动画在页面中的水平排列位置。
- 【Flash 垂直对齐】：可以设置动画在页面中的垂直排列位置。

16.3.2　发布预览

在 Flash CC 中，使用发布预览功能，可以导出从其子菜单中选择的类型文件并在默认浏览器中打开，如果预览的是 QuickTime 影片，则发布预览命令将启动 QuickTime 影片播放器。

要用发布功能预览文件，只需要在【发布设置】对话框中，定义导出选项后，在菜单栏中，选择【文件】→【发布】菜单项即可，如图 16-11 所示。

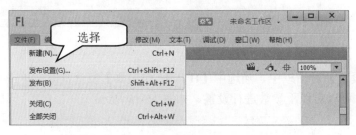

图 16-11

16.3.3　发布 Flash 动画

在 Flash CC 中，在【发布设置】对话框中，设置发布格式相关的参数，即可发布 Flash 动画，下面介绍发布 Flash 动画的操作方法。

step 1　打开"蝴蝶飞舞.fla"素材文件，① 在菜单栏中，选择【文件】菜单，② 在弹出的下拉菜单中，选择【发布设置】菜单项，如图 16-12 所示。

step 2　弹出【发布设置】对话框，① 在【发布】区域，选中 Flash(.swf) 复选框，② 在【其他格式】区域，选中【HTML 包装器】复选框，③ 单击【输出文件】右侧的【选择发布目标】按钮 📁，如图 16-13 所示。

图 16-12

图 16-13

step 3 弹出【选择发布目标】对话框，①选择发布文件存储的路径，②设置发布的文件名，③单击【保存】按钮 保存(S) ，如图 16-14 所示。

图 16-14

step 4 返回【发布设置】对话框，①设置发布参数，②单击【发布】按钮 发布(P) ，③单击【确定】按钮 确定 ，如图 16-15 所示。

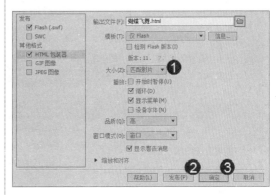

图 16-15

step 5 找到存放文件的路径，可以看到发布的动画，鼠标双击.html 文件，如图 16-16 所示。

图 16-16

step 6 此时可以看到发布的动画，通过以上步骤即可完成发布 Flash 动画的操作，如图 16-17 所示。

图 16-17

Section 16.4 导出动画

手机扫描二维码，观看本节视频课程

使用 Flash CC 进行完测试和优化后，就可以将其导出，作为其他的动画素材，并且在导出动画时，可以根据需要设置导出相应的动画格式。本小节将详细介绍导出动画方面的相关知识及操作方法。

16.4.1 导出图像文件

在 Flash CC 中，制作动画时，有时会将动画中的某个图像储存为图像格式，以便于下次使用，下面详细介绍导出图像文件的操作方法。

step 1 在舞台中选择要导出的图形对象，然后在菜单栏中选择【文件】→【导出】→【导出图像】菜单项，如图16-18所示。

step 2 弹出【导出图像】对话框，① 选择文件的保存位置，② 选择准备保存的文件类型，③ 单击【保存】按钮 保存(S)，即可完成导出图像文件的操作，如图16-19所示。

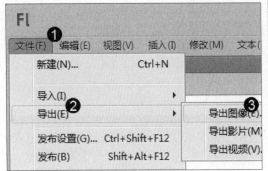

图 16-18

图 16-19

在 Flash CC 中，用户可以导出很多不同格式的 Flash 图像，包括 BMP 图像、JPEG 图像、GIF 图像和 PNG 图像等，其中除了 PNG 图像支持 Alpha 效果和遮罩层效果，其他的图像格式是不支持的。

16.4.2 导出影片文件

在 Flash CC 中，用户还可以根据需要，导出文档中的影片文件，下面介绍导出影片文件的操作方法。

step 1 在舞台中选择要导出的影片，然后在菜单栏中选择【文件】→【导出】→【导出影片】菜单项，如图16-20所示。

step 2 弹出【导出影片】对话框，① 选择文件的保存位置，② 选择准备保存的文件类型，③ 单击【保存】按钮 保存(S)，即可完成导出影片文件的操作，如图16-21所示。

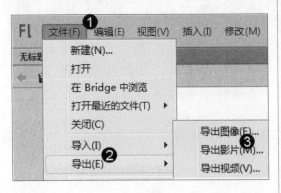

图 16-20

图 16-21

Section
16.5 范例应用与上机操作

手机扫描二维码，观看本节视频课程

通过本章的学习，读者基本可以掌握测试与发布动画的知识和操作技巧，下面介绍"输出 GIF 动画"和"发布 PNG 图像"范例应用，上机操作练习一下，以达到巩固学习、拓展提高的目的。

16.5.1 输出 GIF 动画

在输出 Flash 动画时，用户可以根据需要输出 GIF 动画，下面详细介绍输出 GIF 动画的操作方法。

素材文件❀ 第16章\素材文件\导出视频.fla
效果文件❀ 第16章\效果文件\输出 GIF 动画.gif

step 1 打开"导出视频.fla"素材文件，① 在菜单栏中，选择【文件】菜单，② 在弹出的下拉菜单中，选择【发布设置】菜单项，如图 16-22 所示。

step 2 弹出【发布设置】对话框，① 选中【GIF 图像】复选框，② 单击【输出文件】右侧的【发布目标文件】按钮 📁，如图 16-23 所示。

图 16-22

图 16-23

step 3 弹出【选择发布目标】对话框，① 选择文件的保存位置，② 在【文件名】文本框中，输入准备保存的文件名，③ 单击【保存】按钮 保存(S)，如图 16-24 所示。

step 4 返回到【发布设置】对话框，① 在【播放】下拉列表框中，选择【动画】选项，② 单击【发布】按钮 发布(P)，③ 单击【确定】按钮 确定，即可完成输入 GIF 动画的操作，如图 16-25 所示。

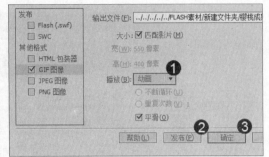

图 16-24　　　　　　　　　　　　　图 16-25

知识精讲

在 Flash CC 中，输出 GIF 动画时，如果在【发布设置】对话框中，选择【播放】下拉列表框中的【静态】选项，可以导出静态 GIF 动画，鼠标双击导出的.gif 文件时，显示的将是静止的动画图像。

16.5.2　发布 PNG 图像

在 Flash CC 中，在输出 Flash 动画时，用户可以根据需要输出 PNG 动画，下面详细介绍输出 PNG 图像的操作方法。

素材文件 　第 16 章\素材文件\樱桃成熟.fla
效果文件 　第 16 章\效果文件\樱桃成熟.png

step 1 打开"樱桃成熟.fla"素材文件，① 在菜单栏中，选择【文件】菜单，② 在弹出的下拉菜单中，选择【发布设置】菜单项，如图 16-26 所示。

step 2 弹出【发布设置】对话框，① 在【其他格式】区域，选中【PNG 图像】复选框，② 在【输出文件】文本框的右侧，单击【发布目标文件】按钮，如图 16-27 所示。

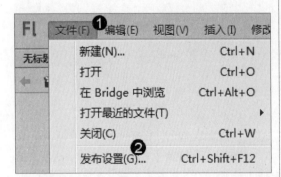

图 16-26　　　　　　　　　　　　　图 16-27

step 3 弹出【选择发布目标】对话框，① 选择文件的保存位置，② 在【文件名】文本框中，输入准备保存的文件名，③ 单击【保存】按钮 保存(S)，如图 16-28 所示。

step 4 返回【发布设置】对话框，① 单击【发布】按钮 发布(P)，② 单击【确定】按钮 确定，即可完成发布 PNG 图像的操作，如图 16-29 所示。

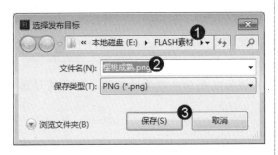

图 16-28

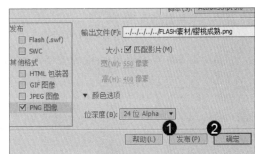

图 16-29

Section 16.6 课后练习与上机操作

本节内容无视频课程，习题参考答案在本书附录

16.6.1 课后练习

1．填空题

(1) 在 Flash CC 中，为了得到更清晰的画面，用户可以对图像文件进行_____。

(2) 使用调试器可以测试影片中的动作，如果想对具体的交互功能和动画进行预览，也可以选择_____菜单项。

(3) 在 Flash CC 中，使用_____功能，可以导出从其子菜单中选择的类型文件并在默认浏览器中打开，如果预览的是_____影片，则发布预览命令将启动 QuickTime 影片播放器。

(4) 在 Flash CC 中，在_____对话框中，设置发布格式相关的参数，即可发布 Flash 动画。

2．判断题

(1) 矢量图是用包含颜色、位置属性的直线或曲线公式来描述图像的，因此矢量图可以任意放大而不变形。

(2) 在制作完成 Flash 影片后，用户就可以将其导出，在导出之前应对动画文件进行整体测试，以检查是否能够正常播放。

(3) 在发布 Flash 动画之后，为了达到适合的效果，用户可以对发布的内容进行设置。

(4) 要用发布功能预览文件，只需要在【发布设置】对话框中，定义导出选项后，在菜单栏中，选择【文件】→【发布】菜单项即可。

3．思考题

(1) 如何优化图像文件？

(2) 如何发布 Flash 动画？

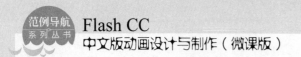
16.6.2　上机操作

（1）　通过本章的学习，读者基本可以掌握测试与发布动画方面的知识，下面通过练习输出 MOV 视频的操作，达到巩固与提高的目的。

（2）　通过本章的学习，读者基本可以掌握测试与发布动画方面的知识，下面通过练习创建一个 SWC 文件，达到巩固与提高的目的。

范例导航
系 列 丛 书

课后练习答案

第 1 章

1. 填空题

(1) 矢量

(2) 位图

(3) 像素、分辨率

(4) 矢量图

(5) 帧、速度

(6) 场景

(7) Adobe AIR

2. 判断题

(1) √

(2) √

(3) ×

(4) ×

(5) √

(6) √

3. 思考题

(1) 在菜单栏中选择【帮助】→【Flash帮助】菜单项，或按下键盘上的 F1 键，就可以直接连接到 Adobe 网站中的【用户指南】网页，输入要查找的内容即可。

在菜单栏中选择【帮助】→【获取最新的 Flash Player】菜单项，即可打开 Adobe网站，单击【立即下载】按钮，即可获取最新 Flash Player。

在菜单栏中选择【帮助】→【Adobe 在线论坛】菜单项，即可连接到 Adobe 公司的官方论坛，获得更多的联机帮助。

在菜单栏中选择【帮助】→【更新】菜单项，即可从 Adobe 公司的网站上下载最新的 Flash 更新内容。

(2) 启动 Flash CC 软件程序，在菜单栏中选择【编辑】→【首选参数】菜单项。

即可弹出【首选参数】对话框，首选参数一共包括 7 类设置选项。在该对话框左侧选择要设置的类别，在右侧的参数设置区就会显示所选类别中的可设置项。修改好参数后，单击【确定】按钮保存设置，或者单击【取消】按钮退出设置。

上机操作

(1) 在开始菜单中单击【Adobe Extension Manager】图标，进入应用程序。

单击界面上方的【安装】按钮，在弹出的对话框中选择要下载的插件，单击【打开】按钮，即可开始 Flash 插件的安装流程。

如果用户并没有 Flash 插件的安装包，这时就可以使用 Adobe Extension Manager提供的在线下载功能下载并安装 Flash 插件。

再单击 Adobe Extension Manager 界面上方的 Exchange 按钮，即可进入 Adobe Exchange 下载网站。

单击【下载】按钮，在弹出的对话框中设置下载地址。

单击【下载】按钮，即可直接获得 Flash插件的最新软件。

(2) 在 Flash CC 工作区中，单击舞台中的【显示比例】下拉列表按钮，在弹出的列表中选择【显示比例】菜单项。

通过以上操作即可完成舞台显示比例设置。

第 2 章

1. 填空题

(1) 菜单栏、时间轴

(2) 舞台

(3) 文档窗口

(4) 时间轴、层控制区

(5) 手形工具

(6) F11

(7) 网格

(8) 贴紧至网格

2. 判断题

(1) √

(2)　√

(3)　×

(4)　√

(5)　×

(6)　√

(7)　×

(8)　×

3．思考题

(1)　打开 Flash CC 软件，单击【基本功能】按钮，或在菜单栏中选择【窗口】→【工作区】菜单项，都可以显示 Flash CC 中的工作区。

一般情况下，用户打开 Flash CC 界面，默认的工作区为【基本功能】工作区，此工作区也是常用的工作区。

(2)　在菜单栏中选择【窗口】→【工作区】→【新建工作区】菜单项。

弹出【新建工作区】对话框，① 在【名称】文本框中输入工作区的名称，② 单击【确定】按钮。

通过上述操作即可完成工作区的创建操作。

上机操作

(1)　编辑贴紧方式是对文中几种贴紧方式进行高级编辑，在菜单栏中选择【视图】→【贴紧】→【编辑贴紧方式】菜单项，弹出【编辑贴紧方式】对话框。

用户可以直接在该对话框中选择贴紧方式，单击对话框中的【高级】选项，可以展开增加选项。

(2)　在菜单栏中选择【文件】→【打开】菜单项，打开素材文件。

在菜单栏中选择【视图】→【粘贴板】菜单项，如果前面有【对号】标识 ✓，说明粘贴板为打开状态，空白舞台区域外灰色的区域就是粘贴板。

将粘贴板上的素材拖入到舞台中，并适当调整位置。

在菜单栏中选择【视图】→【粘贴板】菜单项，关闭粘贴板，舞台即可被固定。

第 3 章

1．填空题

(1)　【新建文档】

(2)　文档层级

2．判断题

(1)　√

(2)　×

3．思考题

(1)　在 Flash CC 工作区中，在菜单栏中，选择【文件】→【导入】→【打开外部库】菜单项。

弹出【打开】对话框，在该对话框中用户可以选择所需要的库资源所在的文档，然后单击【打开】按钮。

工作区中将出现所选文档的【库】面板，而不会打开选择的文档。

(2)　在 Flash CC 工作区中，在菜单栏中，① 选择【文件】菜单，② 在弹出的下拉菜单中，选择【另存为模板】菜单项。

弹出【另存为模板警告】对话框，单击【另存为模板】按钮。

弹出【另存为模板】对话框，在该对话框中对相关选项进行设置，单击【保存】按钮，即可将当前 Flash 文件另存为模板文件。

上机操作

(1)　① 启动 Flash，新建一个空白文件后，单击【编辑】主菜单，② 在弹出的下拉菜单中，选择【自定义工具面板】菜单项。

① 弹出【自定义工具面板】对话框，选择准备自定义的工具按钮，② 在【可用工具】区域中，选择添加到自定义的工具组中的工具选项，③ 单击【增加】按钮，④ 在【当前选择】区域中，显示添加自定义工具组的工具选项，⑤ 单击【确定】按

课后练习答案

419

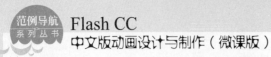
钮，通过以上方法即可完成自定义工具面板的操作。

（2）① 启动 Flash，运用本章所学知识新建一个空白文件后，单击【窗口】主菜单，② 在弹出的下拉菜单中，选择【工作区】菜单项，③ 在弹出的下拉菜单中，选择【设计人员】菜单项。

返回到 Flash 主程序中，用户可以看到工作界面已经改变，通过以上方法即可完成自定义功能区的操作。

第 4 章

1．填空题

（1）点阵图 像素 分辨率

（2）线条工具 矩形工具 多角星形工具

（3）辅助 手形工具

2．判断题

（1）√

（2）√

（3）×

3．思考题

（1）在 Flash CC 工作区中，在【工具】面板上，单击【线条工具】按钮。

然后在舞台上，单击并拖动鼠标左键到需要的位置，释放鼠标左键，这样即可绘制出一条直线。

（2）在【工具】面板中，单击【滴管工具】按钮，在舞台中，单击要吸取颜色的图形。

鼠标指针变为带锁的颜料桶形状，移动鼠标至要填充的图形上，单击鼠标左键，即可将吸管中的颜色填充到其他图形中。

上机操作

（1）新建 Flash 空白文档，在【工具】面板中，单击【椭圆工具】按钮，在【填充颜色】面板中选择绿色，在舞台中绘制一个椭圆。

返回到【工具】面板，单击【部分选取工具】按钮，在舞台中，单击鼠标左键选择图形。

单击鼠标左键选中图形上的控制锚点并拖动，将图形调整为需要的形状。

在舞台的空白处单击鼠标左键，图形上的控制点消失，此时可以看到绘制的山的图形，这样即可完成使用椭圆工具与部分选取工具绘制山形的操作。

（2）新建 Flash 空白文档，在【工具】面板中，单击【椭圆工具】按钮，在舞台中绘制一个椭圆。

打开【颜色】面板，在【颜色类型】下拉列表框中，选择【径向渐变】选项，在颜色编辑区，单击渐变滑块设置渐变颜色。

返回到【工具】面板，单击【颜料桶工具】按钮，在舞台中为椭圆添加渐变色。

返回到【工具】面板，单击【渐变变形工具】按钮，在舞台中选中椭圆并调整渐变色的范围、位置与大小。

返回到【工具】面板，单击【任意变形工具】按钮，将图形的中心点移至合适位置。

打开【变形】面板，单击【旋转】单选项，设置旋转角度为 60 °，单击【重制选区和变形】按钮。

继续连续单击【重制选区和变形】按钮 4 次。

花朵绘制完成，通过以上步骤即可完成绘制花朵的操作。

第 5 章

1．填空题

（1）静态、输入

（2）静态文本框

（3）自动扩展、换行

（4）更新

（5）交互

（6）嵌入方式、颜色

（7）对齐方式、换行

(8) 选择工具

(9) 变形

(10) 嵌入文本

(11) 平滑

2．判断题

(1) √

(2) √

(3) ×

(4) √

(5) ×

3．思考题

(1) 在 Flash CC 工作区中，在【工具】面板中，① 单击【文本工具】按钮，② 在【属性】面板中的【文本类型】下拉列表框中，选择【动态文本】选项，③ 设置【大小】的数值为 40。

返回到舞台中，鼠标指针变成"⁺ᵣ"形状，在舞台中合适位置，单击鼠标左键，在出现的文本框中输入文本，即可完成创建动态文本的操作。

(2) 在 Flash CC 工作区中，在舞台中创建准备分离的文本，然后在菜单栏中选择【修改】→【分离】菜单项。

返回到舞台中，在场景中的文本已经被分离成功，变成单独的文本字段。

在菜单栏中选择【修改】→【分离】菜单项。

返回到舞台中，此时，被选中的文本已经被完全分离成形状，这样即可完成分离文本的操作。

上机操作

(1) 选择【文件】→【新建】命令，在弹出的【新建文档】对话框中选择【Flash文件】选项，单击【确定】按钮，进入新建文档舞台窗口。按 Ctrl+F3 组合键，弹出文档【属性】面板，单击【大小】选项后面的按钮，在弹出的对话框中将舞台窗口的宽度设为 400，高度设为 400，单击【确定】

按钮。

选择【文件】→【导入】→【导入到库】命令，在弹出的【导入到库】对话框中选择"第 5 章→素材→制作变形文字→卡通"文件，单击【打开】按钮，文件被导入到【库】面板中。将【图层 1】重命名为"图片"，在【库】面板中将图形元件"卡通"拖曳到舞台窗口中。

选择【窗口】→【变形】命令，在弹出的对话框中进行设置，按 Enter 键确定操作，卡通图片被旋转。使用【选择】工具，将卡通图片拖曳到舞台窗口的上方。

单击【时间轴】面板下方的【插入图层】按钮，创建新图层并将其命名为"文字"，将【文字】图层拖曳到【图片】图层的下方。选中【文本工具】按钮，在文字【属性】面板中进行设置，在图片的下方输入需要的黑色文字。按两次 Ctrl+B 组合键，将文字打散。

选择【修改】→【变形】→【封套】命令，在当前选择的文字周围出现控制点。将鼠标拖曳到左上方的控制点上当光标改变形状时，拖曳控制点到适当的位置，用相同的方法分别选中需要的控制点并拖曳到适当的位置，使文字产生相应的弯曲变化。

选择【窗口】→【颜色】命令，弹出【颜色】面板，在【类型】选项的下拉列表中选择【线性】，选中色带上左侧的控制点，将其设为黄色(#FDCE13)，选中色带上右侧的控制点，将其设为橙色(#DB6F02)，文字被填充渐变。在舞台窗口中单击鼠标取消文字的选取状态。

选中【墨水瓶工具】按钮，在【属性】面板中将【笔触颜色】设为黑色，【笔触大小】设为 2，将鼠标拖曳到文字"T"上，当光标改变形状时，单击鼠标为文字填充笔触颜色。使用相同的方法为其他文字填充笔触颜色，选中所有文字，按 Ctrl+G 组合键，将其组合。

单击【时间轴】面板下方的【插入图层】

按钮，创建新图层并将其命名为"圆形"，将【圆形】图层拖曳到【文字】图层的下方。选中【椭圆工具】按钮，在椭圆工具【属性】面板中将笔触颜色设为无。调出【颜色】面板，在【类型】选项下拉列表中选择【放射状】，选中色带上左侧的控制点，将其设为白色，选中色带上右侧的控制点，将其设为蓝色(#563CC4)，按住 Shift 键的同时，在舞台窗口中的卡通图片和文字下方绘制一个圆形。变形文字制作完成，按 Ctrl+Enter 键即可查看效果。

(2) 选择【文件】→【新建】命令，在弹出的【新建文档】对话框中选择【Flash 文件】选项，单击【确定】按钮，进入新建文档舞台窗口。按 Ctrl+F3 组合键，弹出文档【属性】面板，单击【大小】选项后面的按钮，在弹出的对话框中将舞台窗口的宽度设为 450，高度设为 390，将背景颜色设为黄色(#FFFFCC)，单击【确定】按钮。

选择【文件】→【导入】→【导入到舞台】命令，在弹出的【导入到舞台】对话框中选择"第 5 章→素材文件→制作卡片文字→花边"文件，单击【打开】按钮，文件被导入到舞台窗口中，选中【任意变形工具】按钮，选中花边素材将其拖曳到适当的位置并调整大小。

选中【文本工具】按钮，在文本工具【属性】面板中进行设置，将【文本填充颜色】设为草绿色(#999900)，在舞台窗口中输入需要的文字。选取输入的文字，单击文本工具【属性】面板中的【编辑格式选项】按钮，在弹出的对话框中进行设置，单击【确定】按钮。

选中【文本工具】按钮，在文本工具【属性】面板中进行设置，将【文本填充颜色】设为绿色(#336600)。在舞台窗口中输入需要的文字。

选取文字"18"后面的数字，在文本工具【属性】面板中，在【字符位置】选项下拉列表中选择【上标】。

根据上述所讲的方法将数字"31"后面的数字添加相同的属性。选中【文本工具】按钮，在文本工具【属性】面板中进行设置，将【文本填充颜色】设为黑色。在舞台窗口中输入需要的文字。

选取输入的黑色文字，单击【属性】面板中的【编辑格式选项】按钮，在弹出的对话框中进行设置，单击【确定】按钮。卡片文字制作完成，按 Ctrl+Enter 键即可查看效果。

第 6 章

1．填空题

(1) 全部进行选取

(2) 【撤消全选】

(3) 对象形状

(4) 鼠标、【信息】

(5) 轮廓预览图形对象

(6) 高速显示模式

(7) 联合对象

(8) 裁切对象

(9) 交集

(10) 打孔

(11) 标尺、参考线

2．判断题

(1) √

(2) √

(3) ×

(4) √

(5) √

(6) ×

(7) √

(8) √

3．思考题

(1) ① 在【工具】面板中，选中【部分选取工具】按钮，② 在舞台中，选择对象相应的结点，单击鼠标左键并向任意方向拖曳。

这样即可完成使用部分选取工具选择对象的操作，可以看到选取后的效果。

(2) 在场景中，选中准备复制的图形对象的同时，按住 Alt 键进行拖动。

可以看到已经复制出了一个选择的对象，这样即可完成复制对象的操作。

(3) 在 Flash CC 工作区中，选择要缩放的对象，然后在菜单栏中选择【修改】→【变形】→【缩放】菜单项。

在场景中，单击并拖动其中一个变形点，图形对象可以沿 X 轴和 Y 轴两个方向进行缩放。

(4) 在 Flash CC 工作区中，选中绘制的两个对象，然后在菜单栏中选择【修改】→【合并对象】→【联合】菜单项。

通过以上方法即可完成将 2 个对象联合的操作。

(5) 在 Flash CC 工作区的舞台中，绘制并选中准备组合的图形对象。

在菜单栏中，选择【修改】→【组合】菜单项即可完成编组对象的操作。

上机操作

(1) ① 新建文档，在菜单栏中，选择【修改】菜单项，② 在弹出的下拉菜单中，选择【文档】菜单项。

① 弹出【文档设置】对话框，在【尺寸】文本框中，设置文档的宽度和高度，② 在【背景颜色】文本框中，设置文档的背景颜色，③ 单击【确定】按钮。

① 设置文档属性后，在【工具】面板中，选中【文本工具】按钮，② 在【属性】面板中，设置【字体大小】的数值为 100 点。

在舞台中创建文本，如 "WJ"

在键盘上执行两次组合键 Ctrl+B，彻底分离文本。

① 在【工具】面板中，单击【墨水瓶】按钮，② 在【属性】面板中，在【笔触】颜色框中，选择准备应用的颜色，③ 设置【笔触】的大小数值为 1 点。

在舞台中，单击文本的边缘对文本进行描边。

使用选择工具选择文本填充的颜色，然后在键盘上按下 Delete 键，删除文本内部图案。

① 在【工具】面板中，单击【选择工具】按钮，② 在键盘上按住 Alt 键的同时，拖动文本至合适的位置，释放鼠标，这样即可复制文本。

使用选择工具选择多余的文本线条，然后在键盘上按下 Delete 键，删除线条。

① 在【工具】面板中，单击【线条工具】按钮，② 在舞台中，绘制文本的轮廓。

① 在【工具】面板中，选中【套索工具】按钮，② 将立体字 "J" 套索出来并移动至合适的位置。

① 选择准备变形的立体字图形，在菜单栏中，选择【修改】菜单项，② 在弹出的下拉菜单中，选择【变形】菜单项，③ 在弹出的下拉菜单中，选择【扭曲】菜单项。

舞台中，对选中的文本图形进行扭曲操作。

运用相同的操作方法，在舞台中对其他文本进行变形操作。

在键盘上按住 Alt 键的同时，使用选择工具拖动变形后的文本至合适的位置，释放鼠标，这样即可复制文本。

① 选择复制的文本后，在菜单栏中，选择【修改】菜单项，② 在弹出的下拉菜单中，选择【变形】菜单项，③ 在弹出的下拉菜单中，选择【垂直翻转】菜单项。

垂直翻转文本后，将其移到至合适的位置，制作出倒影的效果。

① 选中全部文本，在菜单栏中，选择【修改】菜单项，② 在弹出的下拉菜单中，选择【组合】菜单项。

这样可将文本组合在一起，通过以上方法即可完成制作立体变形文字的操作。

(2) 新建空白文档，在 Flash CC 工作区中，在【工具】面板中，单击【多角星形工具】按钮。

在【属性】面板中单击【选项】按钮。

弹出【工具设置】对话框，① 在【样式】下拉列表中选择【多边形】选项，② 在【边数】文本框中设置边数为 3，③ 单击【确定】按钮。

返回到舞台中，绘制两个连在一起的三角形。

在【工具】面板中，使用【任意变形工具】按钮，对第二个绘制三角形进行缩放调整。

使用矩形工具绘制出圣诞树的树干，并填充整个圣诞树颜色，这样即可完成绘制圣诞树。

第7章

1. 填空题

(1) 元件

(2) 图形元件、影片剪辑

(3) 灰色、场景名称

(4) 组件

(5) 运行时共享资源、创作期间共享资源

(6) URL 地址

2. 判断题

(1) √

(2) ×

(3) ×

(4) √

(5) ×

(6) √

3. 思考题

(1) 在 Flash CC 工作区中，选中舞台中的图形，然后在菜单栏中选择【修改】→【转换为元件】菜单项。

弹出【转换为元件】对话框，① 在【名称】文本框中，输入准备使用的元件名称，② 在【类型】下拉列表框中，选择【图形】选项，③ 单击【确定】按钮。

在【库】面板中，可以看到选择的图形已经转换为元件，这样即可完成将现有对象转换为元件的操作。

(2) 在 Flash CC 中，选中准备进行更改的实例，在【属性】面板中，在【循环】区域中，在【选项】下拉列表框中选择【循环】选项，即可设置图形实例的循环。

(3) 当需要使用【库】面板中的文件时，只需将要使用的文件拖动到舞台中即可，选中要调用的库文件，从预览空间中拖到舞台中，或者在文件列表中拖动文件名至舞台中，即可调用库文件。

上机操作

(1) 在菜单栏中选择【文件】→【打开】菜单项，打开素材文件"太阳云朵.fla"。

打开【库】面板，将名称为"星星"的图形元件拖曳到舞台上，并适当调整其位置和大小。

返回到【库】面板中，① 使用鼠标右键单击【星星】元件，② 在弹出的快捷菜单中选择【直接复制】菜单项。

弹出【直接复制元件】对话框，① 在【名称】文本框中输入准备命名的名称，② 单击【确定】按钮。

得到【星星 复制】元件。

将【星星 复制】元件拖曳到舞台上，并适当调整其位置和大小。

双击上面的元件，使该元件进入到编辑状态。

在【属性】面板中，修改其【填充颜色】为"#000099"。

完成填充颜色后，单击【场景1】，即可完成对该图形元件的重置操作。

使用相同的方法制作其他星星。

(2) 新建文档，在菜单栏中，选择【插入】→【新建元件】菜单项。

弹出【创建新元件】对话框，① 在【名称】文本框中入元件名称，② 在【类型】下拉列表框中，选择【影片剪辑】选项，

③ 单击【确定】按钮。

返回到舞台中，① 在【时间轴】面板上，选中第 1 帧，② 在舞台中插入一个图形。

在【时间轴】面板上，① 选中第 5 帧，在键盘上按下 F6 键，插入关键帧，② 删除原来的图形，再插入一个图形。

按照步骤 3 和步骤 4 的方法，在第 10 帧位置插入第三个图形，然后鼠标右键单击第 1 帧～第 10 帧中的任意一帧，在弹出的快捷菜单中，选择【创建补间动画】选项。

此时，单击【时间轴】下方的【播放】按钮，即可播放动画，这样就完成了制作变换图形的操作。

第 8 章

1. 填空题

(1) 图片

(2) 位图

(3) 矢量图

2. 判断题

(1) √

(2) ×

3. 思考题

(1) 在 Flash CC 工作区中，打开【颜色】面板，在【颜色类型】下拉列表框中，选择【位图填充】选项。

弹出【导入到库】对话框，① 选择要应用的位图，② 单击【打开】按钮。

在【工具】面板中，① 单击【椭圆工具】按钮，② 在舞台中绘制一个椭圆，此时可以看到位图被应用于填充。

(2) 在 Flash CC 工作区中，在菜单栏中选择【文件】→【导入】→【导入到库】菜单项。

弹出【导入到库】对话框，① 选择文件存储的位置，② 选择准备打开的图片文件，③ 单击【打开】按钮。

此时在【库】面板中显示导入的位图图像，这样即可完成将位图图像导入【库】面板的操作。

上机操作

(1) 打开"Flash 动画片头添加声音"素材文件，然后在菜单栏中选择【文件】→【导入】→【导入到库】菜单项。

弹出【导入到库】对话框，① 选择声音文件存储的位置，② 选择要导入的声音文件，③ 单击【打开】按钮。

打开【库】面板，可以看到选择的声音已经导入到库中。

在【时间轴】面板中，单击【新建图层】按钮，新建一个图层。

选中新建的图层，在【库】面板中将声音文件拖曳到文档中。

按下键盘上的 Ctrl+Enter 组合键测试影片。

(2) 在菜单栏中选择【文件】→【新建】菜单项，在弹出的【新建文档】对话框中，将背景颜色设置为蓝色，新建一个蓝色的文档。

在菜单栏中选择【文件】→【导入】→【导入到库】菜单项。

弹出【导入到库】对话框，① 选择素材文件中的【绘制冰酷饮料广告文件夹】中的"01、02、03"文件，② 单击【打开】按钮。

在【库】面板中，可以看到选择的文件已被导入到其中，在面板下方，单击【新建元件】按钮。

弹出【创建新元件】对话框，① 在【名称】文本框中输入【背景图】，② 在【类型】下拉列表中选择【图形】选项，③ 单击【确定】按钮。

新建一个图形元件"背景图"，舞台窗口也随之转换为图形元件的舞台窗口。

将【库】面板中的【01】拖曳到舞台窗口中。

使用【任意变形工具】按钮，将其

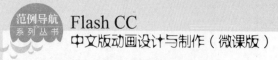

调整到适合舞台窗口的大小。

在菜单栏中选择【修改】→【位图】→【转换位图为矢量图】菜单项。

弹出【转换位图为矢量图】对话框，在对话框中设置详细的参数，然后单击【确定】按钮。

返回到舞台中，可以看到转换完的效果。

单击舞台窗口左上方的【场景1】图标。

进入【场景1】的舞台窗口，①将【图层1】重命名为"底图"，② 然后将【库】面板中的【背景图】图形元件拖曳到舞台窗口中。

调出图形【属性】面板，分别将宽、高选项设置为550、400。

单击【时间轴】面板下方的【新建图层】按钮，创建新图层并将其命名为"瓶子"。

将【库】面板中的图形元件【02】拖曳到舞台窗口中。

使用【任意变形工具】按钮，将【瓶子】实例调整到适当的大小。

单击【时间轴】面板下方的【新建图层】按钮，创建新图层并将其命名为"文字"。

使用【任意变形工具】按钮，将【瓶子】实例调整到适当的大小。

这样即可完成制作冰酷饮料广告的操作，按下键盘上的Ctrl+Enter组合键即可测试影片。

第9章

1．填空题

(1) 坐标轴

(2) 补间动画

(3) 补间形状

(4) 空白关键帧、空心圆

(5) 关键帧、空白关键帧

(6) 过渡帧

2．判断题

(1) √

(2) ×

(3) √

(4) √

(5) √

(6) ×

3．思考题

(1) 在 Flash CC 工作区中，在菜单栏中选择【修改】→【文档】菜单项。

弹出【文档设置】对话框，① 在【帧频】文本框中输入值，② 单击【确定】按钮。

设置好的帧频率在【时间轴】面板的右下方即可看到，这样即可完成修改帧的频率的操作。

(2) 在【时间轴】面板中，选择要转换为关键帧的帧，单击鼠标右键，在弹出的快捷菜单中，选择【转换为关键帧】菜单项，即可完成将帧转换为关键帧的操作。

(3) 在菜单栏中选择【控制】→【播放】菜单项，即可使时间轴中的动画从播放头所在的位置开始播放。也可以单击【时间轴】面板下方的【播放】按钮。

上机操作

(1) 新建空白文档，① 在菜单栏中，选择【插入】菜单项，② 在弹出的下拉菜单中，选择【新建元件】菜单项。

弹出【创建新元件】对话框，① 在【名称】文本框中输入元件名称，② 选择元件类型，③ 单击【确定】按钮。

返回到舞台，分别绘制气球和气球绳子，并使用【任意变形工具】按钮调整图形。

返回到场景中，① 在【库】面板中，将创建的元件拖曳到舞台中，② 在【时间轴】面板上，选中第 10 帧，在键盘上按下F6 键，插入关键帧。

移动气球元件至合适位置，① 在【时

间轴】面板上，选中第 20 帧，在键盘上按下 F6 键，插入关键帧，② 再次移动气球元件至合适位置。

在【时间轴】面板上，① 鼠标右键单击第 1～10 帧中的任意一帧，在弹出的快捷菜单中，选择【创建传统补间】选项，② 使用同样方法，在第 11～20 帧中创建传统补间，即可完成制作放飞气球动画的操作。

（2） 新建空白文档，在 Flash CC 工作区中，① 在【工具】面板中，单击【椭圆工具】按钮，② 在舞台中绘制一个红色的圆形。

在【时间轴】面板上，选中第 15 帧，在键盘上按 F6 键插入关键帧。

返回舞台中，绘制一个白色的圆形，和之前的圆形重叠成月牙形状。

在【属性】面板中，设置月牙颜色为黄色。

在【时间轴】面板上，鼠标右键单击第 1～15 帧中的任意一帧，在弹出的快捷菜单中，选择【创建补间形状】选项。

这样即可完成制作日月变换动画的操作，按下键盘上的 Ctrl+Enter 键即可预览。

第 10 章

1．填空题

（1） 逐帧动画
（2） 绘制形状、两帧
（3） 值、形状
（4） 起始形状、结束形状
（5） 传统补间动画
（6） 复制、位置
（7） 默认预设、自定义预设

2．判断题

（1） √
（2） ×
（3） √
（4） ×

（5） √
（6） ×

3．思考题

（1） 新建 Flash 空白文档，① 在【工具】面板中，单击【文字工具】按钮 ，② 在舞台中输入文字"1"。

在【时间轴】面板中，① 选中第 2 帧，在键盘上按 F6 键，插入关键帧，② 将文字修改为"2"。

在【时间轴】面板中，① 选中第 3 帧，在键盘上按 F6 键，插入关键帧，② 将文字修改为"3"。

在【时间轴】面板中，① 选中第 4 帧，在键盘上按 F6 键，插入关键帧，② 将文字修改为"4"。

在【时间轴】面板中，① 选中第 5 帧，在键盘上按 F6 键，插入关键帧，② 将文字修改为"5"。

在键盘上按下组合键 Ctrl+Enter 测试效果，通过以上步骤即可完成制作逐帧动画的操作。

（2） 新建 Flash 空白文档，① 在菜单栏中，选择【插入】菜单项，② 在弹出的下拉菜单中，选择【新建元件】菜单项。

弹出【创建新元件】对话框，① 在【名称】文本框中，输入元件名称，② 在【类型】下拉列表框中，选择【图形】选项，③ 单击【确定】按钮。

进入元件编辑窗口，① 在【工具】面板中，单击【椭圆工具】按钮，② 在舞台中绘制一个圆形。

在编辑栏中单击【场景 1】按钮，返回到舞台。

打开【库】面板，选中创建的元件，并将其拖曳至舞台。

在【时间轴】面板中，选中第 15 帧，在键盘上按 F6 键，插入关键帧。

选中第 15 帧，在舞台中，单击鼠标左键选择元件，并拖动至其他位置。

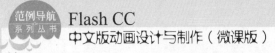

在【时间轴】面板中，选中第1～15帧之间的任意帧，单击鼠标右键，在弹出的快捷菜单中，选择【创建补间动画】菜单项。

在键盘上按下组合键 Ctrl+Enter 测试动画效果，通过以上步骤即可完成创建补间动画的操作。

（3）新建 Flash 空白文档，① 在【工具】面板中，单击【矩形工具】按钮，② 在舞台中绘制一个矩形。

打开【动画预设】面板，① 单击【默认预设】下拉按钮，② 在弹出的下拉列表中，选择【2D 放大】选项，③ 单击【应用】按钮。

弹出【将所选的内容转换为元件以进行补间】对话框，根据提示"是否要对其进行转换并创建补间？"信息，单击【确定】按钮。

在键盘上按下组合键 Ctrl+Enter，测试影片，即可完成应用和编辑动画预设的操作。

上机操作

（1）打开素材文件"鱼.fla"，在 Flash CC 工作区中，① 在菜单栏中，选择【插入】菜单，② 在弹出的下拉菜单中选择【补间动画】菜单项。

在【时间轴】面板中，① 单击【新建图层】按钮，新建【图层2】，② 使用铅笔工具在舞台中绘制路径。

在键盘上按下 Ctrl+C 复制绘制的路径，选中整个补间范围，在键盘上按下组合键 Ctrl+Shift+V，创建补间路径。

删除【图层2】，在【时间轴】面板上，鼠标右键单击补间动画范围中的任意一帧，在弹出的快捷菜单中，选择【拆分动画】选项。

在【时间轴】上添加了一个属性关键帧，将动画分为两部分。

在键盘上按下组合键 Ctrl+Enter，进行测试影片，即可观看动画效果。

（2）新建文档，使用椭圆工具在舞台中绘制一个椭圆。

按住键盘上的 Alt 键的同时，使用选择工具复制出 3 个椭圆并移动至指定的位置。

在【时间轴】面板中，在【图层1】的第 30 帧，按下键盘上的 F5 键，插入帧。

选中【图层1】的第 15 帧，按下键盘上的 F6 键，插入关键帧。

在【工具】面板中选择文本工具在舞台中输入文字，如"我可爱吗"。

创建文本内容后，在键盘上按下 Ctrl+B 组合键，将文本分离。

将分离的文本移动至绘制的椭圆形中。

在【图层1】中，选择第 15 帧后，在舞台中，将绘制的椭圆删除。

再次按下 Ctrl+B 组合键，将文本完全分离。

将鼠标光标放置在【图层1】时间轴的第 1～15 帧之间的任意一帧位置，单击鼠标右键，在弹出的快捷菜单中，选中【创建补间形状】选项。

① 创建补间形状动画后，在【时间轴】面板上，单击【新建图层】按钮，② 新建一个图层，如"图层2"。

选中【图层2】的第 35 帧，按下键盘上的 F6 键，插入关键帧。

① 在菜单栏中，选择【文件】菜单项，② 在弹出的下拉菜单中，选择【导入】菜单项，③ 在弹出的下拉菜单中，选择【导入到舞台】菜单项。

① 弹出【导入】对话框，选择准备导入的图片，② 单击【打开】按钮。

弹出 Adobe Flash Professional 对话框，提示"是否导入序列中的所有图像"，单击【是】按钮。

程序会自动把图片的序列，按序号以逐帧形式导入到舞台中去。

导入后的动画序列，被 Flash 自动分配在 4 个关键帧中。

如果一帧一个动作对于动画速度过于太快，用户可以在图层上，每个帧后多次按下 F5 键，插入帧。

插入多个帧后，在键盘上按下组合键 Ctrl+Enter，检测刚刚创建的动画。

保存文档，通过以上方法即可完成创建制作动态宠物的操作。

第 11 章

1．填空题

(1) 叠放

(2) 轮廓线

(3) 运动引导层

(4) 成组、被遮罩层

(5) 透视角度、消失点

2．判断题

(1) √

(2) ×

(3) √

(4) ×

(5) √

3．思考题

(1) 在【时间轴】面板中，选中图层，按住鼠标左键将其拖曳至要放置的位置处，然后释放鼠标左键。

此时【时间轴】面板中的图层顺序发生改变，这样即可完成调整图层排列顺序的操作。

(2) 新建 Flash 空白文档，① 在菜单栏中，选择【窗口】菜单，② 在弹出的下拉菜单中，选择【场景】菜单项。

打开【场景】面板，单击【添加场景】按钮，这样即可完成添加场景的操作。

在【场景】面板中，① 选择要删除的场景，② 单击【删除场景】按钮。

弹出 Adobe Flash Professional 对话框，根据提示"是否确实要删除所选场景"，单击【确定】按钮 确定 ，即可完成删除场景的操作，这样即可完成添加与删除场景的操作。

上机操作

(1) 选择【文件】→【新建】命令，在弹出的【新建文档】对话框中选择【Flash 文件】选项，单击【确定】按钮，进入新建文档舞台窗口。按 Ctrl+F3 组合键，弹出文档【属性】面板，单击【大小】选项后面的按钮，在弹出的对话框中将舞台窗口的宽度设为 300，高度设为 300，单击【确定】按钮。

选择【文件】→【导入】→【导入到库】命令，在弹出的"导入到库"对话框中选择"第 11 章→素材→制作转动的地球→地球、地图、箭头 1、箭头 2"文件，单击【打开】按钮，文件被导入到【库】面板中。

将【图层 1】重新命名为【背景】。选择【窗口】→【颜色】命令，弹出【颜色】面板，在【类型】选项的下拉列表中选择【放射状】，选中色带上左侧的控制点，将其设为浅蓝绿色(#82E2EC)，选中色带上右侧的控制点，将其设为绿色(#1A5E56)，在色带上添加一个控制点，将其设为深蓝绿色(#7AD7E0)。选择【矩形】工具，在【工具】面板中将笔触颜色设为无，按住 Shift 键的同时，在舞台窗口中绘制一个与舞台窗口大小接近的正方形。

将【库】面板中的图形元件【地球】拖曳到舞台窗口中，选择任意变形工具，图形元件周围出现控制手柄，按住 Shift 键的同时，选中图形右上方的控制手柄，向内拖曳鼠标，将图形元件缩小并拖曳到适当的位置。

单击【时间轴】面板下方的【插入图层】按钮，创建新图层并将其命名为"圆"。选择椭圆工具，在【工具】面板中将填充色设为白色，笔触色设为无，按住 Shift 键的同时，在地球上绘制一个与地球大小相等的圆形。

在【时间轴】面板中创建新图层并将其命名为"地图"，将【库】面板中的图形元件【地图】拖曳到舞台窗口中适当的位置。

选中【地图】图层的第 25 帧，按 F6 键，在该帧上插入关键帧，分别选中【圆】图层、【背景】图层的第 25 帧，按 F5 键，在选中的帧上插入普通帧。

单击【地图】图层的第 25 帧，在舞台窗口中选中该帧对应的【地图】实例，按住 Shift 键的同时，将其向右拖曳到合适的位置。用鼠标右键单击【地图】图层的第 1 帧，在弹出的菜单中选择【创建补间动画】命令，生成动作补间动画。

在【时间轴】面板中创建新图层并将其命名为"箭头"。分别将【库】面板中的图形元件【箭头 1】和【箭头 2】拖曳到舞台窗口中，并分别移动到合适位置。

按住 Alt 键的同时，选中【箭头 1】实例，拖曳【箭头 1】实例到适当的位置，复制箭头，多次按 Ctrl+B 组合键，将其打散。调出【颜色】面板，在【类型】选项的下拉列表中选择【纯色】，在面板中将填充色设为灰色(#666666)，将 Alpha 选项设为 50%。

选择颜料桶工具，填充已被打散的【箭头 1】实例。按 Ctrl+T 组合键，在弹出的【变形】面板中进行设置，按 Enter 键确定操作。按 Ctrl+G 组合键，将被打散的【箭头 1】实例组合，用鼠标右键单击【箭头 1】实例，在弹出的菜单中选择【排列】→【移至底层】命令，复制的箭头 1 被移到底层并调整其位置。

用制作【箭头 1】实例的方法制作【箭头 2】实例的投影。将【地图】图层拖曳至【圆】图层的下方。用鼠标右键单击【圆】图层的图层名称，在弹出的菜单中选择【遮罩层】命令，这样即可完成转动的地球制作，按 Ctrl+Enter 组合键即可查看效果。

(2) 选择【文件】→【新建】命令，在弹出的【新建文档】对话框中选择【Flash 文件】选项，单击【确定】按钮，进入新建文档舞台窗口。按 Ctrl+F3 组合键，弹出文档【属性】面板，单击【大小】选项后面的按钮，在弹出的对话框中将舞台窗口的宽度设为 350，高度设为 350，单击【确定】按钮。

选择【文件】→【导入】→【导入到库】命令，在弹出的【导入到库】对话框中选择"第 11 章→素材→制作文字走光效果→龙图腾"文件，单击【打开】按钮，文件被导入到【库】面板中。

在【库】面板下方单击【新建元件】按钮，弹出【创建新元件】对话框，在【名称】选项的文本框中输入"图腾变色"，勾选【影片剪辑】选项，单击【确定】按钮，新建一个影片剪辑元件【图腾变色】，舞台窗口也随之转换为影片剪辑元件的舞台窗口。按 Ctrl+F3 组合键，弹出文档【属性】面板，将背景颜色设为深蓝色(#000033)。

将【库】面板中的图形元件【龙图腾】拖曳到舞台窗口中。选中【图层 1】的第 10 帧和第 20 帧，按 F6 键，分别在第 10 帧和第 20 帧上插入关键帧。选中第 10 帧，使用【选择】工具，选中舞台窗口中的【龙图腾】实例，选择图形【属性】面板，在【颜色】选项的下拉列表中选择【色调】，将颜色设为深绿色(#333333)。

分别在【图层 1】的第 1 帧和第 10 帧上单击鼠标右键，在弹出的菜单中选择【创建补间动画】命令，在第 1 帧到第 10 帧、第 10 帧到第 20 帧之间生成动作补间动画。在【库】面板下方单击【新建元件】按钮，弹出【创建新元件】对话框，在【名称】选项的文本框中输入"渐变色"，勾选【图形】选项，单击【确定】按钮，新建一个图形元件【渐变色】，舞台窗口也随之转换为图形元件的舞台窗口。

选择【窗口】→【颜色】命令，弹出【颜色】面板，在【类型】选项的下拉列表中选择【线性】，在色带上将渐变色设为从白色渐变到绿色(#003300)，再从绿色渐变到白色，共设置 4 个白色控制点，4 个绿色控制点。

选择矩形工具，在【工具】面板中将笔

触颜色设为无，填充颜色默认为刚才设置好的渐变色，在舞台窗口中绘制出一个矩形，使用选择工具，选中矩形，在形状【属性】面板中将宽选项设为535，高选项设为225。在【库】面板下方单击【新建元件】按钮，弹出【创建新元件】对话框，在【名称】选项的文本框中输入"文字动"，勾选【影片剪辑】选项，单击【确定】按钮，新建一个影片剪辑元件【文字动】，舞台窗口也随之转换为影片剪辑元件的舞台窗口。

将【图层1】重新命名为"填充字"。选择文本工具，在文本工具【属性】面板中将【字体】设为【汉仪综艺体简】，设置其他选项，在舞台窗口中输入需要的文字。使用选择工具，选中文字，按两次 Ctrl+B 组合键，将文字打散。选中【填充字】图层的第 60 帧，按 F5 键，在该帧上插入普通帧。

单击【时间轴】面板下方的【插入图层】按钮，创建新图层并将其命名为"渐变色1"。将图层【渐变色1】拖曳到【填充字】图层的下方。将【库】面板中的图形元件【渐变色】拖曳到舞台窗口中，将矩形的右边线与文字的右边线对齐。

选中图层【渐变色1】的第 60 帧，按 F6 键，在该帧上插入关键帧。在第 60 帧的舞台窗口中，将矩形的左边线与文字的左边线对齐。用鼠标右键单击图层【渐变色1】的第 1 帧，在弹出的菜单中选择【创建补间动画】命令，在第 1 帧和第 60 帧之间生成补间动画。用鼠标右键单击【填充字】图层的图层名称，在弹出的菜单中选择【遮罩层】命令，将【填充字】图层设为遮罩层，【渐变色1】图层设为被遮罩层。

设置好遮罩层后，单击【填充字】图层右边的锁状图标，将【填充字】图层进行解锁。

选择墨水瓶工具，在【工具】面板中将笔触颜色设为红色(#FF0000)，用鼠标在文字的边线上点击，勾画出文字的轮廓。使用

选择工具，按住 Shift 键的同时，用鼠标双击轮廓线将所有的红色轮廓线选中。在形状【属性】面板中将【笔触高度】选项设为3，按 Ctrl+X 组合键，将轮廓线剪切到剪贴板上。单击【时间轴】面板下方的【插入图层】按钮，创建新图层并将其命名为"轮廓字"。

选择【编辑】→【粘贴到当前位置】命令，将剪切的轮廓线粘贴到【轮廓字】图层中，并与剪切之前的位置相同。

选中轮廓线，选择【修改】→【形状】→【将线条转换为填充】命令，将轮廓线转换为填充。将【填充字】图层重新锁定。单击【时间轴】面板下方的【插入图层】按钮，创建新图层并将其命名为"渐变色2"，将图层【渐变色2】拖曳到图层【轮廓字】的下方。

将【库】面板中的图形元件【渐变色】拖曳到图层【渐变色2】的舞台窗口中。选择任意变形工具，旋转矩形的角度。单击图层【渐变色2】的第 60 帧，按 F6 键，在该帧上插入关键帧。在第 60 帧中将矩形向下拖曳。

用鼠标右键单击图层【渐变色2】的第 1 帧，在弹出的菜单中选择【创建补间动画】命令，在第 1 帧和第 60 帧之间生成动作补间动画。用鼠标右键单击【轮廓字】图层的图层名称，在弹出的菜单中选择【遮罩层】命令，将【轮廓字】图层设为遮罩层，【渐变色2】图层设为被遮罩层。

单击【时间轴】面板下方的【场景1】图标，进入【场景1】的舞台窗口。将【库】面板中的影片剪辑元件【图腾变色】拖曳到舞台窗口中，选择任意变形工具，元件周围出现控制手柄，调整元件的大小。将影片剪辑元件【文字动】拖曳到舞台窗口中。文字走光效果制作完成，按 Ctrl+Enter 组合键即可查看效果。

第 12 章

1．填空题

（1） 动作脚本方法、事件

（2） 媒体组件、管理器组件

2．判断题

（1） √

（2） ×

3．思考题

（1） 新建 Flash 空白文档，① 在菜单栏中，选择【窗口】菜单，② 在弹出的下拉菜单中，选择【组件】菜单项。

打开【组件】面板，展开 User Interface 文件夹，① 在展开的列表中，单击鼠标选中组件，② 按住鼠标左键并将选中的组件拖曳到舞台中，即可完成向 Flash 中添加组件的操作。

（2） 在菜单栏中选择【窗口】→【历史记录】菜单项。

打开【历史记录】面板，① 选择一个步骤或者一组步骤，然后单击鼠标右键，② 在弹出的快捷菜单中选择【另存为命令】菜单项。

弹出【另存为命令】对话框，① 在【命令名称】文本框中输入准备命名的命令名称，② 单击【确定】按钮。

在菜单栏中选择【命令】菜单，在下拉菜单中即可查看到刚刚创建的【创建命令】菜单项。

上机操作

新建文档并将素材导入到舞台中，调整其大小。

在【时间轴】面板中，单击【新建图层】按钮，② 新建一个图层，如"图层 2"。

使用【文本工具】按钮在舞台中创建多个文本。

① 打开【组件】面板，在 User Interface 文件夹中，② 选择 Combo Box 选项。

将选择的组件拖曳到舞台中并调整其大小。

在【属性】面板中，单击 data 右侧的属性框。

① 弹出【值】对话框，多次单击【添加】按钮，② 在弹出的文本框中，添加数据作为答案选项，③ 单击【确定】按钮。

创建答案选项后，在【属性】面板中，单击 labels 右侧的属性框。

① 弹出【值】对话框，多次单击【添加】按钮，② 在弹出的文本框中，添加数据作为答案选项，③ 单击【确定】按钮。

返回到舞台中，选中 Combo Box 组件后，在【属性】面板中，在【实例名称】文本框中，设置实例名称为"box"。

① 在【时间轴】面板中，单击【新建图层】按钮，② 新建一个图层，如"图层 3"。

选中【图层 3】的第 1 帧后，打开【动作】面板，输入代码。

① 在【时间轴】面板中，单击【新建图层】按钮，② 新建一个图层，如"图层 4"。

① 新建图层后，执行【窗口】主菜单，② 在弹出的快捷菜单中，选择【公共库】菜单项，③ 在弹出的快捷菜单中，选择 Button 菜单项，输入代码。

打开【外部库】面板，选择准备使用的按钮元件并将其拖曳至舞台中。

双击该按钮元件进入编辑状态，将"Enter"字样改为"答题"字样。

返回主场景中，选中创建的按钮元件，在【属性】面板中，在【实例名称】文本框中，设置实例名称为"tj_btn"。

① 在【时间轴】面板中，单击【新建图层】按钮 ，② 新建一个图层，如"图层 5"，③ 在【图层 1】和【图层 5】的第 2 帧处插入关键帧。

选中【图层 5】的第 2 帧后，在【外部库】面板中，选择准备使用的按钮元件并拖曳至舞台中。

双击该按钮元件进入编辑状态，将

"Enter"字样改为"返回"字样。

返回主场景中，选中创建的按钮元件，在【属性】面板中，在【实例名称】文本框中，设置实例名称为"fh_btn"。

① 在【时间轴】面板中，单击【新建图层】按钮，② 新建一个图层，如"图层6"。

选择【图层6】的第2帧后，使用【文本工具】按钮，在舞台中绘制一个文本矩形框。

① 创建文本矩形框后，在【属性】面板中，将文本框转换为【动态文本】模式，② 在【变量】文本框中，设置变量名称，如"jg"。

设置变量名称后，选择【答题】按钮元件，在【动作】面板中，输入代码。

选择【返回】按钮元件，在【动作】面板中，输入代码。

在键盘上按下Ctrl+Enter组合键，检测刚刚创建的动画，在下拉列表中选择答题选项，单击【答题】按钮。

提交答案，进入判断界面，无论正确与否，都有提示信息，单击【返回】按钮，则可重新答题，这样即可完成制作知识问答界面的操作。

第13章

1．填空题

(1) 图形效果

(2) 滤镜类型、质量

2．判断题

(1) √

(2) ×

(3) √

3．思考题

(1) 新建 Flash 空白文档，① 在【工具】面板中，单击【椭圆工具】按钮，② 在舞台中绘制椭圆。

在舞台中选中图形，然后在菜单栏中选择【修改】→【转换为元件】菜单项。

弹出【转换为元件】对话框，① 在【名称】文本框中，输入元件名称，② 在【类型】下拉列表框中，选择【按钮】选项，③ 单击【确定】按钮。

打开【属性】面板，在【滤镜】折叠菜单中，① 单击【添加滤镜】按钮，② 在弹出的下拉菜单中，选择要使用的滤镜效果，如【投影】。

选中对象，在【属性】面板中，① 单击【选项】按钮，② 在弹出的下拉菜单中，选择【另存为预设】菜单项。

弹出【将预设另存为】对话框，① 在【预设名称】文本框中，输入预设名称，② 单击【确定】按钮，滤镜库创建完成，通过以上步骤即可完成预设滤镜库的操作。

(2) 在舞台中选择要添加滤镜效果的对象，单击【滤镜】折叠菜单中的【添加滤镜】按钮，在弹出的下拉菜单中，选择要应用的滤镜菜单项，即可为实例对象添加滤镜效果。

上机操作

(1) 新建空白文档，在 Flash CC 工作区中，在【工具】面板中，单击【文字工具】按钮 T，在舞台中输入文字。

选中文字，在【时间轴】面板中，选中第20帧，在键盘上按下F6键，插入关键帧。

在第20帧位置，选中文字，在【属性】面板中，单击【添加滤镜】按钮，在弹出的下拉列表中，选择【投影】选项。

在【时间轴】面板中，鼠标右键单击第1~20帧之间的任意一帧，在弹出的快捷菜单中，选择【创建传统补间】选项。

在键盘上按下 Enter 键，观看动画效果，通过以上方法即可使滤镜效果动起来。

(2) 新建空白文档，在 Flash CC 工作区中，导入素材，在【工具】面板中，单击【矩形工具】按钮，在舞台中绘制一个矩形。

选中矩形，在菜单栏中，选择【修改】菜单，在弹出的下拉菜单中，选择【转换为元件】菜单项。

弹出【转换为元件】对话框，在文本框中输入元件名称，在【类型】下拉列表中选择【影片剪辑】选项，单击【确定】按钮。

在【属性】面板中的【显示】区域中，在【混合】下拉列表中，选择【滤色】选项。

滤色模式应用到对象上，操作完成。

第 14 章

1．填空题

(1) 交互性动作

(2) 场景、帧

2．判断题

(1) ×

(2) √

3．思考题

(1) 新建 Flash 空白文档，① 在【工具】面板中，单击【矩形工具】按钮，② 在舞台中绘制矩形。

在【时间轴】面板中，选中第 15 帧，在键盘上按下 F6 键，插入关键帧。

返回到【工具】面板中，① 单击【选择工具】按钮，② 选择舞台中的图形，按下键盘上的 Delete 键，删除图形。

在【工具】面板中，① 单击【多角星形工具】按钮，② 在舞台中绘制多边形。

在【时间轴】面板中，鼠标右击第 1～15 帧之间的任意帧，在弹出的快捷菜单中，选择【创建补间形状】菜单项。

在【时间轴】面板中，选中第 10 帧，在键盘上按下 F6 键，插入关键帧。

选中第 10 帧，打开【动作】面板，在编辑区中输入代码“stop( )”。

在键盘上按下 Ctrl+Enter 组合键，测试代码效果，影片则在播放到第 10 帧处停止播放，通过以上步骤即可完成使用【动作】面板添加脚本的操作。

(2) 新建 Flash 空白文档，① 在菜单栏中，选择【窗口】菜单，② 在弹出的下拉菜单中，选择【代码片断】菜单项。

打开【代码片断】面板，单击要添加代码的文件夹折叠按钮 ▶，如【动作】文件夹。

在展开的文件夹列表中，鼠标双击要添加的代码类型选项，如【播放影片剪辑】选项。

弹出添加代码的【动作】面板，此时可以看到详细的代码，这样即可完成添加代码片断的操作。

上机操作

(1) 新建空白文档，在 Flash CC 工作区中，① 在【工具】面板中，单击【椭圆工具】按钮 ◉，② 在舞台中绘制一个圆。

在菜单栏中，① 选择【修改】菜单项，② 在弹出的下拉菜单中，选择【转换为元件】菜单项。

弹出【转换为元件】对话框，① 在文本框中输入元件名称，② 选择元件类型，③ 单击【确定】按钮 确定 。

在【时间轴】面板中，① 选中第 20 帧，在键盘上按下 F6 键，插入关键帧，② 鼠标右键单击第 1～20 帧之间的任意一帧，在弹出的快捷菜单中，选择【创建传统补间】选项。

在【代码片断】面板中，① 单击【动画】文件夹，② 在弹出的折叠菜单中，选择【垂直动画移动】选项。

弹出 Adobe Flash Professonal 对话框，根据提示，单击【确定】按钮 确定 创建实例名称。

此时，为影片剪辑添加代码的操作已经成功，按下键盘上的组合键 Ctrl+Enter，即可进行影片测试。

(2) 新建空白文档，在 Flash CC 工作区中，① 在【工具】面板中，单击【文字工具】按钮 T ，② 在舞台中输入文字。

在【时间轴】面板中，① 选中第 30 帧，在键盘上按下 F6 键，插入关键帧，② 在舞台中移动文字。

在【时间轴】面板中，鼠标右键单击第 1～30 帧之间的任意一帧，在弹出的快捷菜单中，选择【创建传统补间】选项。

在【动作】面板中的编辑区，输入 gotoAndPlay 语句。

在键盘上按下组合键 Ctrl+Enter，测试影片，动画在第 10 帧开始播放，使用代码制作动画的操作完成。

第 15 章

1．填空题

(1)　属性、目标路径
(2)　点语法表达式
(3)　帧、按钮动作
(4)　编译脚本
(5)　空白、Enter

2．判断题

(1)　√
(2)　×
(3)　√
(4)　×
(5)　√

3．思考题

(1)　新建 Flash 空白文档，打开【动作】面板，在编辑区中，输入语句" var k1:String;"，定义一个变量。

在键盘上按下 Enter 键进行换行，在第二行输入语句"k1="Hello";"，为变量赋值。

在键盘上按下 Enter 键进行换行，在第三行输入语句"trace(k1)　　//返回变量值"，返回变量值。

在键盘上按下 Ctrl+Enter 组合键，测试影片，在弹出的【输出】面板中，可以看到赋值的变量，通过以上步骤即可完成为变量赋值的操作。

(2)　新建 Flash 空白文档，打开【动作】面板，在编辑区中，输入语句"var a1:String=" 预定义";"，定义变量并赋值。

在键盘上按下 Enter 键进行换行，在第三行输入语句 "var a2:String="函数";"，定义变量并赋值。

在键盘上按下 Enter 键进行换行，在第五行输入预定义语句"trace(n1+n2)"，返回变量值。

在键盘上按下 Ctrl+Enter 组合键，在弹出的【输出】面板中，可以看到使用预定义全局函数的结果，这样即可完成使用预定义全局函数的操作。

上机操作

(1)　① 新建文档，在菜单栏中，选择【修改】菜单项，② 在弹出的快捷菜单中，选择【文档】菜单项。

① 弹出【文档设置】对话框，在【背景颜色】框中设置背景颜色为黑色，② 单击【确定】按钮。

① 设置文档后，在菜单栏中，选择【插入】菜单项，② 在弹出的快捷菜单中，选择【新建元件】菜单项。

① 弹出【新建元件】对话框，在【类型】下拉列表中，选择【图形】选项，② 在【名称】文本框中，输入准备创建的名称，如"雪花"，③ 单击【确定】按钮。

使用【椭圆】工具在元件舞台中绘制一个椭圆并填充成白色，作为雪花基本形状。

使用【任意变形】工具调整椭圆的大小，使其更加符合雪花的大小。

① 设置椭圆大小后，在菜单栏中，选择【插入】菜单项，② 在弹出的快捷菜单中，选择【新建元件】菜单项。

① 弹出【新建元件】对话框，在【类型】下拉列表中，选择【影片剪辑】选项，② 在【名称】文本框中，输入准备创建的名称，如"雪花影片"，③ 单击【确定】按钮。

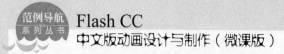

创建【雪花影片】元件后，将【雪花】元件拖入至【雪花影片】元件中。

在【时间轴】面板中，在【图层1】中，分别在第10帧和第20帧处，插入关键帧。

插入关键帧后，在【时间轴】面板，选择第10帧。

在舞台中，将第10帧中的组件"雪花"往左下方拖动一小段距离。

① 在【属性】面板中，在【样式】下拉列表框中，选择 Alpha 选项，② 在 Alpha 文本框中，输入数值，如"100"。

在【时间轴】面板中，选择第20帧。

在舞台中，将第20帧中的组件"雪花"往左下方拖动一小段距离，应注意的是拖动的距离要多过第10帧。

在【属性】面板中，在【样式】下拉列表框中，选择 Alpha 选项，② 在 Alpha 文本框中，输入数值，如"0"。

拖动元件至指定位置并设置效果后，在【时间轴】面板中，右键单击第1帧，在弹出的快捷菜单中，选择【创建传统补间】菜单项。

在【时间轴】面板中，右键单击第20帧，在弹出的快捷菜单中，选择【创建传统补间】菜单项。

返回到场景1中，将【雪花影片】元件拖曳至舞台。

选中【雪花影片】元件后，在【属性】面板中，在【名称】文本框中，设置实例名称，如"img"。

在【时间轴】面板中，在图层1中，在键盘上按下 F5 键，在第3帧处插入普通帧。

在【时间轴】面板中，新建一个图层，如"图层2"，同时在第1帧、第2帧和第3帧处插入三个空白关键帧。

在【时间轴】面板中，鼠标选中【图层2】中的第1帧。

在键盘上按下 F9 键，打开【动作】面板，在【动作编辑区】中，输入代码。

在【时间轴】面板中，鼠标选中【图层2】中的第2帧。

在【动作】面板中，在【动作编辑区】中，输入代码。

在【时间轴】面板中，鼠标选中【图层2】中的第3帧。

在【动作】面板中，在【动作编辑区】中，输入代码。

选中编辑动画的文档，在【属性】面板中，在【脚本】下拉列表框中，选中 ActionScript 2.0 菜单项。

按下键盘上的 Ctrl+Enter 组合键，检测刚刚创建的动画效果，通过以上操作方法即可完成制作飘雪的动画效果的操作。

(2) ① 新建文档，在菜单栏中，选择【修改】菜单项，② 在弹出的快捷菜单中，选择【文档】菜单项。

① 弹出【文档设置】对话框，在【背景颜色】框中设置背景颜色为黑色，② 单击【确定】按钮。

① 设置文档后，在菜单栏中，选择【插入】菜单项，② 在弹出的快捷菜单中，选择【新建元件】菜单项。

① 弹出【新建元件】对话框，在【类型】下拉列表中，选择【影片剪辑】选项，② 在【名称】文本框中，输入准备创建的名称，如"流星"，③ 单击【确定】按钮。

使用刷子工具在元件舞台中绘制一条水平线并填充成白色，作为流星的基本形状。

单击【场景1】链接项中，返回到主场景舞台中。

返回到舞台中，在【库】面板中，右键单击【流星】元件，在弹出的快捷菜单中，选择【属性】菜单项。

① 弹出【元件属性】对话框，在【高级】扩展区域中，选中【为 ActionScript 导出】和【在第1帧中导出】复选框，② 在【类】文本框中，输入类的名称，如"ball"，③ 单击【确定】按钮。

① 在菜单栏中，选择【文件】菜单项，② 在弹出的下拉菜单中，选择【导入】菜

单项，③ 在弹出的下拉菜单中，选择【导入到舞台】菜单项。

① 弹出【导入】对话框，选择准备导入的素材背景图像，如"制作流星雨的动画效果.jpg"，② 单击【打开】按钮。

插入背景图像，然后在舞台中调整其大小。

① 单击【时间轴】面板左下角的【新建图层】按钮，② 新建一个图层，如"图层2"。

在【时间轴】面板中，选择【图层2】中的第1帧，然后在【动作编辑区】中，输入代码。

在按下键盘上的 Ctrl+Enter 组合键，检测刚刚创建的动画效果，通过以上操作方法即可完成制作流星雨的动画效果的操作。

第 16 章

1. 填空题

(1) 优化

(2) 【测试场景】

(3) 发布预览、QuickTime

(4) 【发布设置】

2. 判断题

(1) √

(2) √

(3) ×

(4) √

3. 思考题

(1) 在舞台中选择要导出的图形对象，然后在菜单栏中选择【文件】→【导出】→【导出图像】菜单项。

弹出【导出图像】对话框，① 选择文件的保存位置，② 选择准备保存的文件类型，③ 单击【保存】按钮，即可完成导出图像文件的操作。

(2) 打开"蝴蝶飞舞.fla"素材文件，① 在菜单栏中，选择【文件】菜单，② 在弹出的下拉菜单中，选择【发布设置】菜单项。

弹出【发布设置】对话框，① 在【发布】区域，选中 Flash(.swf)复选框，② 在【其他格式】区域，选中【HTML 包装器】复选框，③ 单击【输出文件】右侧的【选择发布目标】按钮。

弹出【选择发布目标】对话框，① 选择发布文件存储的路径，② 设置发布的文件名，③ 单击【保存】按钮。

返回【发布设置】对话框，① 设置发布参数，② 单击【发布】按钮，③ 单击【确定】按钮。

找到存放文件的路径，可以看到发布的动画，鼠标双击.html 文件。

此时可以看到发布的动画，通过以上步骤即可完成发布 Flash 动画的操作。

上机操作

(1) 打开"导出视频.fla"素材文件，然后在菜单栏中选择【文件】→【导出】→【导出视频】菜单项。

弹出【导出视频】对话框，单击【浏览】按钮。

弹出【选择导出目标】对话框，① 选择文件的保存位置，② 在【文件名】文本框中，输入准备保存的文件名，③ 单击【保存】按钮。

返回到【导出视频】对话框，单击【导出】按钮 `导出(E)`，即可完成输出 MOV 视频的操作。

(2) 在菜单栏中选择【文件】→【发布设置】菜单项。

在弹出的【发布设置】对话框左侧，选中 SWC 复选框，然后分别单击【发布】和【确定】按钮，即可创建一个 SWC 文件。